高等职业教育机电类专业系列教材

公差配合与技术测量

主　编　庄佃霞　解永辉
副主编　刘玉娥　刘新玲
参　编　李淑君　陈娟　李海庆　宋杰
主　审　周桂莲

机械工业出版社

本书是机械类、机电类专业基础课"公差配合与技术测量"的配套教材，兼具理论性和实践性，是联系机械设计课程与制造工艺课程的纽带。

全书共 11 章，包括：绪论，光滑圆柱的公差与配合，技术测量基础，几何公差及其检测，表面粗糙度及其测量，光滑极限量规，滚动轴承的公差与配合，键与花键的公差与配合，螺纹的公差配合及测量，渐开线圆柱齿轮的公差及检测，尺寸链。

本书涉及的定义、术语、概念等，均采用现行国家标准和行业标准的规定，对课程的基本内容进行了整合，将基本理论和实训内容有机融合在一起，理论联系实践，详略得当。

本书可作为高等职业院校机械制造大类各专业教学用书，也可供机械制造行业工程技术人员参考。

本书配套有电子课件和习题答案，凡使用本书作为教材的教师可登录机械工业出版社教育服务网 www.cmpedu.com 注册后免费下载，咨询电话：010-88379375。

图书在版编目（CIP）数据

公差配合与技术测量/庄佃霞，解永辉主编. —北京：机械工业出版社，2020.6（2025.1 重印）

高等职业教育机电类专业系列教材

ISBN 978-7-111-65782-8

Ⅰ.①公… Ⅱ.①庄… ②解… Ⅲ.①公差—配合—高等职业教育—教材 ②技术测量—高等职业教育—教材 Ⅳ.①TG801

中国版本图书馆 CIP 数据核字（2020）第 094109 号

机械工业出版社（北京市百万庄大街 22 号 邮政编码 100037）
策划编辑：王 丹　责任编辑：陈 宾　王 丹
责任校对：张 薇　封面设计：张 静
责任印制：郜 敏
北京富资园科技发展有限公司印刷
2025 年 1 月第 1 版第 9 次印刷
184mm×260mm・13.25 印张・323 千字
标准书号：ISBN 978-7-111-65782-8
定价：39.80 元

电话服务	网络服务
客服电话：010-88361066	机 工 官 网：www.cmpbook.com
010-88379833	机 工 官 博：weibo.com/cmp1952
010-68326294	金 书 网：www.golden-book.com
封底无防伪标均为盗版	机工教育服务网：www.cmpedu.com

前　　言

"公差配合与技术测量"是机械类、机电类专业一门重要的专业基础课，其内容涉及产品几何技术规范（GPS）、极限与配合、公差原则、光滑工件检验等多项基础性国家标准。其理论性、实践性强，是联系机械设计课程与制造工艺课程的关键纽带。

本书严格按照人才培养目标和专业教学标准，从技术的角度对课程基本内容进行整合，将基本理论和实训内容有机融合，理论联系实践，体现了教材的实践性、应用性和创新性。

为适应生产需要，紧跟科学技术发展的步伐，本书涉及的定义、术语、概念等，均采用现行国家标准和行业标准的规定；相关案例注重引入企业生产一线的应用实例。

本书内容共 11 章，建议授课学时如下：

章节	内　容	建议学时
第 1 章	绪论	2
第 2 章	光滑圆柱的公差与配合	12
第 3 章	技术测量基础	4
第 4 章	几何公差及其检测	10
第 5 章	表面粗糙度及其测量	6
第 6 章	光滑极限量规	2
第 7 章	滚动轴承的公差与配合	4
第 8 章	键与花键的公差与配合	4
第 9 章	螺纹的公差配合及测量	4
第 10 章	渐开线圆柱齿轮的公差及检测	4
第 11 章	尺寸链	4
合计		56

为便于学生自学、自检，本书每章设有学习引导，介绍该章学习重点、学习难点和学习目标；还设有自测习题，便于课后巩固。为辅助教学，本书配套有电子课件和习题答案，可供教师选用。

本书由潍坊职业学院庄佃霞、解永辉任主编，潍坊职业学院刘玉娥、刘新玲任副主编，参加编写的还有潍坊职业学院李淑君、陈娟、李海庆和宋杰，青岛科技大学周桂莲任主审。其中，庄佃霞编写第 2 章和第 9 章；解永辉编写第 1 章和第 5 章；刘玉娥编写第 3 章；刘新玲编写第 4 章和第 7 章；李淑君编写第 8 章；陈娟编写第 11 章；李海庆编写第 6 章；宋杰编写第 10 章。全书由庄佃霞统稿。

由于编者水平有限，书中疏漏和错误在所难免，恳请广大读者批评指正。

编　者

目 录

前言
第1章 绪论 ·· 1
  1.1 互换性 ·· 1
  1.2 标准和标准化 ·· 2
  1.3 优先数和优先数系 ··· 3
  1.4 本课程的性质、任务和学习方法 ··· 4
  本章小结 ·· 5
  思考与练习 ··· 5
第2章 光滑圆柱的公差与配合 ··· 6
  2.1 公差与配合的基本术语和定义 ··· 6
  2.2 公差与配合国家标准 ·· 12
  2.3 公差与配合的选择 ·· 24
  2.4 零件尺寸检测 ·· 34
  本章小结 ··· 42
  思考与练习 ·· 42
第3章 技术测量基础 ··· 46
  3.1 技术测量的基本概念 ··· 46
  3.2 计量器具与测量方法 ··· 50
  3.3 测量误差及数据处理 ··· 53
  3.4 光滑工件尺寸的检验 ··· 56
  本章小结 ··· 60
  思考与练习 ·· 60
第4章 几何公差及其检测 ·· 61
  4.1 概述 ·· 61
  4.2 形状公差 ··· 70
  4.3 方向公差、位置公差和跳动公差 ·· 72
  4.4 公差原则 ··· 83
  4.5 几何公差的选用 ·· 91
  4.6 几何误差测量 ·· 98
  本章小结 ··· 106
  思考与练习 ·· 106
第5章 表面粗糙度及其测量 ··· 110
  5.1 概述 ··· 111
  5.2 表面粗糙度的评定 ··· 112
  5.3 表面粗糙度的符号和标注 ··· 118
  5.4 表面粗糙度的测量 ··· 122

| 本章小结 | 128 |
| 思考与练习 | 128 |

第6章 光滑极限量规
6.1 概述	130
6.2 量规的设计	132
本章小结	138
思考与练习	138

第7章 滚动轴承的公差与配合
7.1 滚动轴承的互换性和公差等级	139
7.2 滚动轴承的公差带及其选择	141
本章小结	147
思考与练习	148

第8章 键与花键的公差与配合
8.1 单键联接	149
8.2 花键联接	152
本章小结	158
思考与练习	158

第9章 螺纹的公差配合及测量
9.1 概述	160
9.2 普通螺纹的公差与配合	163
9.3 螺纹测量	169
本章小结	171
思考与练习	171

第10章 渐开线圆柱齿轮的公差及检测
10.1 概述	172
10.2 单个渐开线圆柱齿轮精度的评定参数	174
10.3 渐开线圆柱齿轮精度标准	180
10.4 齿坯精度和齿轮副精度	186
10.5 齿轮检测	188
本章小结	195
思考与练习	195

第11章 尺寸链
11.1 尺寸链的基本概念	196
11.2 尺寸链的建立与分析	199
11.3 尺寸链的计算	200
本章小结	202
思考与练习	203

参考文献 204

第1章
绪论

📖 学习重点：

互换性的含义和分类；标准和标准化的含义。

📖 学习难点：

优先数和优先数系的选择。

📖 学习目标：

1) 了解本课程的性质和任务。
2) 掌握互换性的含义。
3) 了解互换性与标准化的关系，及其在现代化生产中的重要意义。
4) 了解优先数的基本原理及其应用。

在生活中人们用到的自行车和手表，以及生产中的各种设备，当零件损坏后，维修人员很快就可以用同样规格的零件替换，恢复其功能。装配时，同规格产品不需再加工和维修就可以直接组装，实现高效率自动化生产。这都得益于互换性，那么，互换性是什么呢？

1.1 互换性

1.1.1 互换性的含义

互换性是指在机械产品装配中，同一规格的一批零件或部件，任取其中一件，不需进行任何挑选、调整或辅助加工，就能进行装配，并保证满足机械产品使用性能要求的一种特性。

在人们的日常生活中，有大量涉及互换性的情形，例如，机器或仪器上掉了一个螺钉，按相同的规格换一个就行了；灯泡坏了，同样换个新的就行了；汽车、自行车、电脑中某个零件磨损或老化了，换上一个新的，便能满足使用要求。维修之所以这样方便，是因为这些产品都是按互换性原则组织生产的，产品中的绝大部分零件都具有互换性。

1.1.2 互换性的分类

在实际生产中，互换性根据互换程度可分为完全互换与不完全互换。

若零件在装配或更换时，不需选择、调整或辅助加工就能满足预定的性能要求，称为完全互换，又称为绝对互换。例如，螺母、螺栓、圆柱销等标准件的装配大都属于完全互换。

若零件在装配或更换时，需要经过适当的选择、调整或修配才能具有相互替换的性能，称为不完全互换，又称为有限互换。不完全互换常用的方法有分组法、修配法和调整法。机器上某部位精度越高，配合零件的精度要求也就越高，导致零件加工困难，制造成本高。为此，生产中往往把零件的精度适当降低，以便于制造；然后再根据实际尺寸的大小，将制成的配合零件分成若干组，使同组内各零件的尺寸差别较小；最后，按组对相应的零件进行装配，此方法称为分组法。在装配时，用补充机械加工或钳工修刮的方法来获得所需的精度，称为修配法；用移动或更换某些零件、改变其位置和尺寸的方法来达到所需的精度，称为调整法。

对于标准部件（或机构）来说，互换性又分为外互换与内互换。外互换是指部件与其装配件之间的互换性，例如，滚动轴承内圈内径与轴的配合、外圈外径与轴承孔的配合。内互换是指部件（或机构）内部组成零件之间的互换性，例如，滚动轴承的外圈内滚道、内圈外滚道与滚动体的配合。

不完全互换限于被加工零部件在制造厂内部装配时采用，对于厂外协作，则往往采用完全互换。具体采用哪种方式，要根据产品精度、生产规模、设备条件及技术水平等一系列因素综合确定。

1.1.3 互换性的作用

按互换性原则组织生产，是现代化生产的重要技术原则之一。从设计方面看，采用互换性原则有利于最大限度采用标准件和通用件，可以大大简化绘图和计算工作、缩短设计周期，便于进行计算机辅助设计（CAD），这对开发系列产品十分重要。例如，在开发手表类系列产品时，采用具有互换性的机芯，不同产品只需要进行外观造型设计即可，使设计与生产周期大大缩短。

从制造方面看，采用互换性原则有利于组织专业化生产，采用先进工艺和高效率的专用设备，可提高生产效率，提高产品质量，降低生产成本。

从使用、维修方面看，采用互换性原则可以减少机器的维修时间和费用，保证机器连续持久地运转，延长了机器的使用寿命。

综上所述，互换性原则是用来发展现代化机械工业、提高生产效率、保证产品质量、降低生产成本的重要技术原则，是工业发展的必然趋势。

1.2 标准和标准化

现代化生产的特点是规模大、分工细、协作广。为了达到互换性要求，必须有一种协调手段，使分散的、局部的生产部门和生产环节保持必要的技术统一，成为一个有机的整体。标准与标准化正是联系这种关系的主要途径和手段，是实现互换性的基础。

1.2.1 标准

国家标准 GB/T 20000.1—2014 中对标准的定义为:"通过标准化活动,按照规定的程序经协商一致制定,为各种活动或其结果提供规则、指南或特性,供共同使用和重复使用的文件。"标准以科学、技术和经验的综合成果为基础,经协商一致制定,并由公认机构批准,以特定形式发布,以创造最佳社会效益为目的。

标准涉及人类生产、生活的各个领域。按照标准的适用领域、有效作用范围和发布权力不同,一般分为:国际标准,如 ISO 标准、IEC 标准分别为国际标准化组织和国际电工委员会制定的标准;区域标准,如 EN 标准、ANSI 标准分别为欧洲标准和美国国家标准学会制定的标准;我国国家标准(GB);我国行业标准,如 JB 代表机械行业标准;地方标准和企业(或公司)标准。

按法律属性不同,国家标准和行业标准又分为强制性标准和推荐性标准。代号"GB"表示强制性国家标准,颁布后严格强制执行,如涉及人身安全、健康、卫生及环境之类的标准;代号"GB/T"表示推荐性国家标准。

1.2.2 标准化

国家标准 GB/T 20000.1—2014 中对标准化的定义为:"为了在既定范围内获得最佳秩序,促进共同效益,对现实问题或潜在问题确立共同使用和重复使用的条款以及编制、发布和应用文件的活动。标准化是指制定、贯彻标准的全过程。标准化是组织现代化生产的重要手段,是国家现代化水平的重要标志之一。

在机械制造中,标准化是实现互换性生产、组织专业化生产的前提条件;是提高产品质量、降低生产成本和提高产品竞争力的重要保证;是消除贸易障碍,促进国际技术交流和贸易发展,使产品进入国际市场的必要条件。随着经济和科学技术的发展,国际贸易的扩大,标准化越来越受到各个国家,特别是工业发达国家的高度重视。

总之,标准化在实现经济全球化、信息社会化方面有其深远的意义。

1.3 优先数和优先数系

在设计机械产品时,需要确定许多技术参数。工程中的技术参数值具有传递特性,如动力机械的功率和转速确定以后,将会传递到机器本身的轴、轴承、齿轮和键等一系列零部件的尺寸和材料特性参数上,同时还会传递到加工和检验工件的刀具、夹具、量具等工具的相应参数上,因此,对各种技术参数值进行协调、简化和统一是标准化的重要内容。优先数和优先数系就是对各种技术参数的数值进行协调、简化和统一的一种科学的数值标准。

国家标准 GB/T 321—2005《优先数和优先数系》规定了五个不同公比的十进制等比数列作为优先数系,分别用 R5、R10、R20、R40 和 R80 表示,依次称为 R5 系列、R10 系列、R20 系列、R40 系列和 R80 系列。其中,前四个系列为基本系列,R80 系列为补充系列,它们的公比分别为 $\sqrt[5]{10}$、$\sqrt[10]{10}$、$\sqrt[20]{10}$、$\sqrt[40]{10}$、$\sqrt[80]{10}$。优先数系中的任一项值均为优先数。由于按公比计算得到的优先数均为无理数,工程上不能直接使用,实际应用的都是经过圆整后的近似值。优先数基本系列常用值见表 1-1。

表 1-1　优先数基本系列常用值（摘自 GB/T 321—2005）

R5	R10	R20	R40	R5	R10	R20	R40	R5	R10	R20	R40
1.00	1.00	1.00	1.00			2.24	2.24		5.00	5.00	5.00
			1.06				2.36				5.30
		1.12	1.12	2.50	2.50	2.50	2.50			5.60	5.60
			1.18				2.65				6.00
	1.25	1.25	1.25			2.80	2.80	6.30	6.30	6.30	6.30
			1.32				3.00				6.70
		1.40	1.40		3.15	3.15	3.15			7.10	7.10
			1.50				3.35				7.50
1.60	1.60	1.60	1.60			3.55	3.55		8.00	8.00	8.00
			1.70				3.75				8.50
		1.80	1.80	4.00	4.00	4.00	4.00			9.00	9.00
			1.90				4.25				9.50
	2.00	2.00	2.00			4.50	4.50	10.00	10.00	10.00	10.00
			2.12				4.75				

由表 1-1 可知，国家标准规定的优先数系分档合理、疏密均匀，具有广泛的适用性。常见的量值基本上都按优先数系选用。

1.4　本课程的性质、任务和学习方法

1.4.1　本课程的性质

本课程是高等职业院校机械类、仪器仪表类和机电一体化类各专业必修的一门专业基础课程。它主要包含几何公差与误差检测两大方面的内容，把标准化和计量学两个领域的有关部分有机地结合在一起，与机械设计、机械制造、质量控制等方面密切相关，是机械工程技术人员和管理人员必备的基本知识和技能。

1.4.2　本课程的任务

本课程的研究对象就是几何参数的互换性，即研究如何通过规定公差合理解决机器使用要求与制造要求之间的矛盾，以及如何运用技术测量手段保证国家公差标准的贯彻实施。通过学习本课程，学生应达到以下要求：

1）建立互换性的基本概念，掌握各有关公差标准的基本内容、特点和表格的使用，能根据零件的使用要求，初步选择其尺寸公差等级、配合种类、几何公差及表面质量参数值等，并能在图样上进行正确标注。

2）建立技术测量的基本概念，了解常用测量方法与测量器具的工作原理，通过实验初步掌握测量操作技能，并能够分析测量误差、处理测量结果，能够设计光滑极限量规。

总之，本课程的任务是使学生掌握互换性与技术测量的基本理论、基本知识和基本技能，了解互换性和技术测量学科的现状和发展趋势，具有继续自学并结合工程实践进行应

用、扩展的能力。

1.4.3　本课程的学习方法

本课程的特点是：术语及定义多、代号多、符号多、图形多、表格多、具体标准与规定多、叙述性内容多、经验总结和应用实例多，内容涉及面广，章节之间系统性、连贯性不强。这些特点往往会使学生产生学习内容多、术语难记忆、应用较困难的感觉。因此，学生在学习过程中应做到：

1) 及时总结、归纳，找出各知识点之间的区别和联系，结合习题及实例不断巩固。

2) 重视实践环节的训练，结合工作任务尽可能独立操作、独立思考，做到理论与实践相结合。

3) 紧密结合相关课程，将公差与配合的理论内容与机械设计、机械制造、金工实习等课程的内容结合，做到举一反三，达到实际应用的目的。

总之，本课程是专业基础课与专业课之间的纽带，是工程技术人员形成工程思维方式的开端，培养机械类和近机械类专业人才必不可少的专业技能。

本 章 小 结

1. 互换性概述

互换性，简单地说，就是同一规格的零部件之间具有能够互相替换的性能。

若零件在装配或更换时，不需选择、调整或辅助加工（修配）就能满足预定的性能要求，则其互换性称为完全互换；若零件在装配或更换时，需要经过适当的选择、调整或修配才能具有相互替换的性能，则其互换性称为不完全互换。

互换性是现代化机械工业生产的重要技术经济原则，是人们在设计、制造过程中必须遵守的。

2. 标准与标准化

标准是实现互换性的前提。只有按照一定的标准进行设计和制造，并按照一定的标准检验，互换性才能实现。标准化是制定、贯彻标准的全过程。

3. 优先数和优先数系

优先数和优先数系是对各种技术参数值进行简化、协调和统一的一种科学的数值制度。国家标准规定的优先数系是一系列十进制等比数列。

思考与练习

1. 什么是互换性？互换性的分类有哪些？分别应用于哪些场合？
2. 什么是标准、标准化？
3. 什么是优先数、优先数系？我国标准规定了哪些系列？

第 2 章
光滑圆柱的公差与配合

学习重点：

公差与配合的基本术语及定义；尺寸公差带与配合；公差与配合的选择。

学习难点：

尺寸公差带与配合；公差与配合的选择。

学习目标：

1) 熟悉尺寸、偏差、公差、基准制、配合等相关术语。
2) 能够熟练查阅标准公差及基本偏差表格，并进行相关计算。能读懂工件图样中的尺寸、偏差、公差等符号的含义。
3) 掌握配合类型的特性与配合的选用原则。
4) 能够选择合适的量具，并使用量具对给定零件进行精度测量。

为使零件或部件在几何尺寸方面具有互换性，要对其进行几何尺寸允许范围的设计，也就是根据机器的传动精度、性能及配合要求，考虑加工工艺性及加工制造成本，进行尺寸精度的设计。在此过程中，必须按照标准化的有关规定，遵守相关的国家标准确定精度参数。

2.1 公差与配合的基本术语和定义

2.1.1 孔与轴的定义

1. 孔

孔通常指工件的圆柱形内表面尺寸要素，也包括非圆柱形内表面尺寸要素（由两平行平面或切面形成的包容面）。在加工过程中，孔的尺寸越加工越大。如图 2-1 所示，零件的各内表面尺寸要素中，D_1、D_2、D_3、D_4 各尺寸都可称为孔。

2. 轴

轴通常指工件的圆柱形外表面尺寸要素，也包括非圆柱形外表面尺寸要素（由两平行

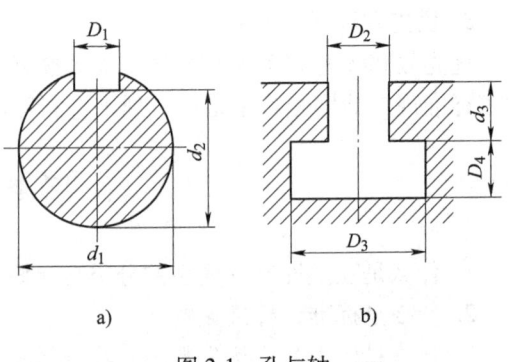

图 2-1 孔与轴

平面或切面形成的被包容面）。在加工过程中，轴的尺寸越加工越小。如图 2-1 所示，零件的各外表面尺寸要素中，d_1、d_2、d_3 各尺寸都可称为轴。

孔和轴具有广泛的含义，不仅表示通常概念所指的圆柱形内、外表面，也表示由两平行平面或切面形成的包容面和被包容面。由此可见，除孔、轴以外，类似键的联接也可归纳为孔与轴的配合。

2.1.2 有关尺寸的术语及定义

1. 尺寸

尺寸是指以特定单位表示线性尺寸值的数值。

线性尺寸值包括直径、半径、宽度、深度、高度和中心距等。在机械制造中，常用"mm"作为特定单位，在图样上标注时可将单位省略，仅标注数字。当以其他单位表示尺寸时，则应注明相应的尺寸单位。

2. 公称尺寸

公称尺寸是指由图样规范确定的理想形状要素的尺寸。孔和轴的公称尺寸分别用 D 和 d 表示。公称尺寸是在设计时根据强度、刚度、结构等要求，经计算、圆整后确定的。公称尺寸一般按照标准尺寸系列选取，它是尺寸精度设计中用来确定极限尺寸和极限偏差的一个基准。图 2-2a 所示轴的公称尺寸 $d=20\text{mm}$。

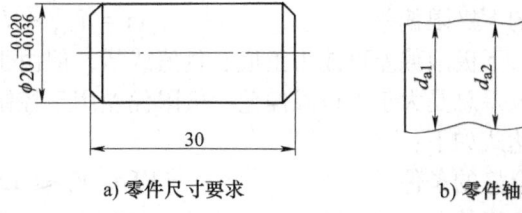

图 2-2 实际（组成）要素

3. 提取组成要素的局部尺寸

GB/T 1800.1—2009 规定，用"实际（组成）要素尺寸""提取组成要素的局部尺寸"代替"实际尺寸""局部实际尺寸"的概念。

实际（组成）要素尺寸是指通过测量所得到的尺寸，孔和轴的实际（组成）要素尺寸分别用 D_a 和 d_a 表示。提取组成要素的局部尺寸是一切提取组成要素上两对应点之间距离的统称。

由于加工误差的存在，按同一图样要求加工的一批零件，其实际（组成）要素也各不相同。即使是同一零件，测量位置不同或测量方向不同，其实际（组成）要素也不一定相同，如图 2-2b 所示。实际（组成）要素尺寸是零件上某一位置的测量值，并非零件尺寸的真值。

4. 极限尺寸

极限尺寸是指尺寸要素允许的尺寸的两个极端值。提取组成要素的局部尺寸应位于其中，也可达到极限尺寸。

极限尺寸中，尺寸要素允许的最大尺寸为上极限尺寸（$D_{\max}$，$d_{\max}$）；尺寸要素允许的最小尺寸为下极限尺寸（$D_{\min}$，$d_{\min}$）。极限尺寸是在设计中确定公称尺寸的同时，考虑了加工经济性并满足某种使用要求而确定的，其目的是为了限制加工零件的尺寸变动范围。

【案例】 根据以上内容，以某轴的外径尺寸 $\phi(20\pm0.007)\text{mm}$ 为例，分析尺寸标注的含义。

解 尺寸分析如下：

公称尺寸：$d=20\text{mm}$

上极限尺寸：$d_{\max} = (20+0.007)\text{mm} = 20.007\text{mm}$

下极限尺寸：$d_{\min} = (20-0.007)\text{mm} = 19.993\text{mm}$

2.1.3 有关偏差、公差的术语与定义

1. 偏差

偏差为某一尺寸减其公称尺寸所得的代数差。偏差可以为正值、负值或零。

（1）实际偏差　实际偏差为实际（组成）要素尺寸减其公称尺寸所得的代数差。其公式表示如下：

孔的实际偏差　　　　　　$E_a = D_a - D$

轴的实际偏差　　　　　　$e_a = d_a - d$

（2）极限偏差　极限偏差为极限尺寸减其公称尺寸所得的代数差。其中，上极限尺寸减其公称尺寸所得的代数差称为上极限偏差（ES、es）；下极限尺寸减其公称尺寸所得的代数差称为下极限偏差（EI、ei）。其公式表示如下：

孔的上极限偏差　　　　　　$ES = D_{\max} - D$

孔的下极限偏差　　　　　　$EI = D_{\min} - D$

轴的上极限偏差　　　　　　$es = d_{\max} - d$

轴的下极限偏差　　　　　　$ei = d_{\min} - d$

上、下极限偏差可能为正值、负值或零，但由于上极限尺寸总是大于下极限尺寸，所以上极限偏差总是大于下极限偏差。极限偏差用于控制实际偏差，完工后合格零件尺寸的偏差关系表达式如下：

孔合格的条件　　　　　　$EI \leqslant E_a \leqslant ES$

轴合格的条件　　　　　　$ei \leqslant e_a \leqslant es$

（3）偏差标注　计算和标注偏差时，非零极限偏差前面必须加注"+"号或"-"号，偏差为零时，"0"也不能省略。在技术文件上标注极限偏差时，国家标准规定，上极限偏差标在公称尺寸右上角，下极限偏差标在公称尺寸右下角，如$\phi 35^{+0.025}_{+0.009}$，$\phi 40^{+0.025}_{0}$。当上、下极限偏差数值相等、符号相反时，可简化标注，如$\phi 40\pm 0.008$。

2. 尺寸公差

尺寸公差简称公差，指上极限尺寸减下极限尺寸之差，或上极限偏差减下极限偏差之差，是尺寸允许的变动量。公差是用来控制误差的，如图2-3所示，尺寸、公差和偏差的关系如下：

孔的公差　　$T_D = D_{\max} - D_{\min} = ES - EI$

轴的公差　　$T_d = d_{\max} - d_{\min} = es - ei$

注意：公差与极限偏差是两个不同的概念。公差和极限偏差既有联系又有区别，两者都是设计时给定的。

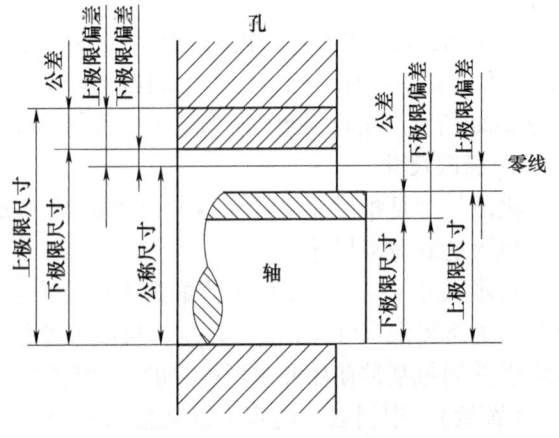

图2-3　尺寸、公差与偏差

在数值上，极限偏差是代数值，正、负或零是有意义的，公差是实际（组成）要素允许的变动范围，是一个没有符号的绝对值，不能取零值（零值意味着加工误差不存在，是不可能的）。实际计算时，由于上极限尺寸大

于下极限尺寸（上极限偏差大于下极限偏差），故可省去绝对值符号。

从作用上看，零件尺寸的极限偏差控制实际偏差，是判断零件尺寸是否合格的根据；公差则控制一批零件实际（组成）要素尺寸的差异程度。

从工艺上看，对某一具体尺寸而言，公差大小反映的是加工难易程度，是制订加工工艺、选择机床、刀具、夹具、量具的主要依据；极限偏差是调整机床时确定切削工具与零件相对位置的依据。

应当指出，由于公差是上、下极限偏差差值的绝对值，所以确定了两极限偏差，也就确定了公差。

3. 公差带图

尺寸公差带表示零件的尺寸相对于公称尺寸所允许变动的范围。由于公差或偏差的数值比公称尺寸的数值小得多，不便于用同一比例在图上表示，此时可以不必画出孔和轴的结构，而采用简单的公差带图表示，如图2-4所示。

（1）零线　在公差带图中，表示公称尺寸的一条直线称为零线，以其为基准确定偏差和公差。通常，零线沿水平方向绘制，零线以上为正偏差，零线以下为负偏差，尺寸与零线重合时表示偏差为零。

（2）公差带　在公差带图中，由代表上、下极限偏差或上、下极限尺寸的两条直线所限定的区域，称为公差带。两偏差之间的宽度表示公差带的大小，即公差值。公差带沿零线方向的长度可适当选取。公差带图中，上线表示上极限偏差，下线表示下极限偏差，尺寸单位为毫米（mm），偏差及公差的单位也可以用毫米（mm），此时单位可省略不写。

【案例】 已知：孔、轴的公称尺寸为 $D=d=25\text{mm}$；孔的极限尺寸 $D_{\max}=25.021\text{mm}$，$D_{\min}=25\text{mm}$；轴的极限尺寸 $d_{\max}=24.980\text{mm}$，$d_{\min}=24.967\text{mm}$。求孔与轴的极限偏差和公差，并将孔与轴的极限偏差在公差带图中进行标注。

解　孔的上极限偏差　$\text{ES}=D_{\max}-D=25.021\text{mm}-25\text{mm}=+0.021\text{mm}$

孔的下极限偏差　$\text{EI}=D_{\min}-D=25\text{mm}-25\text{mm}=0\text{mm}$

轴的上极限偏差　$\text{es}=d_{\max}-d=24.980\text{mm}-25\text{mm}=-0.020\text{mm}$

轴的下极限偏差　$\text{ei}=d_{\min}-d=24.967\text{mm}-25\text{mm}=-0.033\text{mm}$

孔的公差　$T_{\text{D}}=D_{\max}-D_{\min}=25.021-25\text{mm}=0.021\text{mm}$

轴的公差　$T_{\text{d}}=d_{\max}-d_{\min}=24.980-24.967\text{mm}=0.013\text{mm}$

孔的尺寸标注为 $\phi 25^{+0.021}_{0}\text{mm}$，轴的尺寸标注为 $\phi 25^{-0.020}_{-0.033}\text{mm}$，在公差带图中的标注如图2-5所示。

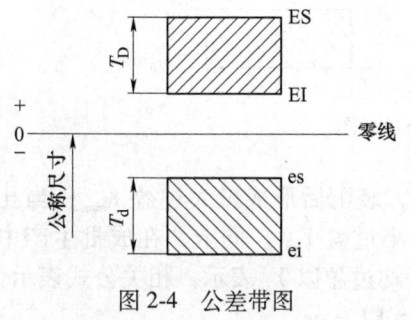

图2-4　公差带图

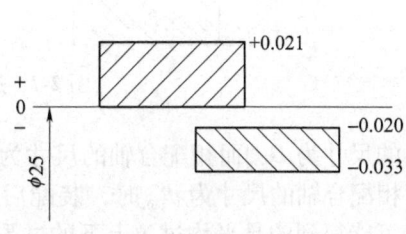

图2-5　公差带图标注

2.1.4 有关配合的术语及定义

1. 配合

配合是指公称尺寸相同的、并且相互结合的孔和轴公差带之间的关系,体现了零件配合的松紧程度。

相互配合的孔的尺寸减去轴的尺寸,其差值为正值时,称为间隙;为负值时,称为过盈。孔、轴配合可分为间隙配合、过盈配合和过渡配合,不同的配合类型具有不同的特征。

2. 配合类型和配合公差

(1) 间隙配合　间隙配合是指具有间隙(包括最小间隙为零)的配合。此时,孔的公差带位于轴的公差带之上,如图2-6所示。

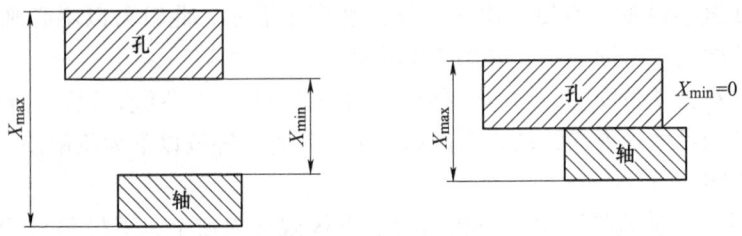

图2-6　间隙配合示意图

由于孔和轴的实际(组成)要素尺寸在各自的公差带内变动,因此,装配后每对孔、轴配合的间隙量也是变动的。当孔的尺寸为 D_{max} 而相配合轴的尺寸为 d_{min} 时,装配后形成最大间隙 X_{max};当孔的尺寸为 D_{min} 而相配合轴的尺寸为 d_{max} 时,装配后形成最小间隙 X_{min}。实际生产中,成批生产的零件其实际(组成)要素尺寸大部分为极限尺寸的平均值,装配后形成的间隙大多数在平均尺寸配合形成的平均间隙上下,平均间隙以 X_{av} 表示。相关公式表示为:

$$X_{max} = D_{max} - d_{min} = ES - ei$$
$$X_{min} = D_{min} - d_{max} = EI - es$$
$$X_{av} = (X_{max} + X_{min})/2$$

(2) 过盈配合　过盈配合是指具有过盈(包括最小过盈为零)的配合。此时,孔的公差带位于轴的公差带之下,如图2-7所示。

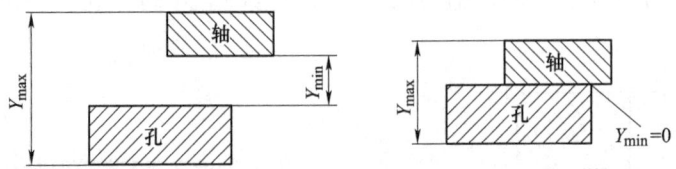

图2-7　过盈配合示意图

当孔的尺寸为 D_{min} 而相配合轴的尺寸为 d_{max} 时,装配后形成最大过盈 Y_{max};当孔的尺寸为 D_{max} 而相配合轴的尺寸为 d_{min} 时,装配后形成最小过盈 Y_{min}。同上,在成批生产中,零件装配后最可能得到的是平均过盈上下的过盈值,平均过盈以 Y_{av} 表示。相关公式表示为:

$$Y_{max} = D_{min} - d_{max} = EI - es$$

$$Y_{\min} = D_{\max} - d_{\min} = \text{ES} - \text{ei}$$
$$Y_{\text{av}} = (Y_{\max} + Y_{\min})/2$$

（3）过渡配合　过渡配合是指可能具有间隙或过盈的配合。此时，孔的公差带与轴的公差带相互交叠，如图 2-8 所示。

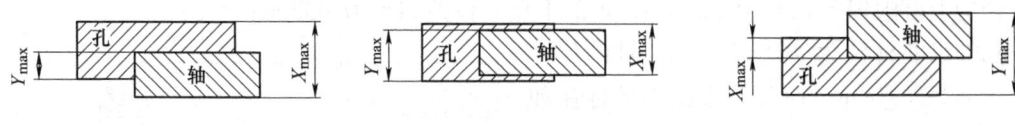

图 2-8　过渡配合示意图

过渡配合是介于间隙配合和过盈配合之间的一类配合，但其间隙与过盈都不大。当孔的尺寸为 $D_{\max}$ 而相配合轴的尺寸为 $d_{\min}$ 时，装配后形成最大间隙 $X_{\max}$；当孔的尺寸为 $D_{\min}$ 而相配合轴的尺寸为 $d_{\max}$ 时，装配后形成最大过盈 $Y_{\max}$。与前两种配合一样，成批生产的零件，最可能得到的是平均间隙或平均过盈上下的值。相关公式表示为：

$$X_{\max} = D_{\max} - d_{\min} = \text{ES} - \text{ei}$$
$$Y_{\max} = D_{\min} - d_{\max} = \text{EI} - \text{es}$$
$$X_{\text{av}}(Y_{\text{av}}) = (X_{\max} + Y_{\max})/2$$

（4）配合公差　配合公差（T_f）是组成配合的孔与轴的公差之和，是允许间隙或过盈的变动量。它是设计人员根据使用性能的要求对配合变动程度给定的允许值。配合公差是一个没有符号的绝对值，大小为极限间隙或极限过盈代数差的绝对值。将最大、最小间隙和最大、最小过盈分别用孔、轴的极限尺寸或极限偏差换算后带入计算式，可得配合公差等于相配合孔的公差与轴的公差之和。计算公式如下：

间隙配合的配合公差　　　$T_f = |X_{\max} - X_{\min}| = T_D + T_d$
过盈配合的配合公差　　　$T_f = |Y_{\max} - Y_{\min}| = T_D + T_d$
过渡配合的配合公差　　　$T_f = |X_{\max} - Y_{\max}| = T_D + T_d$

上式说明配合精度取决于相互配合的孔和轴的尺寸精度。若要提高配合精度，则必须减小相配合孔、轴的尺寸公差，这将使制造难度增加，成本提高。所以设计时要综合考虑使用性能要求和工艺条件，合理选取公差值，来提高经济效益。

3. 配合公差带图

配合公差带图可以直观地表达配合性质，反映配合松紧程度及其变动情况。

如图 2-9 所示，在配合公差带图中，横坐标为零线，表示间隙或过盈为零；零线上方的纵坐标为正值，代表间隙，零线下方的纵坐标为负值，代表过盈。配合公差带两端的坐标值代表极限间隙或极限过盈，它反映了配合的松紧程度；上、下两端间的距离为配合公差，它反映了配合的松紧变化程度。

【案例】　已知：孔、轴的公称尺寸为 $D = d = 25\text{mm}$；孔的极限尺寸 $D_{\max} = $

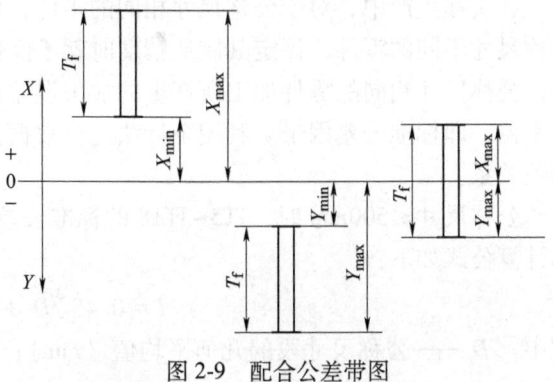

图 2-9　配合公差带图

25.021mm，$D_{\min}$ = 25mm；轴的极限尺寸 $d_{\max}$ = 24.980mm，$d_{\min}$ = 24.967mm。求孔与轴的配合类型及配合公差。

解 根据极限偏差的定义得：

孔的上极限偏差 ES = +0.021mm；孔的下极限偏差 EI = 0mm

轴的上极限偏差 es = -0.020mm；轴的下极限偏差 ei = -0.033mm

孔的尺寸标注为 $\phi 25^{+0.021}_{0}$ mm，轴的尺寸标注为 $\phi 25^{-0.020}_{-0.033}$ mm，在公差带图中的标注如图 2-5 所示。

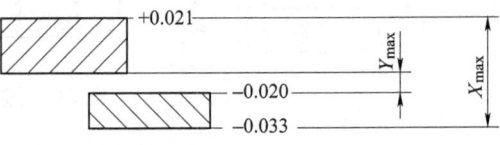

图 2-10 配合公差带图

根据配合类型的判断方法，得孔、轴为间隙配合，配合公差带图如图 2-10 所示。由此得：

$$X_{\max} = D_{\max} - d_{\min} = ES - ei = +0.021\text{mm} - (-0.033\text{mm}) = +0.054\text{mm}$$

$$Y_{\max} = D_{\min} - d_{\max} = EI - es = 0\text{mm} - (-0.020\text{mm}) = +0.020\text{mm}$$

$$X_{av} = (X_{\max} + Y_{\max})/2 = (0.054\text{mm} + 0.020\text{mm})/2 = +0.037\text{mm}$$

$$T_f = X_{\max} - Y_{\max} = 0.054\text{mm} - 0.020\text{mm} = 0.034\text{mm}$$

2.2 公差与配合国家标准

2.2.1 标准公差系列

1. 标准公差等级代号

标准公差等级是确定尺寸精确程度的等级。不同零件或零件上不同部位的尺寸，对精确程度的要求往往不同。为了满足生产的需要，国家标准设置了 20 个标准公差等级，用"IT"和阿拉伯数字组成的代号表示。

各级标准公差等级代号按精度由高到低依次为 IT01、IT0、IT1、IT2、…、IT18。其中，IT01 精度最高，标准公差值最小；IT18 精度最低，标准公差值最大。同一标准公差等级对所有公称尺寸的一组公差，被认为具有同等的精确程度。

2. 公差单位（标准公差因子）

公差单位是随公称尺寸的变化来计算标准公差的一个基本单位。该单位是公称尺寸的函数，是制定标准公差数值的基础。

在实际生产中，对于公称尺寸相同的零件，可按公差大小评定其制造精度的高低；对于公称尺寸不同的零件，评定其制造精度时就不能仅看公差大小。实际上，在相同的加工条件下，公称尺寸相同的零件加工所产生的加工误差也不同。为了合理规定公差数值，需建立公差单位，即标准公差因子。利用统计法进行数据分析，可以发现该因子与公称尺寸有一定的函数关系。

公称尺寸≤500mm 时，IT5～IT18 的标准公差数值与标准公差因子 i 的关系式见表 2-1，i 的计算公式如下：

$$i = 0.45\sqrt[3]{D} + 0.001D$$

式中　D——公称尺寸段的几何平均值（mm）；

　　　i——标准公差因子（μm）。

上式中，第一项主要反映加工误差，第二项主要用于补偿测量时由于温度不稳定偏离标准温度，以及量规的变形等因素引起的测量误差。

公称尺寸为 500~3150mm 时，公差单位 I 的计算公式如下

$$I = 0.004D + 2.1$$

式中　D——公称尺寸段的几何平均值（mm）；
　　　I——标准公差因子（μm）。

表 2-1　公称尺寸≤500mm 的标准公差计算公式

公差等级	IT01	IT0	IT1	IT2	IT3	IT4
公差值	0.3+0.008D	0.5+0.012D	0.8+0.020D	$IT1\left(\dfrac{IT5}{IT1}\right)^{\frac{1}{4}}$	$IT1\left(\dfrac{IT5}{IT1}\right)^{\frac{1}{2}}$	$IT1\left(\dfrac{IT5}{IT1}\right)^{\frac{3}{4}}$
公差等级	IT5	IT6	IT7	IT8	IT9	IT10	IT11	IT12	IT13	IT14	IT15	IT16	IT17	IT18
公差值	7i	10i	16i	25i	40i	64i	100i	160i	250i	400i	640i	1000i	1600i	2500i

3. 公差尺寸分段

由标准公差的计算公式可知，对应每一个公称尺寸和公差等级，都可以计算出一个相应的公差值。在实际生产中，公称尺寸数目繁多，这样编制的公差表格非常庞大，为设计、生产工作带来不便，同时也不利于公差值的标准化、系列化。实践证明，公差等级相同而公称尺寸相近的公差数值差别甚微。因此，国家标准将公称尺寸分成若干段，以简化公差表格，为实际应用提供方便。公称尺寸≤500mm 时，主段落和中间段落划分见表 2-2。

表 2-2　公称尺寸≤500mm 的尺寸分段　　　　　（单位：mm）

主段落		中间段落		主段落		中间段落		主段落		中间段落	
大于	至	大于	至	大于	至	大于	至	大于	至	大于	至
—	3	—	—	30	50	30	40	180	250	180	200
3	6	—	—			40	50			200	225
6	10	—	—	50	80	50	65			225	250
						65	80	250	315	250	280
10	18	10	14	80	120	80	100			280	315
		14	18			100	120	315	400	315	355
				120	180	120	140			355	400
18	30	18	24			140	160	400	500	400	450
		24	30			160	180			450	500

在公差标准化以后的标准公差和基本偏差的计算公式中，公称尺寸 D 一律以所属尺寸分段（$D_1 \sim D_2$）内的首尾两个尺寸的几何平均值（$D=\sqrt{D_1 D_2}$）进行计算。

【案例】　已知公称尺寸为 ϕ30mm，求 IT7 和 IT8 等级的标准公差。

解　查阅表 2-2，ϕ30mm 属于 18~30mm 尺寸分段

计算公称尺寸段的几何平均值　$D=\sqrt{18\times 30}$ mm ≈ 23.24mm

计算标准公差因子　$i = 0.45\sqrt[3]{D} + 0.001D = (0.45 \times \sqrt[3]{23.24} + 0.001 \times 23.24)$μm ≈ 1.31μm

计算标准公差并圆整　　IT7 = 16i = 16 × 1.31μm ≈ 21μm

IT8 = 25 × 1.31μm ≈ 33μm

在公称尺寸和公差等级已定的情况下，按标准公差的计算公式得到相应的公差值，并按国家标准有关规定对尾数进行圆整，整理标准公差数值见表2-3，供设计时查用。

表2-3　标准公差数值（公称尺寸≤500mm）

公称尺寸/mm		标准公差等级																	
		IT01	IT0	IT1	IT2	IT3	IT4	IT5	IT6	IT7	IT8	IT9	IT10	IT11	IT12	IT13	IT14	IT15	IT16	IT17	IT18
大于	至	μm													mm					
—	3	0.3	0.5	0.8	1.2	2	3	4	6	10	14	25	40	60	0.10	0.14	0.25	0.40	0.60	1.0	1.4
3	6	0.4	0.6	1	1.5	2.5	4	5	8	12	18	30	48	75	0.12	0.18	0.30	0.48	0.75	1.2	1.8
6	10	0.4	0.6	1	1.5	2.5	4	6	9	15	22	36	58	90	0.15	0.22	0.36	0.58	0.90	1.5	2.2
10	18	0.5	0.8	1.2	2	3	5	8	11	18	27	43	70	110	0.18	0.27	0.43	0.70	1.10	1.8	2.7
18	30	0.6	1	1.5	2.5	4	6	9	13	21	33	52	84	130	0.21	0.33	0.52	0.84	1.30	2.1	3.3
30	50	0.6	1	1.5	2.5	4	7	11	16	25	39	62	100	160	0.25	0.39	0.62	1.00	1.60	2.5	3.9
50	80	0.8	1.2	2	3	5	8	13	19	30	46	74	120	190	0.30	0.46	0.74	1.20	1.90	3.0	4.6
80	120	1	1.5	2.5	4	6	10	15	22	35	54	87	140	220	0.35	0.54	0.87	1.40	2.20	3.5	5.4
120	180	1.2	2	3.5	5	8	12	18	25	40	63	100	160	250	0.40	0.63	1.00	1.60	2.50	4.0	6.3
180	250	2	3	4.5	7	10	14	20	29	46	72	115	185	290	0.46	0.72	1.15	1.85	2.90	4.6	7.2
250	315	2.5	4	6	8	12	16	23	32	52	81	130	210	320	0.52	0.81	1.30	2.10	3.20	5.2	8.1
315	400	3	5	7	9	13	18	25	36	57	89	140	230	360	0.57	0.89	1.40	2.30	3.60	5.7	8.9
400	500	4	6	8	10	15	20	27	40	63	97	155	250	400	0.63	0.97	1.55	2.50	4.00	6.3	9.7

注：1. 公称尺寸小于或等于1mm时，无IT14～IT18。

2. 标准公差等级IT01和IT0在工业中很少用到，表中所列标准公差数值供学习参考。

2.2.2　基本偏差系列

基本偏差是用来确定公差带相对于零线位置的那个极限偏差，一般是指靠近零线的极限偏差。当公差带位置在零线以上时，其基本偏差为下极限偏差；当公差带位置在零线以下时，其基本偏差为上极限偏差。基本偏差是确定公差位置的参数，原则上与公差等级无关，其数量将决定配合种类的数量。

1. 基本偏差代号

基本偏差代号用拉丁字母表示，小写字母代表轴的基本偏差，大写字母代表孔的基本偏差。在26个字母中，除去易与其他含义混淆的 I(i)、L(l)、O(o)、Q(q)、W(w) 5个字母外，采用了21个单写字母和7个双字母 CD(cd)、EF(ef)、FG(fg)、JS(js)、ZA(za)、ZB(zb)、ZC(zc)，共组成28个基本偏差代号。它们分别构成孔、轴基本偏差系列。

如图2-11所示，孔的基本偏差A～H为下极限偏差EI，轴的基本偏差a～h为上极限偏差es，它们的绝对值依次减小，其中H和h的基本偏差为零。

孔的基本偏差JS和轴的基本偏差js对应的公差带相对于零线呈对称分布，故基本偏差可以是上极限偏差，也可以是下极限偏差，偏差值为标准公差的一半，即ES(es) = +IT/2。

EI(ei) = -IT/2。

孔的基本偏差 J~ZC 为上极限偏差 ES，轴的基本偏差 j~zc 为下极限偏差 ei，其绝对值依次增大。

孔和轴的基本偏差原则上不随公差等级变化而变化，只有极少数基本偏差（j、js、k）例外。

图 2-11 所示的基本偏差系列图中，各公差带只画出了由基本偏差确定的一端，另一端的位置取决于基本偏差与标准公差值的组合。

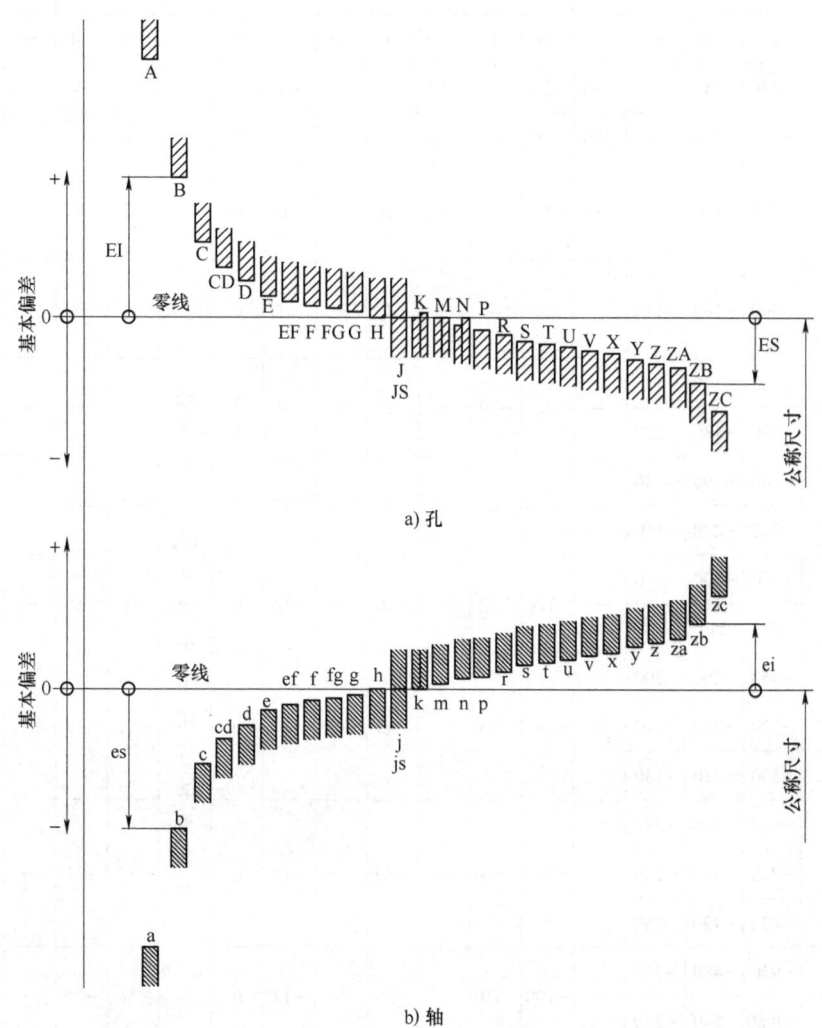

图 2-11 基本偏差系列图

2. 基本偏差数值

基本偏差数值是根据生产实践经验总结的经验公式计算得到的，国家标准对轴和孔的基本偏差数值做了规定，实际使用时可查表 2-4 和表 2-5。

从表 2-4、表 2-5 中可以看到，孔的基本偏差 H 为下极限偏差，且等于零，这种孔称为基准孔；轴的基本偏差 h 为上极限偏差，且等于零，这种轴称为基准轴。

表 2-4 轴（$d \leq 500$mm）

公称尺寸/mm		基本偏差数值													
		上极限偏差 es										下极限偏差 ei			
		a	b	c	cd	d	e	ef	f	fg	g	h	js	j			k
		所有标准公差等级												IT5、IT6	IT7	IT8	IT4~IT7	≤IT3 >IT7
大于	至																	
—	3	-270	-140	-60	-34	-20	-14	-10	-6	-4	-2	0		-2	-4	-6	0	0
3	6	-270	-140	-70	-46	-30	-20	-14	-10	-6	-4	0		-2	-4	—	+1	0
6	10	-280	-150	-80	-56	-40	-25	-18	-13	-8	-5	0		-2	-5	—	+1	0
10	14	-290	-150	-95	—	-50	-32	—	-16	—	-6	0	偏差等于 $\pm \dfrac{IT_n}{2}$，式中 IT_n 是 IT 的值数	-3	-6	—	+1	0
14	18																	
18	24	-300	-160	-110	—	-65	-40	—	-20	—	-7	0		-4	-8	—	+2	0
24	30																	
30	40	-310	-170	-120	—	-80	-50	—	-25	—	-9	0		-5	-10	—	+2	0
40	50	-320	-180	-130														
50	65	-340	-190	-140	—	-100	-60	—	-30	—	-10	0		-7	-12	—	+2	0
65	80	-360	-200	-150														
80	100	-380	-220	-170	—	-120	-72	—	-36	—	-12	0		-7	-15	—	+3	0
100	120	-410	-240	-180														
120	140	-460	-260	-200	—	-145	-85	—	-43	—	-14	0		-11	-18	—	+3	0
140	160	-520	-280	-210														
160	180	-580	-310	-230														
180	200	-660	-340	-240	—	-170	-100	—	-50	—	-15	0		-13	-21	—	+4	0
200	225	-740	-380	-260														
225	250	-820	-420	-280														
250	280	-920	-480	-300	—	-190	-110	—	-56	—	-17	0		-16	-26	—	+4	0
280	315	-1050	-540	-330														
315	355	-1200	-600	-360	—	-210	-125	—	-62	—	-18	0		-18	-28	—	+4	0
355	400	-1350	-680	-400														
400	450	-1500	-760	-440	—	-230	-135	—	-68	—	-20	0		-20	-32	—	+5	0
450	500	-1650	-840	-480														

注：1. 公称尺寸小于或等于1mm时，基本偏差a和b均不采用。

2. js 的数值：对IT7~IT11，若 IT_n 的数值为奇数，则取 js=±(IT_n-1)/2。

轴的基本偏差数值（GB/T 1800.1—2009）　　　　　　　　　　　　　　　　　　　　　　（单位：μm）

基本偏差												
下极限偏差 ei												
m	n	p	r	s	t	u	v	x	y	z	za	zb	zc
所有标准公差等级												
+2	+4	+6	+10	+14	—	+18	—	+20	—	+26	+32	+40	+60
+4	+8	+12	+15	+19	—	+23	—	+28	—	+35	+42	+50	+80
+6	+10	+15	+19	+23	—	+28	—	+34	—	+42	+52	+67	+97
+7	+12	+18	+23	+28	—	+33	—	+40	—	+50	+64	+90	+130
							+39	+45	—	+60	+77	+108	+150
+8	+15	+22	+28	+35	—	+41	+47	+54	+63	+73	+98	+136	+188
					+41	+48	+55	+64	+75	+88	+118	+160	+218
+9	+17	+26	+34	+43	+48	+60	+68	+80	+94	+112	+148	+200	+274
					+54	+70	+81	+97	+114	+136	+180	+242	325
+11	+20	+32	+41	+53	+66	+87	+102	+122	+144	+172	+226	+300	+405
			+43	+59	+75	+102	+120	+146	+174	+210	+274	+360	+480
+13	+23	+37	+51	+71	+91	+124	+146	+178	+214	+258	+335	+445	+585
			+54	+79	+104	+144	+172	+210	+254	+310	+400	+525	+690
+15	+27	+43	+63	+92	+122	+170	+202	+248	+300	+365	+470	+620	+800
			+65	+100	+134	+190	+228	+280	+340	+415	+535	+700	+900
			+68	+108	+146	+210	+252	+310	+380	+465	+600	+780	+1000
+17	+31	+50	+77	+122	+166	+236	+284	+350	425	+520	+670	+880	+1150
			+80	+130	+180	+258	+310	+385	+470	+575	+740	+960	+1250
			+84	+140	+196	+284	+340	+425	+520	+640	+820	+1050	+1350
+20	+34	+56	+94	+158	+218	+315	+385	+475	+580	+710	+920	+1200	+1550
			+98	+170	+240	+350	+425	+525	+650	+790	+1000	+1300	+1700
+21	+37	+62	+108	+190	+268	+390	+475	+590	+730	+900	+1150	+1500	+1900
			+114	+208	+294	+435	+530	+660	+820	+1000	+1300	+1650	+2100
+23	+40	+68	+126	+232	+330	+490	+595	+740	+920	+1100	+1450	+1850	+2400
			+132	+252	+360	+540	+660	+820	+1000	+1250	+1600	+2100	+2600

表 2-5 孔（$D \leqslant 500\text{mm}$）的基本偏差

公称尺寸 /mm		基本偏差数值															
		下极限偏差 EI										上极限偏差 ES					
		A	B	C	CD	D	E	EF	F	FG	G	H	JS	J			K		M	
大于	至	所有的公差等级												IT6	IT7	IT8	≤IT8	>IT8	≤IT8	>IT8
—	3	+270	+140	+60	+34	+20	+14	+10	+6	+4	+2	0		+2	+4	+6	0	0	−2	−2
3	6	+270	+140	+70	+46	+30	+20	+14	+10	+6	+4	0		+5	+6	+10	−1+Δ	—	−4+Δ	−4
6	10	+280	+150	+80	+56	+40	+25	+18	+13	+8	+5	0		+5	+8	+12	−1+Δ	—	−6+Δ	−6
10	14	+290	+150	+95	—	+50	+32	—	+16	—	+6	0		+6	+10	+15	−1+Δ	—	−7+Δ	−7
14	18																			
18	24	+300	+160	+110	—	+65	+40	—	+20	—	+7	0		+8	+12	+20	−2+Δ	—	−8+Δ	−8
24	30																			
30	40	+310	+170	+120	—	+80	+50	—	+25	—	+9	0	偏差等于 $\pm \dfrac{IT_n}{2}$，式中 IT_n 是 IT 值数	+10	+14	+24	−2+Δ	—	−9+Δ	−9
40	50	+320	+180	+130																
50	65	+340	+190	+140	—	+100	+60	—	+30	—	+10	0		+13	+18	+28	−2+Δ	—	−11+Δ	−11
65	80	+360	+200	+150																
80	100	+380	+220	+170	—	+120	+72	—	+36	—	+12	0		+16	+22	+34	−3+Δ	—	−13+Δ	−13
100	120	+410	+240	+180																
120	140	+460	+260	+200	—	+145	+85	—	+43	—	+14	0		+18	+26	+41	−3+Δ	—	−15+Δ	−15
140	160	+520	+280	+210																
160	180	+580	+310	230																
180	200	+660	+340	+240	—	+170	+100	—	+50	—	+15	0		+22	+30	+47	−4+Δ	—	−17+Δ	−17
200	225	+740	+380	+260																
225	250	+820	+420	+280																
250	280	+920	+480	+300	—	+190	+110	—	+56	—	+17	0		+25	+36	+55	−4+Δ	—	−20+Δ	−20
280	315	+1050	+540	+330																
315	355	+1200	+600	+360	—	+210	+125	—	+62	—	+18	0		+29	+39	+60	−4+Δ	—	−21+Δ	−21
355	400	+1350	+680	+400																
400	450	+1500	+760	+440	—	+230	+135	—	+68	—	+20	0		+33	+43	+66	−5+Δ	—	−23+Δ	−23
450	500	+1650	+840	+480																

注：1. 公称尺寸小于或等于 1mm 时，基本偏差 A 和 B 及大于 IT8 的 N 均不采用。

2. JS 的数值：对 IT7~IT11，若 IT_n 的数值为奇数，则取 JS = $\pm (IT_{n-1} - 1)/2$。

3. 对小于或等于 IT8 的 K、M、N 和小于或等于 IT7 的 P 至 ZC，所需 Δ 值从表内右侧选取。

4. 特殊情况：当公称尺寸大于 250mm 而小于 315mm 时，M6 的 ES 等于 −9μm（代替 −11μm）。

数值（GB/T 1800.1—2009）　　　　　　　　　　　　　　　　　　　　　　（单位：μm）

基本偏差													Δ 值				
上极限偏差 ES																	
N		P~ZC	P	R	S	T	U	V	X	Y	Z	ZA	ZB	ZC				
≤IT8	>IT8	≤IT7	\>IT7											IT3	IT4	IT5	IT6	IT7	IT8
−4	−4		−6	−10	−14	—	−18	—	−20	—	−26	−32	−40	−60	0				
−8+Δ	0		−12	−15	−19	—	−23	—	−28		−35	−42	−50	−80	1	1.5	1	3	4	6
−10+Δ	0		−15	−19	−23	—	−28	—	−34	—	−42	−52	−67	−97	1	1.5	2	3	6	7
−12+Δ	0	在大于IT7的相应数值上增加一个Δ值	−18	−23	−28	—	−33	—	−40	—	−50	−64	−90	−130	1	2	3	3	7	9
							−39		−45	—	−60	−77	−108	−150						
−15+Δ	0		−22	−28	−35	—	−41	−47	−54	−63	−73	−98	−136	−188	1.5	2	3	4	8	12
						−41	−48	−55	−64	−75	−88	−118	−160	−218						
−17+Δ	0		−26	−34	−43	−48	−60	−68	−80	−94	−112	−148	−200	−274	1.5	3	4	5	9	14
						−54	−70	−81	−97	−114	−136	−180	−242	−325						
−20+Δ	0		−32	−41	−53	−66	−87	−102	−122	−144	−172	−226	−300	−405	2	3	5	6	11	16
				−43	−59	−75	−102	−120	−146	−174	−210	−274	−360	−480						
−23+Δ	0		−37	−51	−71	−91	−124	−146	−178	−214	−258	−335	−445	−585	2	4	5	7	13	19
				−54	−79	−104	−144	−172	−210	−254	−310	−400	−525	−690						
−27+Δ	0		−43	−63	−92	−122	−170	−202	−248	−300	−365	−470	−620	−800	3	4	6	7	15	23
				−65	−100	−134	−190	−228	−280	−340	−415	−535	−700	−900						
				−68	−108	−146	−210	−252	−310	−380	−465	−600	−780	−1000						
−31+Δ	0		−50	−77	−122	−166	−236	−284	−350	−425	−520	−670	−880	−1150	3	4	6	9	17	26
				−80	−130	−180	−258	−310	−385	−470	−575	−740	−960	−1250						
				−84	−140	−196	−284	−340	−425	−520	−640	−820	−1050	−1350						
−34+Δ	0		−56	−94	−158	−218	−315	−385	−475	−580	−710	−920	−1200	−1550	4	4	7	9	20	29
				−98	−170	−240	−350	−425	−525	−650	−790	−1000	−1300	−1700						
−37+Δ	0		−62	−108	−190	−268	−390	−475	−590	−730	−900	−1150	−1500	−1900	4	5	7	11	21	32
				−114	−208	−294	−435	−530	−660	−820	−1000	−1300	−1650	−2100						
−40+Δ	0		−68	−126	−232	−330	−490	−595	−740	−920	−1100	−1450	−1850	−2400	5	5	7	13	23	34
				−132	−252	−360	−540	−660	−820	−1000	−1250	−1600	−2100	−2600						

【案例】 查表确定 $\phi20js6$、$\phi34h8$ 的基本偏差与另一极限偏差。

解 1）查标准公差数值表 2-3 可得 $IT6 = 13\mu m$，$IT8 = 39\mu m$。

查轴的基本偏差表 2-4 得 js 的基本偏差为上极限偏差，则其上极限偏差 $es \approx +7\mu m$；下极限偏差 $ei \approx -7\mu m$。

即 $\phi20js6$ 可以写成 $\phi20js6(^{+0.007}_{-0.007})$ 或 $\phi20^{+0.007}_{-0.007}$。

2）查轴的基本偏差表 2-4 得 h 的基本偏差为上极限偏差 $es = 0$；下极限偏差 $ei = es - IT8 = (0-39)\mu m = -39\mu m$。即 $\phi34h8$ 可以写成 $\phi34h8(^{0}_{-0.039})$ 或 $\phi34^{0}_{-0.039}$。

【案例】 判断 $\phi20H7/js6$ 的配合类型及配合特性，并画出尺寸公差带图。

解 查孔的基本偏差表得下极限偏差 $EI = 0mm$。由公差标准数值表可得 $IT6 = 0.013mm$，$IT7 = 0.021mm$。

$\phi20H7$ 孔的上、下极限尺寸为：$D_{max} = 20.021mm$，$D_{min} = 20mm$。

$\phi20H7$ 孔的上、下极限偏差为：$ES = +0.021mm$，$EI = 0mm$。

$\phi20js6$ 轴的上、下极限尺寸为：$d_{max} = 20.007mm$，$d_{min} = 19.993mm$。

$\phi20js6$ 轴的上、下极限偏差为：$es = +0.007mm$，$ei = -0.007mm$。

根据孔与轴的极限尺寸，得其公差带图如图 2-12 所示，可见孔的公差带与轴的公差带相互交叠，因此该配合属于过渡配合。

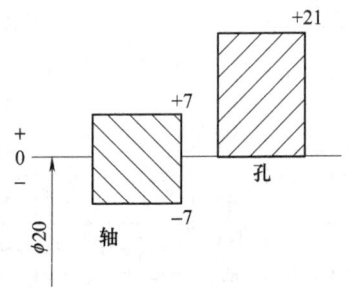

图 2-12 尺寸公差带图

$$\text{最大间隙} \quad X_{max} = D_{max} - d_{min} = (20.021 - 19.993)mm = +0.028mm$$
$$Y_{max} = D_{min} - d_{max} = (20 - 20.007)mm = -0.007mm$$
$$X_{av} = (X_{max} + Y_{max})/2 = (0.028 - 0.007)mm/2 \approx +0.011mm$$
$$T_f = |X_{max} - Y_{max}| = |(+0.028) - (-0.007)|mm = +0.035mm$$

2.2.3 公差带代号、配合代号在图样上的标注

1. 公差带代号

公差带代号由基本偏差代号和公差等级数字组成，公差带相对零线的位置由基本偏差确定，公差带的大小由标准公差等级确定。例如，H8、F7、J7、P7、U7 等为孔的公差带代号，h7、g6、r6、p6、s7 等为轴的公差带代号。

2. 尺寸公差和配合代号

以 $\phi68H7$ 为例，68 为公称尺寸；H 为孔的基本偏差代号；7 为公差等级数字。

在零件图上，主要标注尺寸的上、下极限偏差数值，也可附注基本偏差代号和公差等级，如图 2-13 所示。

标准规定，配合用相同的公称尺寸后跟孔、轴公差带表示，孔和轴的公差带代号以分数形式组成配合代号，其中，分子为孔的公差带代号，分母为轴的公差带代号。装配图上主要标注配合代号，即标注孔、轴的基本偏差代号及公差等级，也可附注上、下极限偏差数值。以 $\phi40H8/f7$ 为例，表示基孔制配合的间隙配合，标准如图 2-14a 所示；$\phi30N8/h7$ 表示基轴制配合的过渡配合，如图 2-14b 所示。

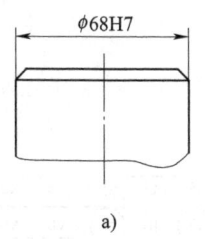 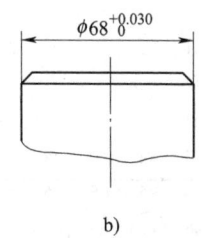 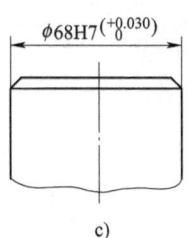

图 2-13 尺寸公差在图样上的标注

2.2.4 标准公差带与配合

1. 标准公差带

国家标准对公称尺寸不大于 500mm 的孔和轴各规定了 20 个标准公差等级和 28 种基本偏差，其中，基本偏差 j 仅保留 j5~j8，J 仅保留 J6~J8，由此可以得到孔公差带为 20×(28-1)+3 =543 个，而轴公差带有 20×(28-1)+4 = 544 个。这么多的公差带数量，使用起来显然不经济，为了尽可能地缩小公差带的选用范围，减少定值刀具和量具的规格和数量，国家标准规定了一般、常用和优先选用的公差带。

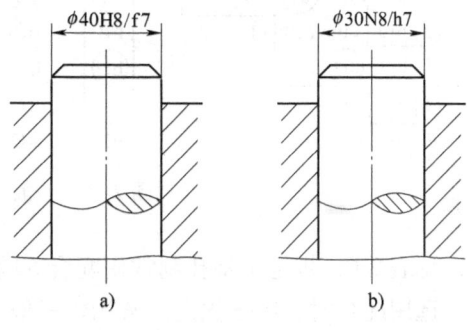

图 2-14 配合在图样上的标注

如图 2-15 所示，一般、常用和优先孔用公差带共有 105 种，图中方框内的 43 种为常用公差带，圆圈内的 13 种为优先公差带。如图 2-16 所示，一般、常用和优先轴用公差带共 116 种，图中方框内的 59 种为常用公差带，圆圈内的 13 种为优先公差带。

选择公差带时，应按优先、常用、一般的顺序选取。

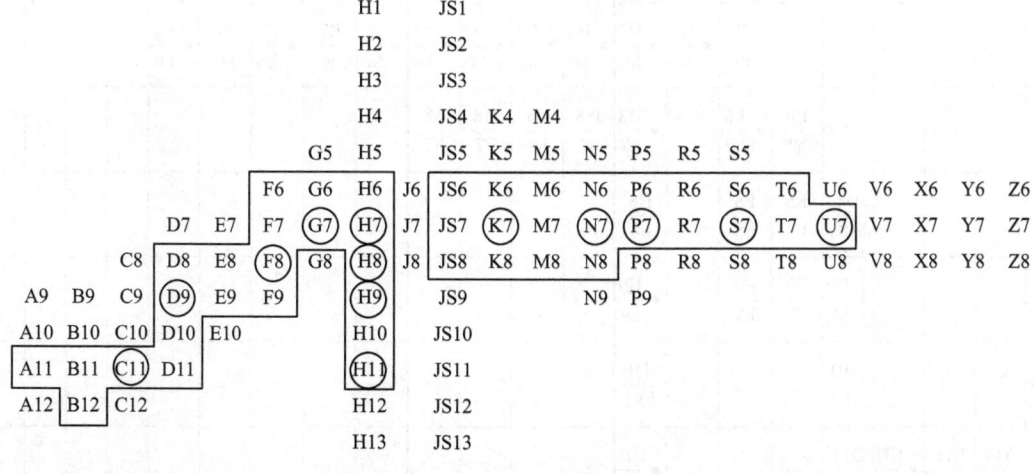

图 2-15 一般、常用、优先孔用公差带

2. 标准配合

国家标准对公称尺寸不大于 500mm 的配合，规定了基轴制常用配合 47 种，优先配合 13

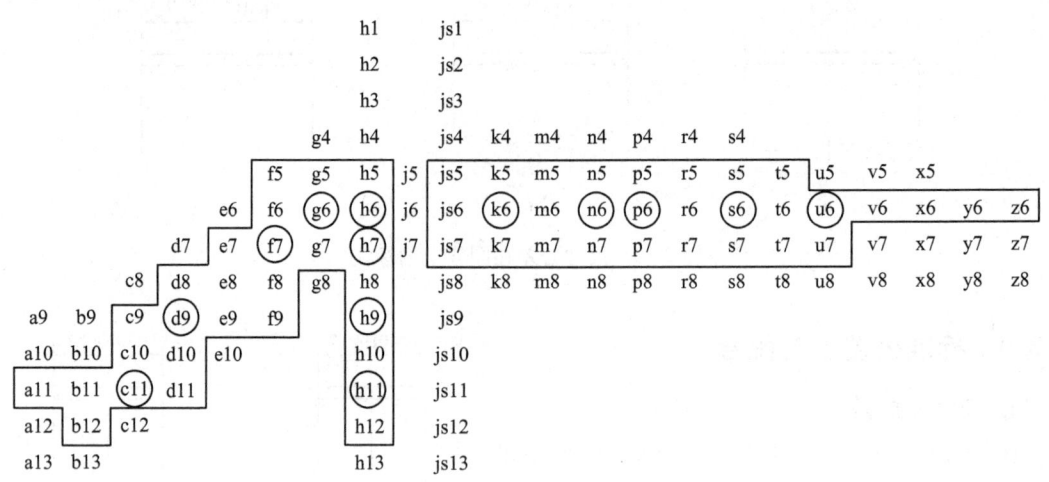

图 2-16 一般、常用、优先轴用公差带

种,见表 2-6;规定了基孔制常用配合 59 种,优先配合 13 种,见表 2-7。

选用配合时,应按优先、常用、一般、任意的顺序选用。

表 2-6 基轴制优先、常用配合(GB/T 1801—2009)

基准轴	孔																			
	A	B	C	D	E	F	G	H	JS	K	M	N	P	R	S	T	U	V	X	Y	Z
	间隙配合								过渡配合				过盈配合								
h5						$\frac{F6}{h5}$	$\frac{G6}{h5}$	$\frac{H6}{h5}$	$\frac{JS6}{h5}$	$\frac{K6}{h5}$	$\frac{M6}{h5}$	$\frac{N6}{h5}$	$\frac{P6}{h5}$	$\frac{R6}{h5}$	$\frac{S6}{h5}$	$\frac{T6}{h5}$					
h6						●$\frac{F7}{h6}$	$\frac{G7}{h6}$	●$\frac{H7}{h6}$	$\frac{JS7}{h6}$	●$\frac{K7}{h6}$	$\frac{M7}{h6}$	●$\frac{N7}{h6}$	●$\frac{P7}{h6}$	$\frac{R7}{h6}$	●$\frac{S7}{h6}$	$\frac{T7}{h6}$	●$\frac{U7}{h6}$				
h7					$\frac{E8}{h7}$	●$\frac{F8}{h7}$		●$\frac{H8}{h7}$	$\frac{JS8}{h7}$	$\frac{K8}{h7}$	$\frac{M8}{h7}$	$\frac{N8}{h7}$									
h8				$\frac{D8}{h8}$	$\frac{E8}{h8}$	$\frac{F8}{h8}$		$\frac{H8}{h8}$													
h9				●$\frac{D9}{h9}$	$\frac{E9}{h9}$	$\frac{F9}{h9}$		●$\frac{H9}{h9}$													
h10				$\frac{D10}{h10}$				$\frac{H10}{h10}$													
h11	$\frac{A11}{h11}$	$\frac{B11}{h11}$	●$\frac{C11}{h11}$	$\frac{D11}{h11}$				●$\frac{H11}{h11}$													
h12		$\frac{B12}{h12}$						$\frac{H12}{h12}$													

注:标注 ● 的配合为优先配合。

表 2-7 基孔制优先、常用配合 (GB/T 1801—2009)

基准孔	轴																			
	a	b	c	d	e	f	g	h	js	k	m	n	p	r	s	t	u	v	x	y	z
	间隙配合								过渡配合				过盈配合								
H6						H6/f5	H6/g5	H6/h5	H6/js5	H6/k5	H6/m5	H6/n5	H6/p5	H6/r5	H6/s5	H6/t5					
H7						•H7/f6	•H7/g6	H7/h6	H7/js6	•H7/k6	H7/m6	•H7/n6	•H7/p6	H7/r6	•H7/s6	H7/t6	•H7/u6	H7/v6	H7/x6	H7/y6	H7/z6
H8					H8/e7	•H8/f7	H8/g7	•H8/h7	H8/js7	H8/k7	H8/m7	H8/n7	H8/p7	H8/r7	H8/s7	H8/t7	H8/u7				
				H8/d8	H8/e8	H8/f8		H8/h8													
H9			H9/c9	•H9/d9	H9/e9	H9/f9		•H9/h9													
H10			H10/c10	H10/d10				H10/h10													
H11	H11/a11	H11/b11	•H11/c11	H11/d11				•H11/h11													
H12		H12/b12						H11/h12													

注:1. $\frac{H6}{n5}$、$\frac{H7}{p6}$ 在公称尺寸小于或等于3mm 和 $\frac{H8}{r7}$ 在公称尺寸小于或等于100mm 时,为过渡配合。

2. 标注 • 的配合为优先配合。

2.2.5 线性尺寸的一般公差

一般公差是指在车间一般加工条件下可以保证的公差,是机床设备在正常维护和操作情况下,能达到的经济加工精度。国家标准 GB/T 1804—2000 规定了线性尺寸的一般公差等级和极限偏差。一般公差等级分为四级,分别是精密级 f、中等级 m、粗糙级 c 和最粗级 v;极限偏差全部采用对称偏差值,并对适用尺寸采用了较大的分段,具体数值见表 2-8。

表 2-8 线性尺寸未注极限偏差 (单位:mm)

公差等级	基本尺寸分段							
	0.5~3	>3~6	>6~30	>30~120	>120~400	>400~1000	>1000~2000	>2000~4000
f(精密级)	±0.05	±0.05	±0.1	±0.15	±0.2	±0.3	±0.5	—
m(中等级)	±0.1	±0.1	±0.2	±0.3	±0.5	±0.8	±1.2	±2
c(粗糙级)	±0.2	±0.3	±0.5	±0.8	±1.2	±2	±3	±4
v(最粗级)	—	±0.5	±1	±1.5	±2.5	±4	±6	±8

线性尺寸的一般公差主要用于较低精度的非配合尺寸。采用一般公差的尺寸,在图样上不标注极限偏差,只标注公称尺寸,而在图样技术要求或有关技术文件中做出总的说明。当要素的公差要求比一般公差值更大,且该公差比一般公差更为经济时,则将极限偏差数值在

公称尺寸后直接注出。

2.3 公差与配合的选择

2.3.1 基准制的选用

公称尺寸相同的孔与轴配合,孔和轴的公差带可能有各种不同的配合位置,均能达到相同的配合要求,为了简化和有利于标准化,国家标准规定了基孔制和基轴制两种配合制。

1. 基孔制配合

基孔制配合是基本偏差为一定的孔的公差带,与不同基本偏差的轴的公差带形成各种配合的一种制度,如图 2-17 所示。

基孔制配合中的孔是基准件,称为基准孔,代号为 H,国标规定其基本偏差为下极限偏差,数值为 0,上极限偏差为正值。

2. 基轴制配合

基轴制配合是基本偏差为一定的轴的公差带,与不同基本偏差的孔的公差带形成各种配合的一种制度,如图 2-18 所示。

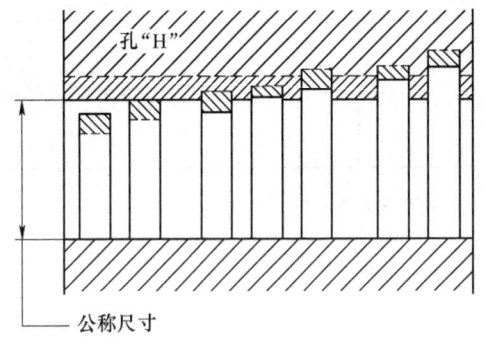

图 2-17 基孔制配合

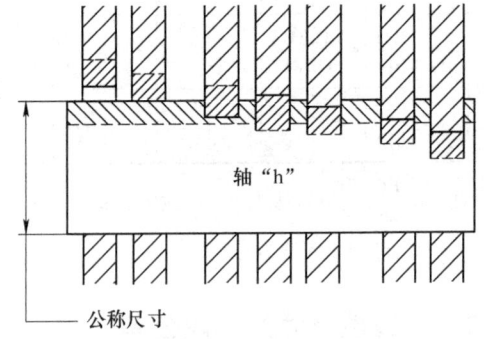

图 2-18 基轴制配合

基轴制配合中的轴是基准件,称为基准轴,代号为 h,国标规定其基本偏差为上极限偏差,数值为 0,下极限偏差为负值。

配合制确定后,鉴于基准孔和基准轴公差带位置的特殊性,我们可以方便地根据配合代号直接判断各种配合的配合性质。

由于基本偏差具有基本对称性,配合 H7/r6 和 R7/h6,H8/f7 和 F8/h7 具有相同的极限过盈(间隙)量,其配合性质相同,这类配合称为"同名配合"。

3. 基准制选用原则

对具有各种使用要求的配合,既可用基孔制配合,也可用基轴制配合来实现。配合制的选择主要从零件的结构、加工和经济性等方面综合考虑。

(1)优先选用基孔制配合 从工艺上看,对较高精度要求的中小尺寸孔,广泛采用定值刀具、量具(如钻头、铰刀、塞规)进行加工和检验,孔的公差带位置固定,可减少刀具、量具的规格,便于生产和降低成本,所以从经济性考虑,优先选用基孔制配合。

(2)选用基轴制配合的情况 以下几种情况优先选用基轴制配合。

1)直接采用具有一定公差等级而不需进行机械加工的冷拔钢材做轴,其表面不需要再进行切削加工。例如，冷拉圆钢按一定的精度等级加工，其尺寸与几何误差、表面粗糙度值可达到一定标准。这种情况下采用基轴制配合更加经济，主要应用于农业、建筑、纺织机械中。

2) 尺寸小于 1mm 的精密轴比同一公差等级的孔的加工要困难，因此，在仪器制造、钟表生产和无线电工程中，常使用经过光轧成型的钢丝或有色金属棒料直接做轴，这时采用基轴制配合比较经济。

3) 根据零件结构需要，同一公称尺寸的轴装配不同配合要求的几个孔件时，采用基轴制配合。如图 2-19a 所示的柴油机活塞连杆组件中，由于工作时要求活塞销和连杆做相对摆动，所以活塞销与连杆小头的衬套采用间隙配合；而活塞销和活塞销座孔的连接要求准确定位，故它们采用过渡配合。若采用基孔制配合，则活塞销应设计成中间小两头大的阶梯轴，如图 2-19b 所示，这不仅会给加工造成困难，而且装配时阶梯轴大头易刮伤连杆衬套内表面。若采用基轴制配合，活塞销可设计成光轴，如图 2-19c 所示，这样容易保证加工精度和装配质量；同时，具有不同基本偏差的配合孔，分别位于连杆和活塞两个零件上，加工并不困难，所以应采用基轴制配合。

（3）与标准件配合的情况　当设计的零件需要与标准件配合时，应根据标准件来确定基准制配合。例如，滚动轴承内圈与轴的配合应选用基孔制配合；而滚动轴承外圈与壳体孔的配合应选用基轴制配合。

（4）为了满足配合的特殊需要，允许采用非基准制配合　非基准制配合是指相配合的两零件既无基准孔（H）又无基准轴（h）的配合，当一个孔与几个轴相配合，或一个轴与几个孔相配合，而其配合要求各不相同时，则有的配合就要采用非基准制配合。

例如，图 2-20 所示的外壳孔，同时与轴承外径和端盖直径配合，轴承外径与外壳孔的配合已被定为基轴制过渡配合（K7），而端盖与外壳孔的配合则要求有间隙，以便于拆装，所以端盖直径不能再按基准轴制造，而应小于轴承的外径。本例中端盖外径公差带取 f7，所以它和外壳孔组成非基准配合 K7/f7。

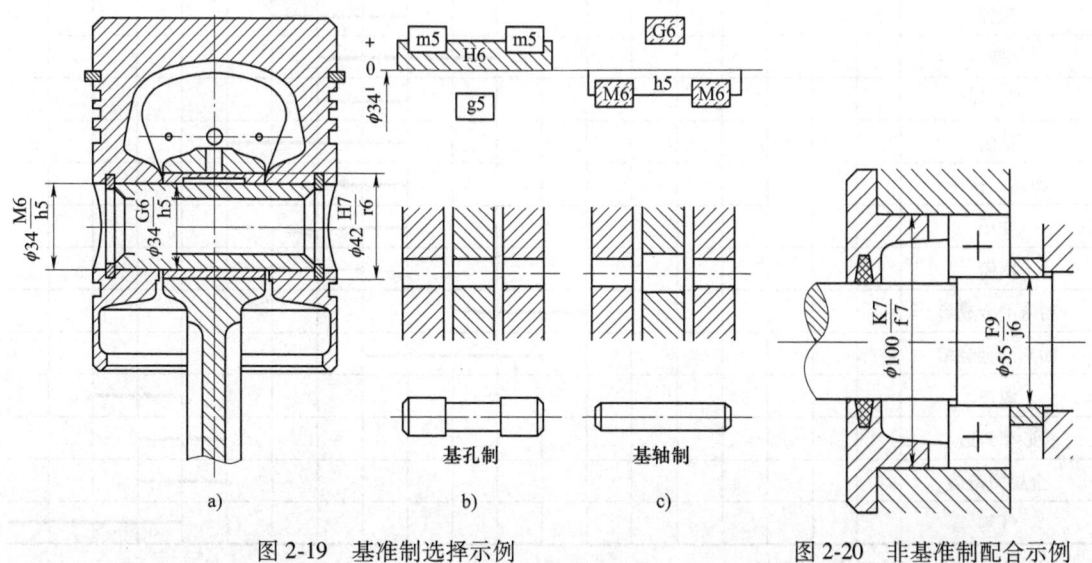

图 2-19　基准制选择示例　　　　图 2-20　非基准制配合示例

又如，对于有镀层要求的零件，要求涂镀后满足某一基准制配合的孔或轴，那么在电镀前也应按非基准制配合的孔、轴公差带进行加工。

2.3.2 公差等级的选择

公差等级的合理选择就是为了更好地解决机械零件使用要求与制造工艺及生产成本之间的矛盾。因此，选择公差等级的基本原则是在满足使用要求的前提下，尽可能选择较低的公差等级。

公差等级的选择可用类比法，也就是参照生产实践中证明合理的同类产品的孔、轴公差等级，进行比较选择。用该方法选择公差等级时，应掌握各个公差等级的应用范围和各种加工方法所能达到的公差等级，以便有所依据。

根据生产实践经验总结出如下表格，表 2-9 为常用加工方法所能达到的公差等级，表 2-10 为公差等级的应用范围，表 2-11 为常用公差等级的具体应用。

表 2-9 常用加工方法所能达到的公差等级

加工方法＼公差等级（IT）	01	0	1	2	3	4	5	6	7	8	9	10	11	12	13	14	15	16	17	18
研磨	—	—	—	—	—	—	—													
珩磨						—	—	—	—											
圆磨							—	—	—	—										
平磨							—	—	—	—										
金刚石车							—	—	—											
金刚石镗							—	—	—											
拉削							—	—	—	—										
铰孔								—	—	—	—	—								
精车、精镗									—	—	—									
粗车												—	—	—						
粗镗												—	—	—						
铣									—	—	—	—	—							
刨、插												—	—							
钻削												—	—	—	—					
滚压、挤压												—	—							
冲压												—	—	—	—	—				
压铸													—	—	—					
粉末冶金成形								—	—	—										
粉末冶金烧结									—	—	—	—								
锻造																—	—	—		
砂型铸造																	—	—	—	
金属型铸造																—	—	—		
气割																	—	—	—	

注："—"表示可达到的公差等级。

表 2-10　公差等级的应用范围

应用		公差等级（IT）																		
		01	0	1	2	3	4	5	6	7	8	9	10	11	12	13	14	15	16	17	18
量块		─	─	─	─																
高精度量规				─	─	─	─	─													
低精度量规								─	─	─											
特别重要的精密配合	孔					─	─	─	─												
	轴			─	─	─	─	─													
精密配合	孔							─	─	─	─										
	轴							─	─	─	─										
中等精度配合	孔									─	─	─	─								
低精度配合													─	─	─						
非配合尺寸														─	─	─	─				
原材料尺寸										─	─	─	─	─	─						

注："─"表示可达到的公差等级。

表 2-11　常用公差等级的具体应用

公差等级（IT）	几 何 应 用
5	主要用在配合精度、几何精度要求较高的地方，一般在机床、发动机、仪表等设备的重要部位应用。例如，与 P5 级滚动轴承配合的箱体孔；与 P5 级滚动轴承配合的机床主轴；机床尾架与套筒；精密机械及高速机械中的轴径，精密丝杠轴径等
6	用于配合性质均匀性要求较高的地方。例如，与 P5 级滚动轴承配合的孔、轴径；与齿轮、蜗轮、联轴器、带轮、凸轮等连接的轴径，机床丝杠轴径；摇臂钻立柱；机床夹具中导向件外径尺寸；6 级精度齿轮的基准孔，7、8 级精度齿轮的基准轴径
7	在一般机械制造中应用较为普遍。例如，联轴器、带轮、凸轮等的孔径；机床夹盘座孔；夹具中固定钻套、可换钻套；7、8 级齿轮基准孔，9、10 级齿轮基准轴
8	在械机械制造中属于中等精度。例如：轴承座衬套沿宽度方向尺寸；低精度齿轮基准孔与基准轴；通用机械中与滑动轴承配合的轴径；重型机械或农业机械中某些较重要的零件尺寸
9、10	精度要求一般。例如，机械制造中轴套外径与孔；操作件与轴；键与键槽等零件
11、12	精度较低，适用于没有配合要求的场合。例如，机床法兰盘与止口；滑块与滑移齿轮；加工中的工序间尺寸；冲压加工的配合件等

用类比法选择公差等级时，除参考表 2-9～表 2-11 外，还应注意以下问题：

1. 相互配合的孔和轴的工艺等价性

孔和轴的工艺等价性是指将孔与轴的加工难易程度视为相当。在常用尺寸段内，对于较高精度等级的配合，孔比同级轴的加工困难，加工成本也要高一些，其工艺性是不等价的。为了使相互配合的孔、轴工艺等价，当公差等级≤IT8 时，孔比轴低一级（如 H7/n6、P6/h5）；当公差等级>IT8 时，孔与轴同级（如 H9/e9，F8/h8）。

2. 相互配合零件或部件精度的匹配性

例如，在齿轮基准孔与轴的配合中，它们的公差等级由相关齿轮的精度等级确定；与滚动轴承相配合的外壳孔和轴颈的公差等级，取决于相配合的滚动轴承的公差等级。

3. 加工成本的控制

在满足使用性能的前提下降低生产成本，不重要的配合件公差等级应可尽可能地降低。例如，图 2-21 所示的轴承端盖与外壳孔相配合，按工艺等价原则，轴承端盖外径公差等级应为 IT7（加工成本较高），但考虑到它们在径向只要求自由装配，为具有较大间隙量的间隙配合，此处选择公差等级为 IT9 的轴承端盖，有效地降低了成本。

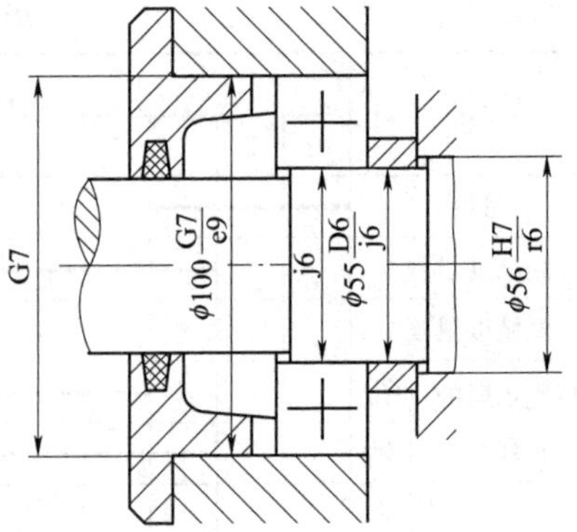

2.3.3 配合种类的选用

图 2-21 轴承端盖与外壳孔相配合

前面介绍基准制和公差等级的选择，确定了基准孔或基准轴的公差带，以及相应的非基准轴或非基准孔的公差带大小，因此，选择配合种类实质上就是确定非基准轴或非基准孔公差带的位置，也就是选择非基准轴或非基准孔的基本偏差代号。配合种类的选择原则是：拆装频率越高，定心精度要求越低，间隙越大；传递转矩越大，过盈量越大。

国家标准规定的配合种类很多，设计中应根据使用要求，尽可能地选用优先配合，其次考虑常用配合，然后是一般配合。选择配合种类的方法有计算法、试验法和类比法三种。

1. 计算法

计算法就是根据配合部位的使用要求和工作条件，按一定理论公式计算出间隙或过盈量来选定配合的方法。由于影响配合间隙和过盈量的因素很多，理论计算往往把条件理想化和简单化，因此结果不完全符合实际，在实际应用中还需要经过试验来确定。

2. 试验法

试验法就是用试验的方法确定满足产品工作性能的间隙或过盈范围，这种方法较为可靠，但成本较高，周期较长，一般用于大量生产产品的关键配合。

3. 类比法

类比法就是参照同类型机器或机构中经过生产实践验证的合理的配合实际情况，再结合所设计产品的使用要求和应用条件来确定配合种类。在对机械设备中现有的行之有效的配合种类有充分了解的基础上，对使用要求和工作条件类似的配合件，适合用类比法确定配合，这是目前选择配合的主要方法。

用类比法选择配合，必须掌握各类配合的特点和应用场合，并充分研究配合件的工作条件和使用要求，进行合理选择。类比法选择配合种类的步骤大致如下。

1) 首先了解各类配合的特点与应用情况，正确选择配合类别。

间隙配合：通常由 a~h（或 A~H）基本偏差与基准孔（或基准轴）形成间隙配合，主要用于配合件有相对运动或需方便装拆的配合。

过渡配合：通常由 js~n（或 JS~N）基本偏差与基准孔（或基准轴）形成过渡配合，主要用于需精确定位和便于装拆的相对静止的配合。

过盈配合：通常由 p~zc（或 P~ZC）基本偏差与基准孔（或基准轴）形成过盈配合，主要用于孔、轴间没有相对运动，需传递一定的转矩的配合。过盈不大时，主要借助键联接（或其他紧固件）传递转矩，可拆卸；过盈量大时，主要靠结合力传递转矩，不便拆卸。

表 2-12 提供了三类配合选择的初始条件，可供参考。

表 2-12　配合类别的初始条件

无相对运动	要传递转矩	要精确同轴	永久结合	过盈配合
			可拆结合	过渡配合，或基本偏差为 H(h) 的间隙配合加紧固件
		不要求精确同轴		间隙配合加紧固件
	不需要传递转矩			过渡配合，或过盈量较小的过盈配合
有相对运动	只有移动			基本偏差为 H(h)、G(g) 的间隙配合
	转动，或转动与移动的复合运动			基本偏差为 A~F(a~f) 的间隙配合

配合类别大体确定后，再进一步类比选择，确定非基准件的基本偏差代号。表 2-13 为各种基本偏差的特点及选用说明；表 2-14 为公称尺寸≤500mm 的基孔制常用配合和优先配合的特征和应用说明。

表 2-13　各种基本偏差的特点及选用说明

配合类别	基本偏差	配合特性及应用
间隙配合	a(A)、b(B)	可得到特别大的间隙，应用很少。主要用于工作温度高、热变形大的零件的配合，如发动机活塞与缸套的配合为 H9/a9
	c(C)	可得到很大的间隙，一般用于工作条件较差（如农业机械）、工作时受力变形大及装配工艺性不好的零件的配合，也适用于高温工作的动配合，如内燃机排气阀与导管的配合为 H8/c7
	d(D)	与标准公差等级 IT7~IT11 对应，适用于较松的间隙配合（如滑轮、空转带轮与轴的配合），以及大尺寸滑动轴承与轴的配合（如涡轮机、球磨机等机器中的滑动轴承）。活塞环与活塞槽的配合可用 H9/d9
	e(E)	与标准公差等级 IT6~IT9 对应，具有明显的间隙，用于大跨距及多支点的转轴与轴承的配合，以及高速、重载的大尺寸轴与轴承的配合，如大型电动机、内燃机的主要轴承配合为 H8/e7
	f(F)	多与标准公差等级 IT6~IT8 对应，用于一般传动的配合，受温度影响不大，多用于采用普通润滑油的轴与滑动轴承的配合，如齿轮箱、小电动机、泵等的转轴与滑动轴承的配合为 H7/f6
	g(G)	多与标准公差等级 IT5、IT6、IT7 对应，形成的配合间隙较小适用于轻载、精密装置中的传动配合，最适合不回转的精密滑动配合，也用于插销等定位配合，如精密连杆轴承、活塞及滑阀、连杆销等处的配合
	h(H)	多与标准公差等级 IT4~IT11 对应，广泛用于无相对转动的零件，作为一般的定位配合。若没有温度、变形的影响，也可用于精密滑动配合，如车床尾座孔与滑动套筒的配合为 H6/h5
过渡配合	js(JS)、j(J)	多用于标准公差等级 IT4~IT7 具有平均间隙的过渡配合，用于略有过盈的定位配合，如联轴器、齿圈与轮毂的配合，滚动轴承外圈与外壳孔的配合多用 JS7 或 J7。一般用手或木锤装配
	k(K)	多用于标准公差等级 IT4~IT7 平均间隙接近零的配合，用于定位配合，如滚动轴承的内、外圈分别与轴颈、外壳孔的配合，一般用木锤装配
	m(M)	多用于标准公差等级 IT4~IT7 平均过盈较小的配合，用于精密定位的配合，如蜗轮的青铜轮缘与轮毂的配合为 H7/m6
	n(N)	多用于标准公差等级 IT4~IT7 平均过盈较大的配合，很少形成间隙。用于加键传递较大转矩的配合，如冲床上齿轮与轴的配合

（续）

配合类别	基本偏差	配合特性及应用
过盈配合	p(P)	用于小过盈配合。可与H6或H7的孔形成过盈配合，而与H8的孔形成过渡配合。碳钢和铸铁零件形成的配合为标准压入配合，如卷扬机的绳轮与齿圈的配合为H7/p6。对于弹性材料，如轻合金等，往往要求很小的过盈量，故可采用p（或P）与基准件形成的配合
	r(R)	用于传递大转矩或受冲击载荷而需加键的配合，如蜗轮与轴的配合为H7/r6。配合H8/r7在公称尺寸小于100mm时，为过渡配合
	s(S)	用于钢和铸铁零件的永久性和半永久性结合，可产生相当大的结合力，如套环压在轴、阀座上用H7/s6的配合。尺寸较大时，为避免损伤配合表面，需用热胀或冷缩法装配
	t(T)	用于钢和铸铁零件的永久性结合，不用键即可传递转矩，需热胀或冷缩法装配，如联轴器与轴的配合为H7/t6
	u(U)	用于大过盈量配合，最大过盈需验算材料的承受能力，用热胀或冷缩法装配，如火车轮毂和轴的配合为H6/u5
	v(V)、x(X)、y(Y)、z(Z)	用于特大过盈量配合，目前使用的经验和资料很少，须经试验后才能应用，一般不推荐

表 2-14　公称尺寸 ≤500mm 基孔制常用配合和优先配合的特征和应用

配合类别	配合特征	配合代号	应　用
间隙配合	特大间隙	$\dfrac{H11}{a11}$　$\dfrac{H11}{b11}$　$\dfrac{H12}{b12}$	用于高温或工作时要求大间隙的配合
	很大间隙	$\left(\dfrac{H11}{c11}\right)$　$\left(\dfrac{H11}{d11}\right)$	用于工作条件较差、受力变形或为了便于装配而需要大间隙的配合和高温工作的配合
	较大间隙	$\dfrac{H9}{c9}$　$\dfrac{H10}{c10}$　$\dfrac{H8}{d8}$　$\left(\dfrac{H9}{d9}\right)$　$\dfrac{H10}{d10}$　$\dfrac{H8}{e7}$　$\dfrac{H8}{e8}$　$\dfrac{H9}{e9}$	用于高速、重载的滑动轴承或大直径的滑动轴承，也可用于大跨距或多支点支承的配合
	一般间隙	$\dfrac{H6}{f5}$　$\dfrac{H7}{f6}$　$\left(\dfrac{H8}{f7}\right)$　$\dfrac{H8}{f8}$　$\dfrac{H9}{f9}$	用于一般转速的动配合，当温度影响不大时，广泛应用于普通润滑油润滑的支承处
	较小间隙	$\left(\dfrac{H7}{g6}\right)$　$\dfrac{H8}{g7}$	用于精密滑动零件或缓慢间歇回转的零件配合
	很小间隙和零间隙	$\dfrac{H6}{g5}$　$\dfrac{H6}{h5}$　$\left(\dfrac{H7}{h6}\right)$　$\dfrac{H8}{h7}$　$\dfrac{H8}{h8}$　$\left(\dfrac{H9}{h9}\right)$　$\dfrac{H10}{h10}$　$\dfrac{H11}{h11}$　$\dfrac{H12}{h12}$	用于不同精度要求的一般定位件的配合和缓慢移动与摆动零件的配合
过渡配合	绝大部分有微小间隙	$\dfrac{H6}{js5}$　$\dfrac{H7}{js6}$　$\dfrac{H8}{js7}$	用于易装拆的定位配合，或加紧固件后可传递一定静载荷的配合
	大部分有微小间隙	$\dfrac{H6}{k5}$　$\left(\dfrac{H7}{k6}\right)$　$\dfrac{H8}{k7}$	用于稍有振动的定位配合，加紧固件可传递一定载荷，装拆方便，可用木锤装配
	大部分有微小过盈	$\dfrac{H6}{m5}$　$\dfrac{H7}{m6}$　$\dfrac{H8}{m7}$	用于定位精度较高且能抗振的定位配合，加键可传递较大载荷，可用铜锤敲入或小压力压入
	绝大部分有微小过盈	$\left(\dfrac{H7}{n6}\right)$　$\dfrac{H8}{n7}$	用于精确定位或紧密组合件的配合，加键能传递大力矩或冲击性载荷，只在大修时拆卸
	绝大部分有较小过盈	$\dfrac{H8}{p7}$	用于加键后能传递很大力矩，且承受振动和冲击的配合，装配后不再拆卸

(续)

配合类别	配合特征	配合代号	应 用
过盈配合	轻型	$\frac{H6}{n5}$ $\frac{H6}{p5}$ $\left(\frac{H7}{p6}\right)$ $\frac{H6}{r5}$ $\frac{H7}{r6}$ $\frac{H8}{r7}$	用于精确的定位配合,一般不能靠过盈传递力矩,要传递力矩需加紧固件
	中型	$\frac{H6}{s5}$ $\left(\frac{H7}{s6}\right)$ $\frac{H8}{s7}$ $\frac{H6}{t5}$ $\frac{H7}{t6}$ $\frac{H8}{t7}$	用于不需加紧固件就可传递较小力矩和轴向力的配合,以及加紧固件后可承受较大载荷或动载荷的配合
	重型	$\left(\frac{H7}{u6}\right)$ $\frac{H8}{u7}$ $\frac{H7}{v6}$	用于不需加紧固件就可传递和承受大的力矩和动载荷的配合,要求零件材料有高强度
	特重型	$\frac{H7}{x6}$ $\frac{H7}{y6}$ $\frac{H7}{z6}$	用于能传递与承受很大力矩和动载荷的配合,须经试验后方可应用

2) 分析零件的工作条件及使用要求,合理调整配合的间隙与过盈。

零件的工作条件是选择配合的重要依据。用类比法选择配合类型时,当待选部位和类比的典型实例在工作条件上有所变化时,应对配合的松紧程度做适当的调整。因此必须充分分析零件的具体工作条件和使用要求,考虑工作时结合件的相对位置状态(如运动速度、运动方向、停歇时间、运动精度等)、承受载荷情况、润滑条件、温度变化、配合的重要性、装卸条件以及材料的力学性能等,可参考表 2-15 对结合件配合的间隙量或过盈量的绝对值进行适当的调整。

表 2-15 不同工作条件影响配合间隙或过盈的趋势

工作条件	过盈量	间隙量	工作条件	过盈量	间隙量
材料强度小	减	—	装配时可能歪斜	减	增
经常拆卸	减	增	旋转速度提高	增	增
有冲击载荷	增	减	有轴向运动	—	增
工作时孔温高于轴温	增	减	润滑油黏度增大	—	增
工作时轴温高于孔温	减	增	表面趋向粗糙	增	减
配合长度增长	减	增	单件生产相对于成批生产	减	增
配合面形状和位置误差增大	减	增			

3) 考虑热变形和装配变形的影响,保证零件的使用要求。

热变形的影响。在选择公差与配合时,要注意温度条件。标准中规定的参数为标准温度为+20℃时的数值。当工作温度不是+20℃时,特别是孔、轴温度相差较大,或其线膨胀系数相差较大时,应考虑热变形的影响。这对于高温或低温下工作的机械设计,更为重要。

装配变形的影响。在机械结构中,常遇到套筒装配变形的问题。如图 2-22 所示,套筒外表面与机座孔的配合为过渡配合 $\phi80H7/u6$,套筒内表面与轴的配合为 $\phi60H7/f6$。由于套筒外表面与机座孔的配合有过盈,当套筒被压入机座孔后,套筒内孔收缩,直径变小。若套筒内孔与轴之间要求最小间隙为

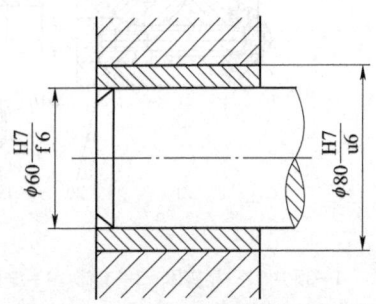

图 2-22 有装配变形的配合

0.03mm，则由于装配变形，将实际产生过盈，不仅不能保证配合要求，甚至无法自由装配。因此，要注意装配变形的影响。

【案例】 公称尺寸为 ϕ40mm 的孔、轴配合，由计算法设计确定配合的间隙应在+0.022~+0.066mm 之间，试选用合适的孔、轴公差等级和配合种类。

解 1）选择公差等级。

由　　$T_f = |X_{max} - X_{min}| = T_D + T_d$

得　　$T_D + T_d = |66 - 22| \mu m = 44 \mu m$

查表 2-3 知：IT7 = 25μm，IT6 = 16μm，按工艺等价原则，取孔为 IT7 级、轴为 IT6 级，则：$T_D + T_d = (25+16)\mu m = 41 \mu m$，接近 44μm，符合设计要求。

2）选择基准制。由于没有其他条件限制，故优先选用基孔制配合，则孔的公差带代号为：$\phi 40H7(^{+0.025}_{0})$。

3）选择配合种类，即选择轴的基本偏差代号。因为是间隙配合，故轴的基本偏差代号应在 a~h 之间，且其基本偏差为上极限偏差 es。

由 $X_{min} = EI - es$，得：$es = EI - X_{min} = (0 - 22)\mu m = -22\mu m$

查表 2-4，选取轴的基本偏差代号为 $f(es = -25\mu m)$，能保证 X_{min} 的要求，故轴的公差带代号为：$\phi 40f6(^{-0.025}_{-0.041})$。

4）验算。所选配合为 $\phi 40H7/f6$，则有：

$$X_{max} = ES - ei = 25\mu m - (-41)\mu m = +66\mu m$$
$$X_{min} = EI - es = 0\mu m - (-25)\mu m = +25\mu m$$

X_{max}、X_{min} 均在+0.022~+0.066mm 之间，故所选符合要求。

【案例】 试分析确定图 2-23 所示车床尾座有关部位的配合。

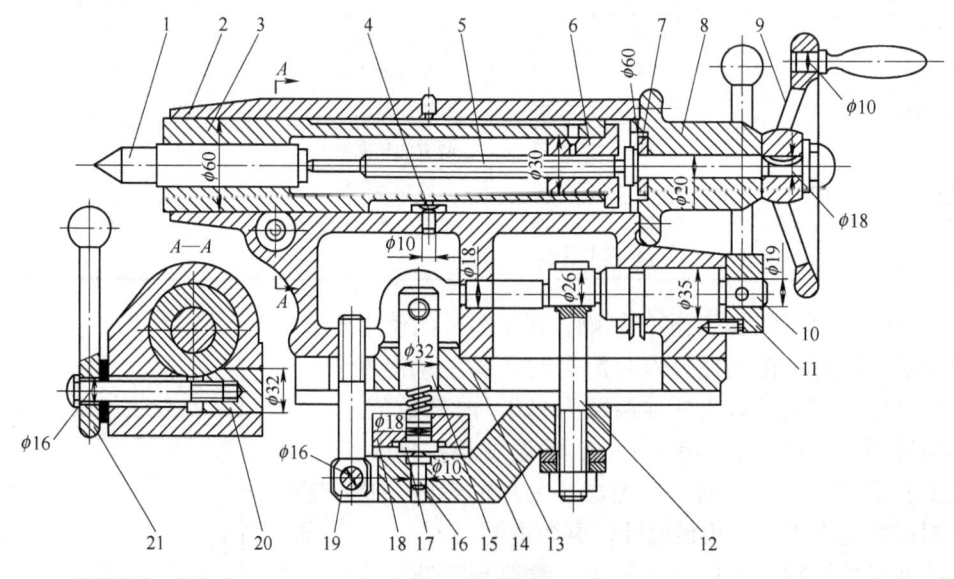

图 2-23　车床尾座装配图

1—顶尖　2—尾座体　3—套筒　4—定位块　5—丝杠　6—螺母　7—挡油圈　8—后盖　9—手轮　10—偏心轴
11、21—手柄　12—拉紧螺钉　13—滑座　14—杠杆　15—圆柱　16、17—压块　18—压板　19—螺钉　20—夹紧套

尾座在车床上的作用是与主轴顶尖共同支承工件，承受切削力。尾座工作时，扳动手柄

11，通过偏心机构，将尾座夹紧在床身上；再转动手轮9，通过丝杠5、螺母6，使套筒3带动顶尖1向前移动，顶住工件；最后转动手柄21，使夹紧套20靠摩擦力夹住套筒，从而使顶尖的位置固定。

车床尾座有关部位的配合及其选择说明见表2-16。

表2-16 车床尾座有关部位的配合及其选择说明

序号	配合件	配合代号	配合选择说明
1	套筒3外圆与尾座体2孔	$\phi 60H6/h5$	套筒调整时要在尾座孔中滑动，需有间隙，而顶尖工作时需要高的定位精度，故选择精度高的小间隙配合
2	套筒3内孔与螺母6外圆	$\phi 30H7/h6$	为避免螺母在套筒中偏心，需一定的定位精度，为了方便装配，也需有间隙，故选小间隙配合
3	套筒3上槽与定位块侧面	$\phi 12D10/h9$	定位块宽度按键宽标准做12h9，因长槽与套筒轴线有歪斜，所以取较松配合
4	定位块4的圆柱面与尾座体2孔	$\phi 10H9/h8$	为方便装配和通过定位块自身转动修正它在安装时的位置误差，选用间隙配合
5	丝杠5轴颈与后盖8内孔	$\phi 20H7/g6$	因有定心精度要求，且轴孔有相对低速转动，故选用较小间隙配合
6	挡油圈7孔与丝杠5轴颈	$\phi 60H6/js6$	由于丝杠轴颈较长，为便于装配，选间隙配合；因无定心精度要求，故所选内孔精度较低
7	后盖8凸肩与尾座体2孔	$\phi 60H6/js6$	配合面较短，主要起定心作用，配合后用螺钉紧固，没有相对运动，故选过渡配合
8	手轮9孔与丝杠5轴端	$\phi 18H7/js6$	手轮通过半圆键带动丝杠一起转动，为便于装拆和避免手轮轴上晃动，选过渡配合
9	手柄轴与手轮9小孔	$\phi 10H7/k6$	为永久性连接，可选过盈配合，但考虑到手轮为铸件（脆性材料），不能太大的过盈量，故选过渡配合
10	手柄11孔与偏心轴10	$\phi 19H7/h6$	手柄通过销带动偏心轴。装配时销与偏心轴配作，配作前要调整手柄处于紧固位置，偏心轴也处于偏心向上位置，因此配合不能有过盈，选间隙配合
11	偏心轴10右轴颈与尾座体2孔	$\phi H8/d7$	有相对转动，又考虑到偏心轴两轴颈和尾座体两支承孔都会产生同轴度误差，故选间隙较大的配合
12	偏心轴10左轴颈与尾座体2孔	$\phi 18H8/d7$	
13	偏心轴10与拉紧螺钉12孔	$\phi 26H8/d7$	没有特殊要求，考虑到装拆方便，采用大间隙配合
14	压块16圆销与杠杆14孔	$\phi 10H7/js7$	无特殊要求，考虑便于装配，且压块装上后不易掉出即可，故选较松的过渡配合
15	压块17圆柱销与压板18孔	$\phi 18H7/js6$	
16	杠杆14孔与标准圆柱销	$\phi H7/n6$	圆柱销按标准做成$\phi 16n6$，结构要求销与杠杆配合要紧，销与螺钉孔配合要松，故取杠杆孔为H7，螺钉孔为D8
17	螺钉19孔与标准圆柱销	$\phi 16D8/n6$	
18	圆柱15与滑座13孔	$\phi 32H7/n6$	要求圆柱在承受径向力时不松动，但必要时能在孔中转位，故选用较紧的过渡配合
19	夹紧套20外圆与尾座体2横孔	$\phi 32H8/e7$	手柄21放松后，夹紧套要易于退出，便于套筒3移出，故选间隙较大的间隙配合
20	手柄21孔与收紧螺钉轴	$\phi 16H7/h6$	由半圆键带动螺钉轴转动，为便于装拆，选用小间隙配合

2.4 零件尺寸检测

2.4.1 轴径尺寸检测

1. 游标卡尺

游标卡尺是游标读数量具，主要用于测量工件的长度、高度和深度，由于它构造简单，使用方便，所以在一般机械加工车间常用它来测量精度要求不太高的工件。

常见的游标卡尺结构如图 2-24～图 2-26 所示。

图 2-24 所示是测量范围为 0～125mm 的游标卡尺，是具有上、下量爪和深度尺的结构。

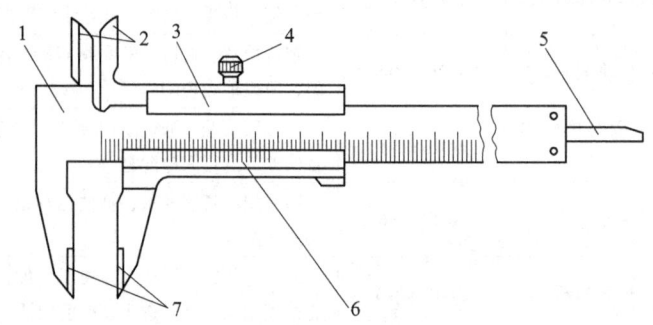

图 2-24 游标卡尺结构 1

1—尺身 2—上量爪 3—尺框 4—紧固螺钉 5—深度尺 6—游标 7—下量爪

图 2-25 所示是测量范围为 0～200mm 和 0～300mm 的游标卡尺，配置具有内、外测量面的下量爪和刀口形的上量爪。

图 2-26 所示是测量范围为 0～200mm 和 0～300mm 的游标卡尺，只配置具有内、外测量面的下量爪。

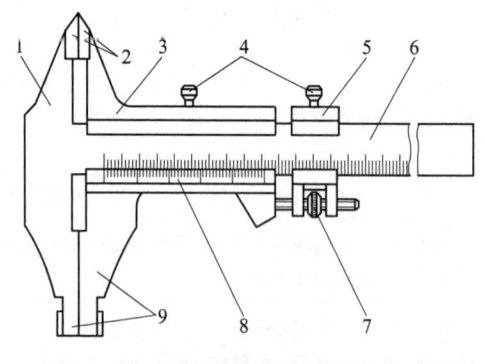

图 2-25 游标卡尺结构 2　　　　　　图 2-26 游标卡尺结构 3

1—尺身 2—刀口形上量爪 3—尺框 4—紧固螺钉
5—微动装置 6—主尺 7—微动螺母 8—游标 9—下量爪

后两种游标卡尺均带有微动装置，通过微动螺母可使游标框微动，以便测量时调整测量压力，提高测量精度。

游标卡尺的读数方法：游标卡尺的尺身刻度间距为 1mm，游标尺的读数精度 i 分别为

0.1mm、0.05mm 和 0.02mm。读数时，总是以游标尺的零线为基准，首先看游标尺零线左边尺身刻线的整数值是多少毫米；再找出游标尺哪一根刻线与尺身刻线相对准（或者最接近），该游标刻线的次序数乘以游标读数精度值，即为尺寸的小数部分；最后用毫米的整数与小数部分相加，从而得到测量数据。

图 2-27 所示分别为 $i=0.1$mm、$i=0.05$mm、$i=0.02$mm 三种游标卡尺的读数示例。

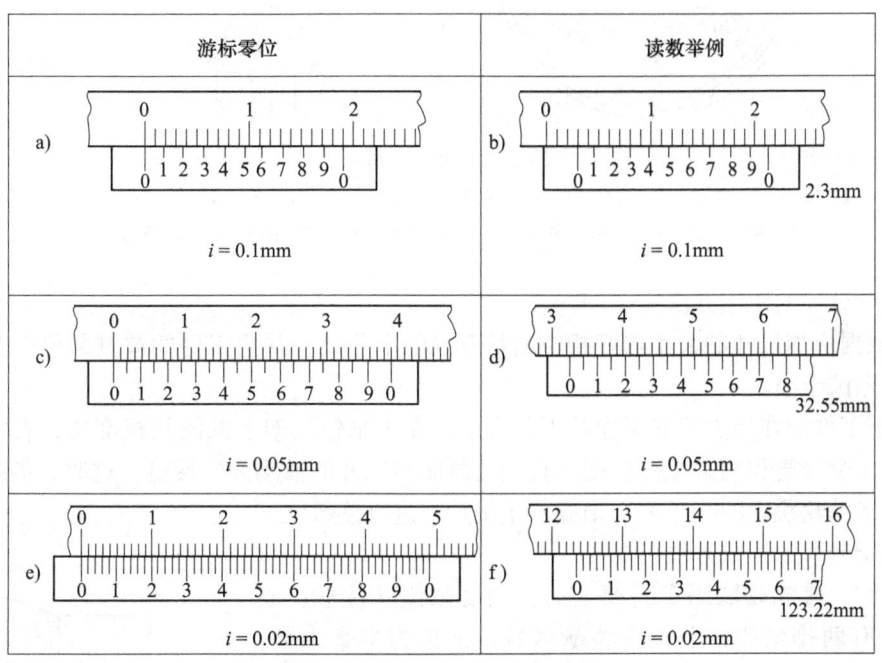

图 2-27 游标卡尺读数示例

游标卡尺的使用方法：

1）按照被测尺寸的大小和精度要求，选用适当的测量范围和分度值（精度）的卡尺。

2）测量前，将被测工件表面和所选用的游标卡尺擦干净（尤其是量爪测量面），并检查量爪测量面是否平直无损，然后校对零位（即游标尺零线与尺身零线应对齐）。

3）测量时，先松开紧固螺钉，右手握尺，左手握被测工件，再用右手拇指推移游标框，使量爪的测量面轻轻与被测工件接触，以保证适当的测量力。

4）量爪测量面与被测工件的接触应正确、平直，不能歪斜。读数时，应尽可能使视线和卡尺刻线表面垂直，以免由于视线的歪斜造成读数误差。

2. 外径千分尺

外径千分尺分度值通常为 0.01mm，测量范围有 0～25mm、25～50mm、50～75mm 等多种规格。它是利用螺旋的直线位移与角位移成比例的原理进行测量和读数的，图 2-28 所示为外径千分尺结构。

外径千分尺固定套筒上有上、下两排刻线，刻线间距均为 1mm，上排刻线与下排相邻刻线间距为 0.5mm，与微动螺杆的螺距相等；微分筒上刻有 50 个等分刻度，微分筒转一周，螺杆的轴向位移为 0.5mm，微分筒转一格（1/50 转），螺杆的轴向位移为 0.01mm，即千分尺的分度值为 0.01mm。

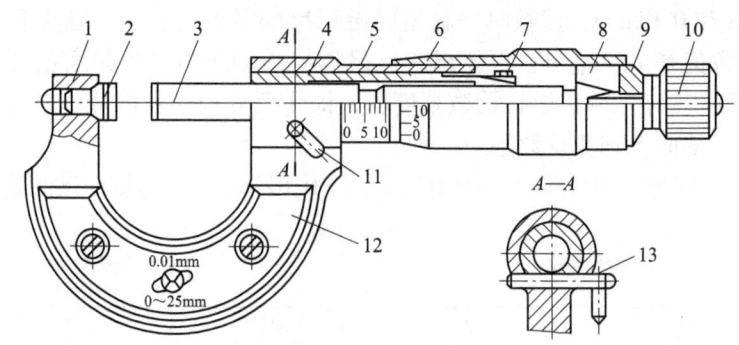

图 2-28 外径千分尺

1—尺架 2—测砧 3—测微螺杆 4—螺纹轴套 5—固定套筒 6—微分筒 7—调节螺母
8—接头 9—垫片 10—测力装置 11—锁紧装置 12—隔热板 13—锁紧轴

外径千分尺的使用方法：

1）根据所测尺寸的大小选好相应测量范围的千分尺，并把工件的被测部位以及千分尺的两测砧擦试干净。

2）把工件放在顶尖架或干净的工作台上，左手拿住尺架上的隔热板部位，右手旋动测力装置，使微分筒和测微螺杆移动，直到两测砧与工件的被测部位接触。这时，如果听见测力装置发出棘轮跳动的咔咔声，则应停止旋动，进行读数。

外径千分尺的读数方法：

读数时，首先读取固定套筒上的主刻度数值（注意：固定套筒上有两排刻线，上排为整毫米数，下排为半毫米数，中间一纵线隔开，如图 2-29 所示）；然后观察微分筒上与固定套筒刻线对准的格数，乘以分度值作为小数部分，两者相加即为所测得的读数。读数示例：如图 2-29 所示，固定套筒上读数为 8mm，微分筒的对准格数为 27 格，所以它的读数值 A = 8mm +（27×0.01）mm = 8.27mm。

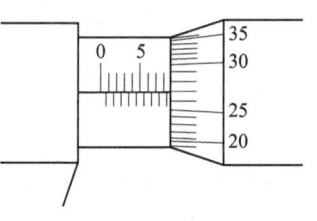

图 2-29 刻度示数

外径千分尺的使用注意事项：

1）外径千分尺属于精密量具，使用时应避免其受到打击和碰撞，因此需小心谨慎。千分尺内有精密的细牙螺纹，使用时要注意以下几点。

① 微分筒和测力装置在转动时不能过分用力。

② 当转动微分筒带动测微螺杆接近被测工件时，一定要改用测力装置旋转接触被测工件，不能继续旋转微分筒测量工件。

③ 当测微螺杆与测砧卡住被测工件或锁住锁紧装置时，不能强行转动微分筒。

2）外径千分尺的尺架上装有隔热板，以防手温引起尺架膨胀，造成测量误差。所以测量时，应手握隔热板，尽量减少手和千分尺金属部分的接触。

3）外径千分尺使用完毕后，应用布擦干净，在测砧和测微螺杆的测量面间留出空隙，放入盒中。若长期不使用，可在测量面上涂上防锈油，置于干燥处。

3. 机械式比较仪

在实际测量机械零件时，获得被测结果的方法有多种，常采用不同的测量方法，因此，对于一些精度比较高的零件多采用比较法测量,在此介绍应用较广泛的机械式比较仪。

机械式比较仪主要用于长度比较测量,可测量圆柱、球等物体的直径及长度,采用的是相对比较测量方法,且只有在标尺的示值范围内才可进行绝对测量。用这类仪器进行测量时,先用测块对仪器标尺或指针调整零位,被测尺寸的偏差可以从仪器刻度标尺上读取。

机械式比较仪的种类较多,多数是利用齿轮杠杆传动机构将被测点的线位移变换为指针的回转运动。

图 2-30a 所示为仪器外形图,图 2-30b 所示为其测量装置的变换原理图,放大比 K 为:

$$K = \frac{R_1}{R_2} \times \frac{R_3}{R_4} = \frac{50}{1} \times \frac{100}{5} = 1000$$

图 2-30 所示比较仪的分度值为 0.001mm,示值范围为 ±0.1mm,仪器测量范围的最大直径为 ϕ150mm、最大长度为 180mm。该齿轮杠杆比较仪的使用与调整:

(1) 测量头的选择　仪器备有球面形、刀刃形和平面形三种类型的测量头。测量头的选择应满足点接触测量,因此,测量平面或圆柱面工件时选择球面形测量头;测量尺寸小于 ϕ10mm 的圆柱面工件时选择刀刃形测量头;测量凸球面工件时选择平面形测量头。

(2) 工作台的调整　测量工件时以工作台作为测量基准面,因此要求台面必须与测量头的测量方向垂直。

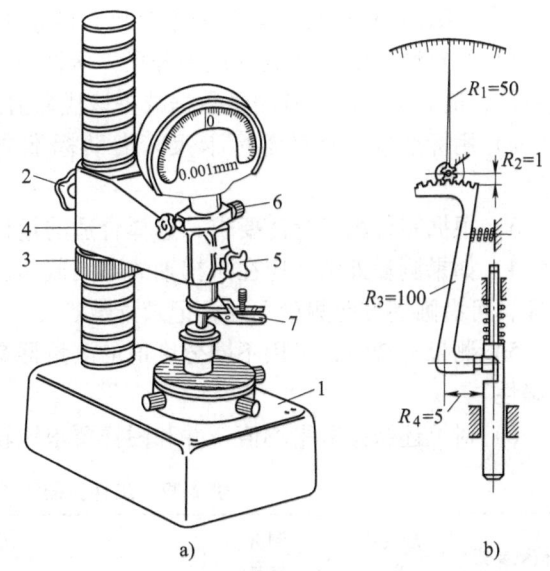

图 2-30　齿轮杠杆比较仪
1—工作台　2—立柱紧固螺钉　3—升降螺母　4—横臂
5—紧固螺钉　6—细调手柄　7—拨叉(抬头杠杆)

(3) 按被测零件的公称尺寸组合所需量块尺寸　一般从所需尺寸的末位数开始选择,将选好的量块用汽油棉花擦去表面防锈油,并用绒布擦净,之后加少许压力将两量块工作面相互研合。

(4) 仪器标尺零位的调整

1) 将量块组的下测量面置于工作台上,使测量头对准量块组上测量面的中点。

2) 粗调节。松开立柱紧固螺钉2,转动升降螺母3,使横臂4上、下移动,让千分表上的测量头与量块中心接触,直至指针大约位于千分表刻度的中间位置,锁紧立柱紧固螺钉2。

3) 细调节。松开紧固螺钉5,转动细调手柄6,使千分表指针接近零位;锁紧紧固千分表的螺钉5。

4) 微调节。拧动微调螺钉(千分表下方),使千分表指针对准零位;按下拨叉(抬头杠杆)7,使测量头抬起,取下量块组,完成零位的调整。

之后,将被测工件置于工作台上,对指定位置进行测量;千分表的读数即为被测零件相对量块尺寸的偏差 Δd。在目标测量位置,对同一点多次重复测量,取平均值。

齿轮杠杆比较仪使用注意事项：

1）测量前应先擦净零件表面及仪器工作台。

2）操作要小心，不得有任何碰憧，调整时观察指针位置，不应超出标尺示值范围。

3）使用量块时要正确研合，避免划伤量块测量面。

4）取拿量块时最好用竹摄子夹持，避免用手直接接触量块，以减少手温对测量精度的影响。

5）注意保护量块工作面，禁止发生碰撞或掉落地上。

6）量块用后，要用航空汽油洗净，用绸布擦干并涂上防锈油。

7）测量结束前，不应拆开量块组，以便随时校对零位。

4. 零件尺寸检测过程

（1）采用游标卡尺（或外径千分尺）测量工件直径与长度

1）校对游标卡尺（或外径千分尺）等测量器具的零位。若零位不能对正，记下此时的代数值，最后将零件的各测量数据减去该代数值。

2）用标准量块校对游标卡尺。借助标准量块熟悉游标卡尺测爪和工件接触的松紧程度。

3）根据零件图样标注要求，选择合适的量程和分度值。

4）如果测量外圆，应在阶梯轴的不同截面、不同方向测量3~5处，记下读数；若测量长度，可沿圆周方向测量几处，记录读数。

5）测量外圆时，可用不同分度值的测量器具测量，对测量结果进行比较，判断测量的准确性。

6）对上述数据取平均值，并和图样要求比较，判断其合格性。填写测量记录表2-17。

表 2-17 工件直径和长度的检测记录表

被测要素	理论值/mm	测量器具	实测值/mm					平均值/mm	结论
			1	2	3	4	5		
量块									
长度									
直径									

（2）采用机械式比较仪精确测量工件外圆直径与长度

1）根据被测圆柱工件（或塞规）的公称尺寸 d，选择相应的量块组尺寸并研配好。将量块置于工作台上进行仪器零位调整。

2)将被测圆柱工件放在工作台上,保持圆柱下素线紧贴台面,然后慢慢在测量头下滚过,在标尺上找到读数的最大值,即为所测部位尺寸的实际偏差。如图2-31所示,按此法分别测出三个截面在两个方向上的实际偏差,记入测量记录表2-18。

3)清理仪器和被测工件。

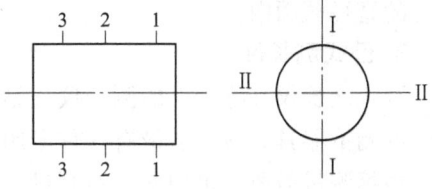

图 2-31　测量示意图

表 2-18　工件外圆直径和长度的检测记录表　　　　　（单位：mm）

量仪名称					
量仪规格	测量范围				
	分度值				
被测理论尺寸及公差					
公称尺寸 d					
上极限偏差 es					
下极限偏差 ei					
公差 T					
	测量记录格			测量结果	
方向＼截面	1-1	2-2	3-3	实际偏差	合格情况
Ⅰ-Ⅰ					
Ⅱ-Ⅱ					

2.4.2　孔径尺寸检测

1. 内径千分表

内径千分表适用于测量深孔,其典型结构如图2-32所示,常由工作行程不同的七种规格的活动测头组成一套,用以测量10～450mm的内径。内径千分表是用它的可换测头3(测量时固定不动)和活动测头2与被测孔壁接触进行测量的。仪器配有几个长短不同的可换测头,使用时可按被测尺寸的大小来选择。

测量时,活动测头2受到一定的压力,向内推动镶在等臂直角杠杆1上的钢球4,使杠杆1绕支轴6回转,并通过长接杆5推动千分表的测杆,进行读数。在活动测头的两侧,有对称的定位板8。装上活动测头2后,与定位板连成一个整体。定位板在弹簧9的作用下,对称地压靠在被测孔壁上,以保证测头的轴线处于被

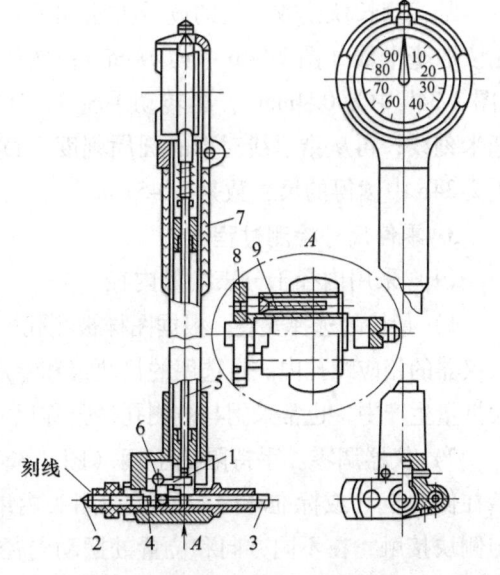

图 2-32　内径千分表
1—等臂杠杆　2—活动测头　3—可换测头　4—钢球
5—长接杆　6—支轴　7—手柄　8—定位板　9—弹簧

测孔的直径截面内。

2. 卧式测长仪

卧式测长仪又称为万能测长仪，是以精密刻度尺为基准，采用平面螺旋式读数装置的精密长度测量器具。该仪器带有多种专用附件，可用于测量内、外径尺寸和内、外螺纹中径尺寸。根据测量需要，可用于绝对测量，也可用于相对（比较）测量等。

卧式测长仪典型结构如图 2-33 所示。测量轴上镶有一条精密毫米刻度尺（图 2-34 中的 6），在测量过程中，该刻度尺可根据被测尺寸的大小在测量轴承座内做相应的滑动，当测头接触到被测部分后，测量轴就停止滑动。

图 2-34 所示的是卧式测长仪中测微目镜 1 的光学读数系统，在目镜 1 中可以直接读取毫米数值，为满足精密测量的要求，还需细分读数。测微目镜中的固定分划板 4 上刻有 10 个相等间距的刻度，毫米刻度尺的一个间距（1mm）成像在它上面时恰与这 10 个间距总长相等，所

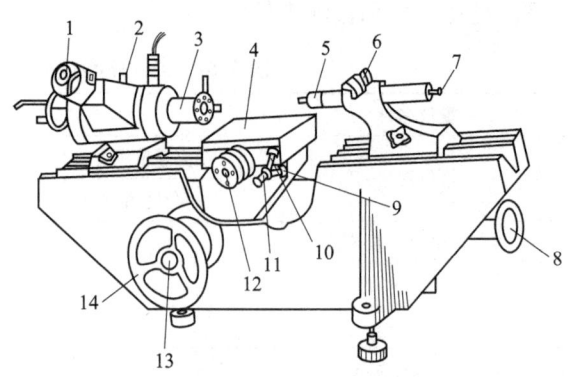

图 2-33 卧式测长仪典型结构

1—目镜　2、6、13—紧固螺钉　3—测量轴　4—工作台
5—尾管　7—微调螺钉　8—平衡手轮　9—紧固手柄
10、11—工作台调整手柄　12—微动手柄　14—工作台升降手轮

以其分度值为 0.1mm。平面螺旋线分划板 2 可以通过手轮 3 旋转移动，其上刻有十圈平面螺旋双刻线；螺旋双刻线的螺距恰与固定分划板上的刻度间距相等，其分度值也为 0.1mm。分划板 2 的中央有一圈等分为 100 格的圆周刻度，所以一格圆周分度的分度值为 0.001mm。

卧式测长仪读数系统的读数方法如下：首先，在目镜中可观察到三种刻线（图 2-34b），先读取毫米数（图 2-34b 中为 7mm）；然后按毫米刻线在固定分划板 4 中读出毫米小数部分（图 2-34b 中为 0.4mm）；再转动手轮 3，使靠近小数部分刻度值的一圈平面螺旋双刻线夹住毫米刻线，再从指示线对准的圆周刻度上读得微米数（图 2-34b 中为 0.051mm）。所以，从图 2-34b 中读得的尺寸数是 7.451mm。

3. 零件尺寸检测过程

（1）采用内径千分表测量内径

1）量块的选择安装。根据图样被测孔的公称尺寸选择量块和相应的可换测头，并将其拧入仪器的相应螺孔内。将选用的量块组和专用侧块一起放入量块夹内夹紧，以便仪器对零。在大批量生产中，也常采用与被测孔径公称尺寸相同的标准环的实际尺寸对准仪器的零位。

2）仪器调零。手持隔热手柄（图 2-32 中的 7），另一只手轻压定位板，将活动测头压靠在侧块上（或标准环内）使活动测头内缩；然后，松开定位板和活动测头，使可换测头与侧块接触，在不同方向和位置处摆动内径千分表以寻找最小值。零位对好后，用手指轻压定位板，使活动测头内缩，当可换测头脱离接触时，将内径千分表从侧块（或标准环）内取出。

3）测量。沿被测孔的轴线方向选取几个截面进行测量，在每个截面相互垂直的两个部

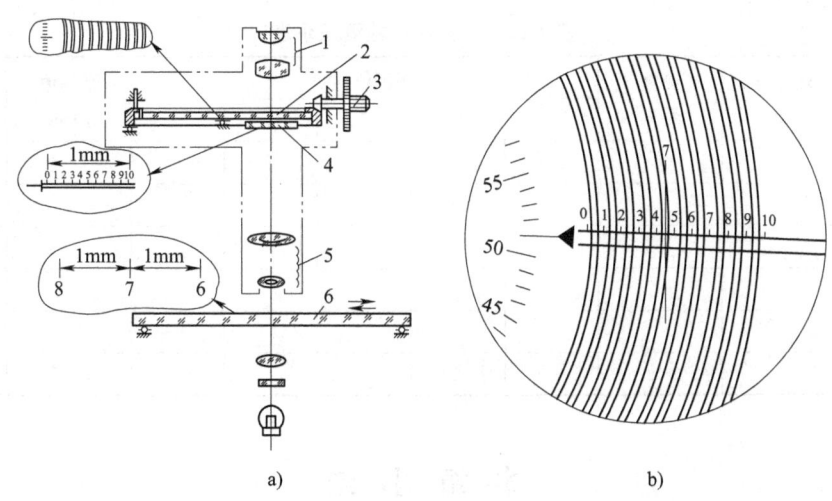

图 2-34 卧式测长仪读数系统
1—目镜 2—螺旋线分划板 3—手轮 4—固定分划板 5—放大镜组 6—毫米刻度尺

位上各测一次。测量时摆动内径千分表，记下显示的最小数值，将所测结果记入表 2-19。

（2）采用卧式测长仪（图 2-33）测量内径

1）量块的选择安装。根据待测内径的公称尺寸选择合适的量块，在卧式测长仪工作台上安好标准环或装有量块组的量块夹子。将一对测钩分别装在测量轴和尾管上，测钩方向垂直向下；沿轴向移动测量轴和尾管，使两测钩头部的楔槽对齐；旋紧测钩上的螺钉，将测钩固定。上升工作台，使两测钩伸入标准环内或量块组两侧块之间，再将紧固螺钉 13 拧紧。移动尾管 5（7 是尾管的微调螺钉），同时转动工作台微动手轮 12，使测钩的内测头在标准环端面上刻有标线的直线方向或量块组的侧块上接触，用紧固螺钉 6 锁紧尾管；然后用手扶稳测量轴 3，挂上重锤，并使测量轴上的测钩内测头缓慢地与标准环或侧块接触。

2）仪器调零。若工件为标准环，则转动手轮 12，同时从目镜 1 中找准转折点，在此位置上扳动手柄 11，再找转折点，此处即为直径的正确位置。然后，将紧固手柄 9 压下紧固。如采用量块组，则需转动手柄 10 找准转折点（最小值），在此位置上扳动手柄 11，仍找最小值的转折点，此处即为正确对零位。要特别注意，在扳动手柄 10 和 11 时，摆动幅度要适当，千万避免测头滑出侧块，否则重锤的作用将使测量轴急剧后退产生冲击，对毫米刻度尺造成损坏。为防止这一事故的发生，可通过重锤挂绳长度对测量轴行程加以控制。当零位找准后，即可按前述方法读数。

3）工件测量。用手扶稳测量轴 3，使测量轴右移一个距离，紧固螺钉 2（尾管是定位基准，不能移动），取下标准环或量块组。然后安装被测工件，松开螺钉 2，使测头与工件接触，按前述的方法进行调整与读数，即可读出被测尺寸与标准环或量块组的尺寸之差。

4）数据处理。沿被测内径的轴线方向测量几个截面。每个截面要在相互垂直的两个部位上各测一次。将所测结果记入表 2-19。最终根据测量结果和被测内径的公差要求，判断内径尺寸是否合格。

表 2-19　工件内径检测记录表

被测要素	理论值/mm	测量器具	实测值/mm					平均值/mm	结论
			1	2	3	4	5		
量块									
内径									

本 章 小 结

1. 有关尺寸的相关术语

公称尺寸是设计时给定的尺寸。实际尺寸是通过测量得到的尺寸，是零件上某一具体位置的测量值。极限尺寸是允许零件尺寸变化的两个界限值，是以公称尺寸为基数来确定的。

2. 有关偏差的相关术语

极限偏差是极限尺寸减去公称尺寸所得到的代数值。极限偏差的数值可能是正值、负值或者零值。实际偏差是实际尺寸与公称尺寸的差值。基本偏差是用于确定公差带相对于零线位置的上极限偏差或者下极限偏差。国家标准规定了孔与轴的基本偏差系列。

3. 有关公差的相关术语

公差指允许尺寸变化的范围值。国家标准规定了标准公差等级及标准公差数值。

4. 有关配合的相关术语

按孔和轴公差带之间的关系，配合分为间隙配合、过盈配合和过渡配合。国家标准配合制规定有基孔制配合和基轴制配合两种基准制配合。

5. 公差与配合的选择

主要包括基准制、公差等级及配合类型的选择。

思 考 与 练 习

1. 简答题

1）什么是极限尺寸？什么是实际尺寸？二者关系如何？
2）什么是标准公差？什么是基本偏差？二者的作用分别是什么？
3）尺寸公差与尺寸偏差有何联系与区别？
4）国家标准规定的基准制配合有哪几种？基准制配合的选用原则是什么？
5）配合类型的分类有哪些？判断配合类型的方法有哪几种？

2. 判断题

1）尺寸公差可正可负，一般都取正值。　　　　　　　　　　　　　　　　（　　）
2）尺寸的基本偏差可正可负，一般都取正值。　　　　　　　　　　　　　（　　）

3）公差值越小的零件，越难加工。（   ）
4）公差是零件尺寸允许的最大偏差。（   ）
5）零件的实际尺寸就是零件的真实尺寸。（   ）
6）某一零件的实际尺寸正好等于其公称尺寸，则该零件必然合格。（   ）
7）不论公差值是否相等，只要公差等级相同，尺寸的精确程度就相同。（   ）
8）$\phi 40js7$ 的尺寸公差带图位于零线的上方。（   ）
9）$\phi 30F7$ 中的"F"代表公差等级代号。（   ）
10）$\phi 20H7$ 和 $\phi 20G7$ 的尺寸精度是一样的。（   ）
11）相互配合的孔的公差带低于轴的公差带时为过盈配合。（   ）
12）过渡配合可能具有间隙，也可能具有过盈，因此，过渡配合可能是间隙配合，也可能是过盈配合。（   ）
13）配合公差的数值越小，则相互配合的孔、轴的公差等级越高。（   ）
14）基本偏差决定公差带的位置。（   ）
15）孔、轴配合为 H9/n9，可以判断是过渡配合。（   ）
16）最小间隙为零的配合与最小过盈等于零的配合，二者实质相同。（   ）
17）若某配合的最大间隙为 $15\mu m$，配合公差为 $41\mu m$，则该配合一定是过渡配合。（   ）
18）配合 H7/g6 比 H7/s6 要紧。（   ）
19）配合公差的大小，等于相配合的孔、轴公差之和。（   ）
20）孔、轴公差带的相对位置反映加工的难易程度。（   ）
21）基轴制过渡配合的孔，其下极限偏差必小于零。（   ）
22）基本偏差 a~h 与基准孔构成间隙配合，其中 h 配合最松。（   ）
23）有相对运动要求的配合应选用间隙配合，无相对运动要求的配合均选用过盈配合。（   ）
24）基准孔（H）的下极限偏差为零，基准轴（h）的上极限偏差为零。（   ）

3. 填空题

1）配合公差是指_____，它表示_____的高低。
2）配合种类分为_____、_____和_____三大类，当相互配合的孔、轴需有相对运动或需经常拆装时，应选_____配合。
3）已知某基准孔的公差为 0.013mm，则它的下极限偏差为_____mm，上极限偏差为_____mm。
4）配合公差带的大小取决于_____，配合公差带相对于零线的位置取决于_____。
5）孔、轴配合中，ES<ei 的配合属于_____配合，EI>es 的配合属于_____配合。
6）孔、轴配合的最大过盈值为 $-60\mu m$，配合公差值为 $40\mu m$，可以判断该配合属于_____配合。
7）一般公差分为_____、_____、_____、_____四个等级。
8）国家标准规定了_____和_____两种配合制度，一般应优先选用_____配合，以减少_____，降低生产成本。

9）公称尺寸相同的轴上有几处配合，当两端的配合要求紧固而中间的配合要求较松时，宜采用_____配合。

4. 计算并填写表中空白数据

按表 2-20、表 2-21 已给出的数值，计算表中空格处的数值，并将计算结果填入相应的空格内。

表 2-20 习题 4（表 1）   （单位：mm）

公称尺寸	上极限尺寸	下极限尺寸	上极限偏差	下极限偏差	公差
孔 $\phi 10$	10.040	10.025			
轴 $\phi 60$				-0.050	0.030
孔 $\phi 30$		30.020			0.084
轴 $\phi 50$			-0.050	-0.112	

表 2-21 习题 4（表 2）   （单位：mm）

公称尺寸	孔			轴			X_{max} 或 Y_{min}	X_{min} 或 Y_{max}	X_{av} 或 Y_{av}	T_f	配合种类
	ES	EI	T_h	es	ei	T_s					
$\phi 50$		0				0.039	+0.103			0.078	
$\phi 25$			0.021	0				-0.048	-0.031		
$\phi 80$			0.046	0			+0.035		-0.003		

5. 查阅标准公差与基本偏差数值表解答下列问题

（1）由代号查上、下极限偏差，并绘制公差带图

1）$\phi 25E8$（   ）   2）$\phi 35P7$（   ）

3）$\phi 120v7$（   ）   4）$\phi 30m6$（   ）

（2）由公称尺寸及上、下极限偏差，查孔、轴公差带代号

1）轴 $\phi 40_{-0.119}^{-0.080}$（   ）   2）轴 $\phi 80+0.023$（   ）

3）孔 $\phi 30_{-0.041}^{-0.020}$（   ）   4）孔 $\phi 35_{-0.050}^{-0.025}$（   ）

6. 查表计算下列四种配合的孔、轴极限偏差；确定配合的极限过盈、间隙；确定配合公差 T_f；说明基准制及配合性质

1）$\phi 60 \dfrac{H9}{h9}$ 2）$\phi 50 \dfrac{U7}{h6}$

3）$\phi 50 \dfrac{H7}{k6}$ 4）$\phi 40 \dfrac{P7}{m6}$

7. 下列三组孔与轴相配合，根据给定的数值，试分别确定它们的公差等级，并选用适当的配合

1）配合的公称尺寸为 25mm，$X_{max} = +0.086$mm，$X_{min} = +0.020$mm。

2）配合的公称尺寸为 40mm，$Y_{max} = -0.076$mm，$Y_{min} = -0.035$mm。

3）配合的公称尺寸为 60mm，$Y_{max} = 0.032$mm，$X_{max} = +0.046$mm。

8. 图 2-35 所示为钻床夹具简图，试根据表 2-22 给出的已知条件，选择配合种类

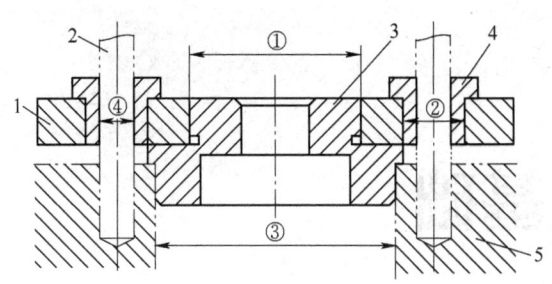

图 2-35 习题 8 图
1—钻模板 2—钻头 3—定位套 4—钻套 5—工件

表 2-22 习题 8 表

配合序号	已知条件	配合种类
①	有定心要求，不可拆连接	
②	有定心要求，可拆连接（钻套磨损后可更换）	
③	有定心要求，孔、轴间需有轴向移动	
④	有导向要求，轴、孔间需有相对的高速转动	

第 3 章
技术测量基础

学习重点：

度量指标；测量误差的数据处理。

学习难点：

测量误差与数据处理。

学习目标：

1) 了解测量的基本概念及其四要素。
2) 了解长度基准和量值传递的概念。
3) 掌握量块的基本知识。
4) 了解计量器具的分类和基本技术指标。
5) 了解测量方法的分类和特点。
6) 了解测量误差的相关概念及测量误差的处理方法。
7) 掌握常用计量器具的选择方法，会确定验收极限尺寸。

技术测量在实际生产过桯中起着非常重要的作用，是组织互换性生产必不可少的重要措施。因此，应按照公差标准和检测技术要求对零部件的几何量进行检测，只有几何量合格，才能保证零部件的互换性。

机械制造生产中的测量技术，主要研究零件几何参数的测量和检验问题，是贯彻质量标准的技术保证。

3.1 技术测量的基本概念

零部件几何量合格与否，只能通过测量或检验确定。本节内容便是现场测量的理论基础。

3.1.1 测量的基本概念

在机械制造生产中，技术测量是质量管理的手段，是贯彻质量标准的技术保证。

所谓测量，是指为确定被测对象的量值而进行的实验过程。即测量是将被测量与测量单位或标准量在数值上进行比较，从而确定两者比值的过程。若被测量为 L，计量单位为 u，

确定的比值为 q，则被测量可表示为
$$L = qu$$
一个完整的几何量测量过程应包括以下四个要素。

1）被测对象。在几何量测量中，被测对象是指长度、角度、形状和位置误差、表面粗糙度，以及单键和花键、螺纹和齿轮等典型零件的特征几何参数。

2）计量单位。一切属于国际单位制的单位都是我国的法定计量单位。对于几何量中的长度、角度单位，在我国规定的法定计量单位中，长度的基本单位为米（m），其他常用的长度单位有毫米（mm）、微米（μm）；平面角的角度单位为弧度（rad）、微弧度（μrad）及度（°）、分（′）、秒（″）。

3）测量方法。测量方法是在实施测量过程中对测量原理的运用及其实际操作。

广义地说，测量方法可以理解为测量原理、测量器具（计量器具）和测量条件（环境和操作者）的总和。在实施测量过程中，应该根据被测对象的特点（如材料硬度、外形尺寸、生产批量、制造精度和测量目的等）和被测参数的定义来拟定测量方案、选择测量器具和规定测量条件，从而合理地获得可靠的测量结果。

4）测量精度。测量精度指测量结果与真值的一致程度，即测量结果的可靠程度。不考虑测量精度的测量结果是没有任何意义的。

在技术测量领域和技术监督工作中，还经常用到检验和检定两个术语。

检验是确定被测几何量是否在规定的极限范围内，从而判断其是否合格的实验过程。例如，用光滑极限量规检验零件尺寸。其特点是不能测得被测量的实际数值，只能确定被测量是否在允许的极限范围之内。

检定是指评定计量器具精度指标是否合乎该计量器具检定规程的全部过程。例如，用量块来检定千分尺的精度指标等。

3.1.2 长度单位、基准和量值传递系统

1. 长度量值传递系统

在我国法定计量单位中，长度的基本单位是米（m）。1983 年，第十七届国际计量大会的决议规定米的定义为："1m 是光在真空中在 1s/299 792 458 的时间间隔内的行程长度"。国际计量大会推荐用稳频激光辐射来复现它，1985 年 3 月起，我国使用碘吸收稳频的 0.633μm 氦氖激光辐射波长作为国家长度基准，其频率稳定度为 $1×10^{-9}$，并于 20 世纪 90 年代初采用单粒子存储技术，将辐射频率稳定度提高到 $1×10^{-17}$ 的水平。

在实际生产和科学研究中，不可能直接利用激光辐射的光波长度基准去校对测量器具或进行零件的尺寸测量，而是经过工作基准，如线纹尺和量块，将长度基准的量值准确地逐级传递到生产中应用的计量器具和零件上去，以保证量值的准确、一致。长度量值传递系统如图 3-1 所示。

2. 角度量值传递系统

角度计量也属于长度计量范畴，弧度可用长度比值求得，一个圆周角定义为 360°，因此角度不必再建立一个自然基准。但在实际应用中，为了满足测量的需要，仍然要建立角度量值基准以及角度量值的传递系统。在要求较低的情况下，常以角度量块作基准，并进行角度量值的传递；近年来，随着角度计量要求的不断提高，出现了高精度的测角仪和多面棱

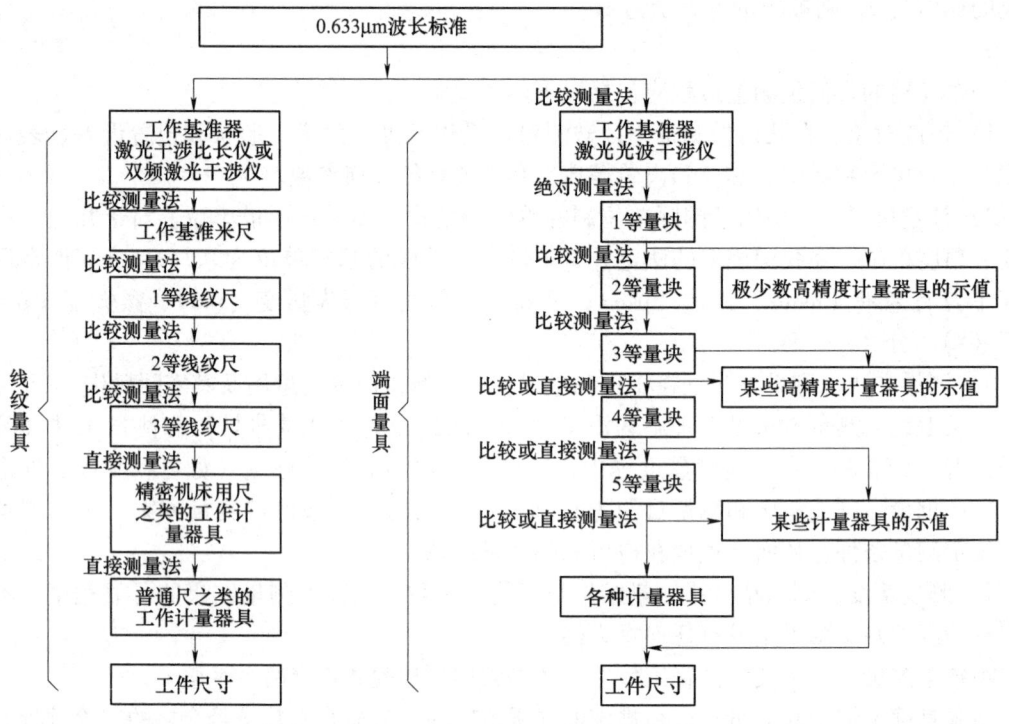

图 3-1　长度量值传递系统

体。角度量值传递系统如图 3-2 所示。

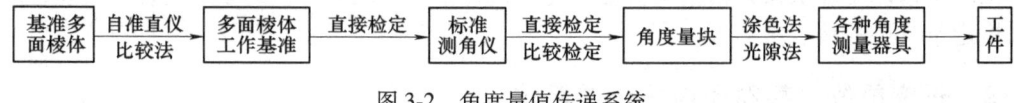

图 3-2　角度量值传递系统

3.1.3　量块

1. 量块的材料、形状和尺寸

量块是一种无刻度的标准端面量具。其材料多为特殊性能钢，形状主要为长方形正六面体结构，六个平面中，有两个互相平行的极为光滑平整的测量面，两测量面之间具有精确的工作尺寸。

量块主要用作尺寸传递系统中的中间标准量具，或在相对法测量时作为标准件调整仪器的零位，也可以用它直接测量零件，量块结构示意图如图 3-3 所示。

量块长度是指量块的一个测量面上任意一点（距边缘 0.8mm 区域内的点除外）到与其相对的另一测量面相研合的辅助体表面之间的垂直距离。量块未研合测量面中心点的量块长度，为量块的中心长度 l_c，如图 3-3 所示。

量块上标出的数字为量块长度的标称值，称为标称长度。尺寸<6mm 的量块，长度标记刻在测量面上；尺寸≥6mm 的量块，长度标记刻在非测量面上。

2. 量块的精度等级

（1）量块的精度（级）　根据国标 GB/T 6093—2001，量块按制造精度可分为五级，即

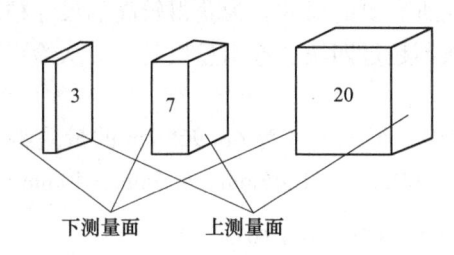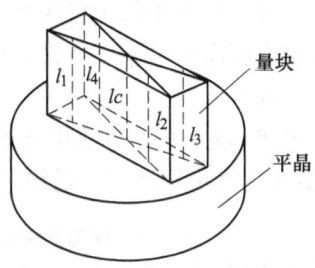

下测量面　　上测量面

图 3-3　量块

0 级、1 级、2 级、3 级和 K 级，其中 0 级精度最高，3 级精度最低，K 级为校准级。"级"主要根据量块长度极限偏差、测量面的平面度、表面粗糙度及量块的研合性等指标来划分的。

量块生产企业大都按"级"向市场销售量块。用量块长度极限偏差（中心长度与标称长度允许的最大误差）控制一批相同规格量块的长度变动范围；用量块长度变动量（量块最大长度与最小长度之差）控制每一个量块两测量面上各对应点之间的长度变动范围。用户按量块的标称尺寸使用量块。因此，按"级"使用量块必然受到量块长度制造偏差的影响，并将制造误差带入测量结果。

（2）量块的精度（等）　制造高精度量块的技术要求高，成本也高，且高精度量块在使用一段时间后会因磨损而引起尺寸减小，精度等级降低。因此，经维修或使用一段时间后的量块，要定期送至专业机构按标准对各项精度指标进行检定，确定符合哪一"等"，并在检定证书中给出标称尺寸的修正值。

国家计量检定规程 JJG 146—2011《量块》规定量块按其检定精度分为五等，即 1、2、3、4、5 等，其中 1 等精度最高，5 等精度最低。"等"主要依据量块中心长度测量的极限偏差和平面平行度公差来划分的。

（3）量块的"级"与"等"　量块的"级"和"等"是从成批制造和单个检定这两个不同的角度出发，对其精度进行划分的两种形式。

量块按"级"使用时，以标记在量块上的标称尺寸作为工作尺寸，该尺寸包含其制造误差。

量块按"等"使用时，必须以检定后的实际尺寸作为工作尺寸，该尺寸不包含制造误差，但包含了检定时的测量误差。

就同一量块而言，检定时的测量误差要比制造误差小得多。所以，量块按"等"使用的精度比按"级"使用要高，在保持量块原使用精度的基础上，还能延长使用寿命。

3. 量块的特性与使用

除稳定性和准确性外，量块的基本特性还包括一个重要特性——研合性（黏合性）。所谓研合性，是指量块的一个测量面与另一个量块的测量面或经过精密加工的类似平面，通过分子力作用而黏附在一起的性能。每块量块只有一个确定的工作尺寸，为了满足一定尺寸范围内不同测量尺寸的要求，量块可以组合使用。

量块按一定的尺寸系列成套生产，国标 GB/T 6093—2001 规定了 17 种成套的量块系列，表 3-1 列出了部分成套量块的级别、尺寸系列、间隔和块数等信息。

在使用量块时,常常用几个量块组合成所需要的尺寸。为获得较高的尺寸精度,应力求以最少的块数组成所需的尺寸,通常总块数不超过四块。选用量块时,应从给定尺寸的最小尾数开始,逐一选取。

【案例】 从83块一套的量块中选取量块,组成尺寸为48.965mm的量块组,参考表3-1,可按如下步骤选择量块尺寸。最终选择 1.005mm、1.46mm、6.5mm、40mm 四块量块。

表 3-1 成套量块组合尺寸（摘自 GB/T 6093—2001）

总块数	级别	尺寸系列/mm	间隔/mm	块数
83	0, 1, 2	0.5	—	1
		1	—	1
		1.005	—	1
		1.01, 1.02, …, 1.49	0.01	49
		1.5, 1.6, …, 1.9	0.1	5
		2.0, 2.5, …, 9.5	0.5	16
		10, 20, …, 100	10	10
46	0, 1, 2	1	—	1
		1.001, 1.002, …, 1.009	0.001	9
		1.01, 1.02, …, 1.09	0.001	9
		1.1, 1.2, …, 1.9	0.1	9
		2, 3, …, 9	1	8
		10, 20, …, 100	10	10

$$
\begin{array}{r}
48.965\cdots\cdots\cdots\cdots\text{量块组尺寸}\\
\underline{-1.005\cdots\cdots\cdots\cdots\text{第一块量块尺寸}}\\
47.96\\
\underline{-1.46\cdots\cdots\cdots\cdots\text{第二块量块尺寸}}\\
46.5\\
\underline{-6.5\cdots\cdots\cdots\cdots\text{第三块量块尺寸}}\\
40\cdots\cdots\cdots\cdots\text{第四块量块尺寸}
\end{array}
$$

3.2 计量器具与测量方法

计量器具和测量方法是实施测量过程和获得精确测量结果的重要手段。学习本部分内容后,学生应掌握测量器具的分类及相关术语,掌握测量的不同方法。

3.2.1 计量器具的分类

1. 计量器具的基本分类

计量器具是测量仪器和测量工具的总称。从计量学的角度出发,计量器具的基本分类包括量具、量规、量仪和测量装置四类。

（1）量具 量具是以固定形式复现量值的计量器具,其特点是一般没有放大装置,包括单值量具（如量块）、多值量具（如线纹尺）和标准量具（基准米尺）等。

（2）量规 量规是一种没有刻度，用以检验零件尺寸或几何误差的专用检验工具，只能用来判定工件是否合格，而不能获得被测量的具体数值，典型量规包括光滑极限量规、螺纹量规等。

（3）量仪 量仪是能将被测量转换成可直接观察到的指示值或等效信息的计量器具。它与量具的最大区别在于它有指示和放大系统。

（4）测量装置 测量装置是指能够测量较多的几何参数、测量较复杂的工件的测量装置和辅助设备的总称，如检验夹具、主动测量装置等。

2. 计量器具按结构特点及用途分类

计量器具按其工作原理、结构特点及用途可分为以下几种：

（1）基准量具 用来校对或调整其他计量器具，或作为标准尺寸进行相对测量的量具称为基准量具，如量块等。

（2）通用计量器具 能将被测量转换成可直接观测的指示值或等效信息的测量工具。按其工作原理可分类如下：

1）游标类量具，如游标卡尺、游标高度尺等。

2）螺旋类量具，如千分尺、公法线千分尺等。

3）机械式量仪，如百分表、千分表、齿轮杠杆比较仪、扭簧比较仪等。

4）光学式量仪，如光学计、光学测角仪、光栅测长仪、激光干涉仪等。

5）电动式量仪，如电感比较仪、电动轮廓仪、容栅测位仪等。

6）气动式量仪，如水柱式气动量仪、浮标式气动量仪等。

7）微机化量仪，如微机控制的数显万能测长仪和三坐标测量机等。

（3）极限量规类 一种没有刻度的专用检验工具，如塞规、卡规、螺纹量规、功能量规等。

（4）检验夹具 专用的检验工具，它和相应的计量器具配套使用时，可方便地检验被测件的各项参数，如检验滚动轴承用的各种检验夹具，方便计量器具同时测出轴承套圈的尺寸及径向圆跳动或轴向圆跳动等。

3.2.2　计量器具的基本技术指标

计量器具的基本技术指标是表征计量器具性能和功用的指标，也是合理选择和使用计量器具的依据。计量器具的主要技术指标如下：

（1）刻度间距 计量器具刻度标尺或刻度盘上两相邻刻线的中心距离，刻度间距一般为 1~2.5mm。

（2）分度值 指计量器具刻度标尺或刻度盘上每一刻度间距所代表的量值。例如，千分尺的分度值 $i=0.01$mm。分度值是一种计量器具所能直接读出的最小单位量值，它反映了读数精度的高低，也从侧面说明了该计量器具的计量精度高低。图3-4所示计量器具表盘上的分度值为 1μm。

（3）测量范围 在允许误差范围内，计量器具所能测量零件尺寸的最小值到最大值的范围。图3-4所示计量器具的测量范围为 0~180mm。

（4）示值范围 指计量器具所能显示（或指示）的最小值到最大值的范围。

（5）灵敏度 指计量器具反映被测几何量微小变化的能力。如果被测参数的变化量为

ΔL，引起计量器具示值变化量为 ΔX，则灵敏度 $S=\Delta L/\Delta X$。当分子、分母为同一类量值时，灵敏度又称为放大比 K。

（6）示值误差　计量器具的示值与被测量的（约定）真值之差。示值误差是计量仪器本身各种误差的综合反映。因此，仪器示值范围内的不同工作点示值误差是不相同的。一般可用适当精度的量块或其他计量标准器来检定测量器具的示值误差。

（7）示值变动性　在测量条件不变的情况下，对同一被测量进行多次重复测量时，其读数的最大变动量。

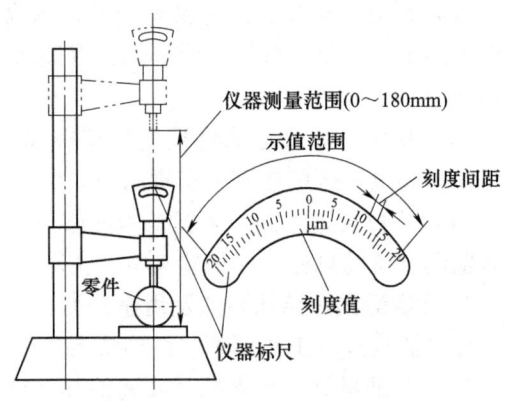

图 3-4　计量器具参数示意图

（8）回程误差　在相同的测量条件下，计量器具按正、反行程对同一量值进行测量时，所得两示值之差的绝对值。

（9）不确定度　表示由于测量误差的存在而对被测几何量不能肯定的程度。

3.2.3　测量方法的分类

1. 按能否直接测量目标量值分类

（1）直接测量　从计量器具的读数装置上可直接得到欲测量的数值或相对标准值的偏差。例如，用游标卡尺、外径千分尺测量外圆直径，用比较仪测量长度尺寸等。

（2）间接测量　计量器具测出与欲测量有一定函数关系的相关量，然后按相应的函数关系，求得欲测量的测量结果。

2. 按测量结果的读数值分类

（1）绝对测量　从计量器具上可直接得到被测参数的整个量值的测量。例如，用游标卡尺测量零件轴径值。

（2）相对测量　计量器具测得的读数是被测量和已知标准量（一般为测量标准量）的相对偏差。例如，比较仪用量块调零后测量轴的直径，比较仪的示值就是量块与轴径的量值之差。

3. 按被测件表面与计量器具测头是否有机械接触分类

（1）接触测量　计量器具的测头与零件被测表面接触后存在机械作用力的测量。例如，用外径千分尺、游标卡尺测量零件等。为了保证接触的可靠性，测量力是必要的，但它可能使计量器具及被测件发生变形而产生测量误差，还可能对零件被测表面质量造成损坏。

（2）非接触测量　计量器具的感应元件与被测零件表面不直接接触，因而不存在机械作用的测量力。属于非接触测量的仪器主要是利用光、气、电、磁等原理的感应元件与被测件表面相联系。例如，干涉显微镜、磁力测厚仪、气动量仪等。

4. 按测量在工艺过程中所起作用分类

（1）主动测量　在加工过程中进行的测量。其测量结果直接用来控制零件的加工过程，决定是否继续加工或判断工艺过程是否正常、是否需要进行调整，能及时防止废品的产生，所以又称为积极测量。

(2) 被动测量　加工完成后进行的测量。其测量结果仅用于发现并剔除废品，所以被动测量又称为消极测量。

5. 按零件上同时被测参数的数量分类

(1) 单项测量　单独地、彼此没有联系地测量零件的单项参数。例如，分别测量齿轮的齿厚、齿距等。这种方法一般用于量规的检定、工序间的测量，或为了实现工艺分析、调整机床等目的。

(2) 综合测量　同时检测零件几个相关参数的综合效应或综合参数，从而综合判断零件的合格性。例如，齿轮运动误差的综合测量、用螺纹量规检验螺纹的作用中径等。综合测量一般用于终结检验，其测量效率高，能有效保证互换性，在大批量生产中应用广泛。

6. 按被测工件在测量时所处的状态分类

(1) 静态测量　测量时被测零件表面与计量器具测头处于相对静止状态。例如，用外径千分尺测量轴径、用齿距仪测量齿轮齿距等。

(2) 动态测量　测量时被测零件表面与计量器具测头处于相对运动状态，或测量过程就是模拟零件在工作或加工时的运动状态，能反映生产过程中被测参数的变化过程。例如，用激光比长仪测量精密线纹尺，用电动轮廓仪测量表面粗糙度等。

3.3 测量误差及数据处理

测量误差分析和测量数据处理是减少和避免误差的理论基础，学习本部分内容后，学生应具有误差分析和数据处理的能力。

3.3.1 测量误差

1. 测量误差的相关概念

在测量过程中，由于各种因素的影响，都不可避免地产生一些误差。测量结果（测得值）与被测量真值之间的差异称为测量误差。测量误差有绝对误差和相对误差之分。

(1) 绝对误差　绝对误差是测得值与被测量真值之差。若以 X 表示测量结果，Q 表示真值，δ 表示绝对误差，则有：

$$\delta = X - Q$$

一般来说，被测量的真值是不知道的。在实际测量时，常用相对真值或不存在系统误差情况下的多次测量的算术平均值来代替真值使用。绝对误差 δ 是代数值，其绝对值的大小可反映测量结果与被测量真值之间的一致程度。

(2) 相对误差　相对误差是测量绝对误差的绝对值与被测量真值之比，常用百分数表示。由于被测量的真值是不知道的，故一般用被测量的测得值替代。若用 ε 表示相对误差，则：

$$\varepsilon = \frac{|\delta|}{Q} \approx \frac{|\delta|}{X} \times 100\%$$

2. 测量误差的产生原因

产生测量误差的因素有很多，主要有以下几个方面：

(1) 计量器具的误差　计量器具的误差是指计量器具本身所具有的误差，包括计量器具在设计、制造和使用过程中的各项误差，这些误差的综合反映可用计量器具的示值精度或确定度来表示。同时，相对测量时使用的标准量误差，如线纹尺误差、量块误差等，也将直接反映到测量误差结果中。

（2）测量方法误差　测量方法误差是指测量方法不完善所引起的误差。包括计算公式不准确、测量方法选择不当、测量基准不统一、工件安装不合理以及测量力等引起的误差。

（3）测量环境误差　测量环境误差是指测量时的环境条件不符合标准条件所引起的误差。环境条件包括湿度、温度、振动等，其中温度对测量结果的影响最大。为减少温度引起的测量误差，一般高准确度测量均在恒温条件下进行，并要求被测工件与计量器具温度一致。

（4）人员误差　人员误差是指测量人员的主观因素所引起的误差。例如，测量人员因视觉偏差、测量技术不熟练等引起的误差。

总之，造成测量误差的因素很多，测量时应采取相应的措施，尽量减小或消除它们对测量结果的影响，以保证测量的精度。

3.3.2　测量误差的分类及数据处理

测量误差按其性质可分为三大类，即系统误差、随机误差和粗大误差。

1. 系统误差

在相同条件下多次测量同一量值时，误差的数值和符号保持不变；或者当条件改变时，其值按某一确定的规律变化的误差，统称为系统误差。系统误差按其出现的规律又可分为定值系统误差和变值系统误差。系统误差对测量结果影响较大，应尽量减小或清除，常用的系统误差处理方法有修正法、抵消法等。

2. 随机误差

在相同条件下，多次测量同一量值时，误差的绝对值和符号以不可预知的方式变化，但误差出现的整体是服从统计规律的，这种类型的误差称为随机误差。

在一定测量条件下对同一值进行大量重复测量时，随机误差服从正态分布规律，正态分布曲线如图 3-5a 所示，正态分布函数为：

$$y = \frac{1}{\sigma\sqrt{2\pi}} e^{-\frac{\delta^2}{2\sigma^2}}$$

式中　y——随机误差密度；

　　　e——自然对数的底（$e=2.71828$）；

　　　δ——随机误差；

　　　σ——标准偏差。

$$\sigma = \sqrt{\sum_{i=1}^{n} \delta_i^2 / n}$$

式中　n——测量次数；

　　　δ_i——随机误差，即各次测得值与其真值之差。

从上式可以看出，误差密度 y 与随机误差 δ 及标准偏差 σ 有关，当 $\delta=0$ 时，y 最大，即 $y_{max}=1/(\sigma\sqrt{2\pi})$。不同的 σ 对应不同形状的正态分布曲线，σ 越小，y_{max} 值越大，曲线越陡，随机误差分布越集中，即测得值分布越集中，测量精度越高。反之，σ 越大，曲线越平坦，随机误差分布越分散，即测得值分布越分散，测量精度越低，如图 3-5b 所示。

由图 3-5 可知，随机误差分布有以下特点：

1) 对称性。绝对值相等的正、负误差出现的概率相等。

2) 单峰性。绝对值小的随机误差比绝对值大的随机误差出现的机会多。

3) 有界性。在一定测量条件下，随机误差的绝对值不会大于某一界限值。

4) 抵偿性。当测量次数无限增多时，随机误差的算术平均值趋向于零。

因此，分析和估算误差值的变动范围，可通过取平均值的办法来减小其对测量结果的影响。

3. 粗大误差

粗大误差的数值较大，它是由测量过程中各种错误造成的，对测量结果有明显的歪曲。这种显著歪曲测得值的粗大误差应尽量避免，在一系列测得值中可按一定的判别准则予以剔除。

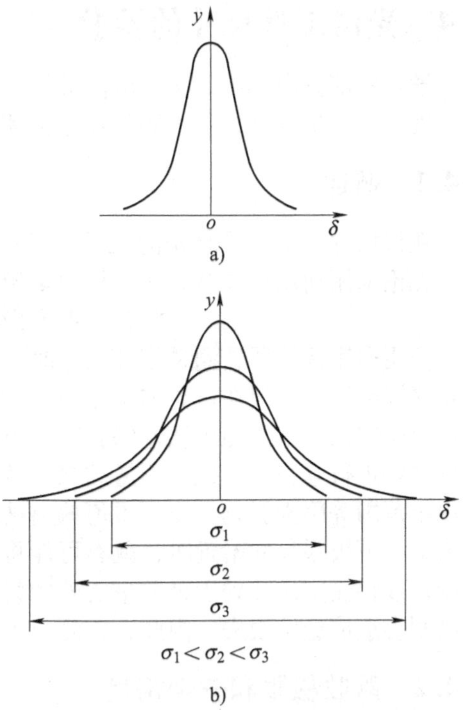

3.3.3 测量精度

测量精度是指被测量的测得值与真值的接近程度。精度是误差的相对概念，绝对误差和相对误差较为笼统，不能反映详细的误差差异，从而引出以下概念：

图 3-5 标准偏差对随机误差分布特性的影响

（1）正确度 表示测量结果中系统误差的大小程度，即在规定条件下测量结果与真值的符合程度。若系统误差小，则正确度高。

（2）精密度 表示测量结果中随机误差的大小程度。即在一定条件下进行多次测量时，所得测量结果彼此之间符合的程度。随机误差越小，则精密度越高。

（3）精确度 指测量结果受系统误差与随机误差的综合影响的程度，表示测量结果与真值的一致程度。若系统误差和随机误差都小，则精确度高。

精密度高时，正确度不一定高；但精确度高时，精密度和正确度必定都高。以射击为例，测量精度分类示意图如图 3-6 所示。由上述分析可得：图 3-6a 所示为精密度高而正确度低；图 3-6b 所示为正确度高而精密度低；图 3-6c 所示为精密度与正确度都低；图 3-6d 所示为精密度与正确度都高，因而精确度就高。

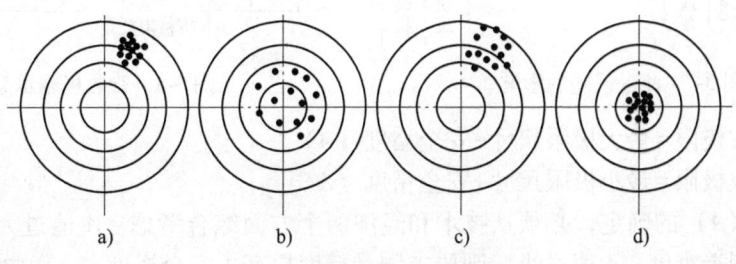

图 3-6 测量精度分类示意图

3.4 光滑工件尺寸的检验

学习本部分内容后，学生应能够针对不同精度要求的光滑工件，判断其加工合格性，通过正确选择计量器具，利用测量尺寸判断零件尺寸的合格性。

3.4.1 概述

在机械制造中，检验光滑工件尺寸时，可使用通用计量器具，也可使用极限量规。但是，无论采用通用计量器具还是极限量规进行检验，都有测量误差存在。则有：

真实尺寸＝测得的实际尺寸±测量误差

使用通用计量器具测量零件尺寸时，通常采用两点法测量，测得的值为轴、孔的提取组成要素局部尺寸。但在机械加工车间大批量生产的环境条件下测量，不可能采用多次测量取平均值的方法来减小随机误差的影响，也不可能对不断变化的湿度、温度等环境因素引起的测量误差进行修正，因此，测量结果必然受测量误差、轴或孔的形状误差、测量条件偏离标准规定范围等因素影响，使测得值偏离被测尺寸真值。如图 3-7 所示，当测得值在工件尺寸真值上、下极限尺寸附近时，就有可能将真实尺寸处于公差带之内的合格品判为废品，称为误废；或将真实尺寸处于公差带之外的废品判为合格品，称为误收。误收会影响产品质量，误废则会造成经济损失。因此，在测量工件尺寸时，必须正确确定验收极限。

3.4.2 验收极限和安全裕度

国家标准 GB/T 3177—2009 规定了验收原则：所有验收方法应只接收位于规定的尺寸极限之内的工件。即允许有误废而不允许有误收。为了保证零件既满足互换性要求，又将误废减至最少，国家标准 GB/T 3177—2009 定义了验收极限，验收极限是判断所检验工件尺寸合格与否的尺寸界限。GB/T 3177—2009 规定，验收极限可以按照下列两种方法之一确定。

方法 1：验收极限是从规定的最大实体尺寸（MMS）和最小实体尺寸（LMS）分别向工件公差带内移动一个安全裕度（A）来确定，如图 3-8 所示。

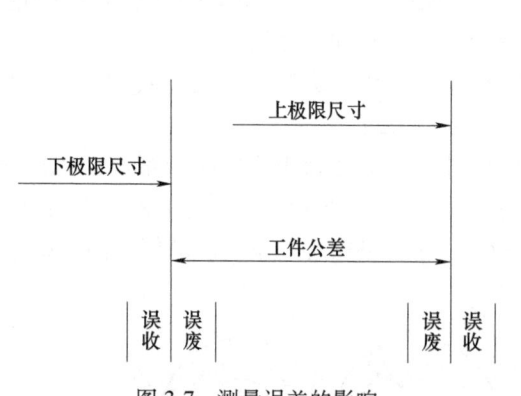

图 3-7 测量误差的影响

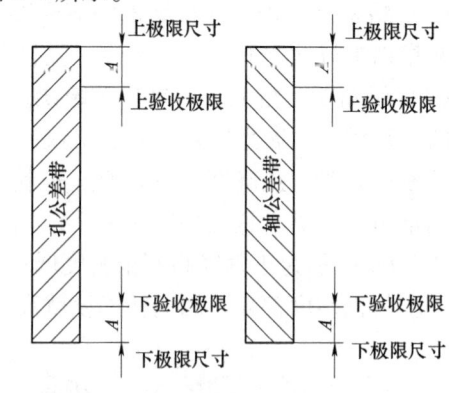

图 3-8 验收极限示意图

即：上验收极限＝最大极限尺寸－安全裕度（A）

下验收极限＝最小极限尺寸＋安全裕度（A）

安全裕度（A）的确定，必须从技术和经济两个方面综合考虑。A 值过大，会使生产公差缩小，增加制造难度；A 值过小，则要求测量精度提高。安全裕度（A）由工件公差（T）确定，A 的数值一般取 T 的 1/10，其数值可由表 3-2 查得。

第3章 技术测量基础

表 3-2 安全裕度 (A) 与计量器具的测量不确定度允许值 (u_1) (单位: μm)

公差等级		6					7					8					9					10					11				
公称尺寸/mm				u_1					u_1					u_1					u_1					u_1					u_1		
大于	至	T	A	I	II	III	T	A	I	II	III	T	A	I	II	III	T	A	I	II	III	T	A	I	II	III	T	A	I	II	III
—	3	6	0.6	0.5	0.9	1.4	10	1.0	0.9	1.5	2.3	14	1.4	1.3	2.1	3.2	25	2.5	2.3	3.8	5.6	40	4.0	3.6	6.0	9.0	60	6.0	5.4	9.0	14
3	6	8	0.8	0.7	1.2	1.8	12	1.2	1.1	1.8	2.7	18	1.8	1.6	2.7	4.1	30	3.0	2.7	4.5	6.8	48	4.8	4.3	7.2	11	75	7.5	6.8	11	17
6	10	9	0.9	0.8	1.4	2.0	15	1.5	1.4	2.3	3.4	22	2.2	2.0	3.3	5.0	36	3.6	3.3	5.4	8.1	58	5.8	5.2	8.7	13	90	9.0	8.1	14	20
10	18	11	1.1	1.0	1.7	2.5	18	1.8	1.7	2.7	4.1	27	2.7	2.4	4.1	6.1	43	4.3	3.9	6.5	9.7	70	7.0	6.3	11	16	110	11	10	17	25
18	30	13	1.3	1.2	2.0	2.9	21	2.1	1.9	3.2	4.7	33	3.3	3.0	5.0	7.4	52	5.2	4.7	7.8	12	84	8.4	7.6	13	19	130	13	12	20	29
30	50	16	1.6	1.4	2.4	3.6	25	2.5	2.3	3.8	5.6	39	3.9	3.5	5.9	8.8	62	6.2	5.6	9.3	14	100	10	9.0	15	23	160	16	14	24	36
50	80	19	1.9	1.7	2.9	4.3	30	3.0	2.7	4.5	6.8	46	4.6	4.1	6.9	10	74	7.4	6.7	11	17	120	12	11	18	27	190	19	17	29	43
80	120	22	2.2	2.0	3.3	5.0	35	3.5	3.2	5.3	7.9	54	5.4	4.9	8.1	12	87	8.7	7.8	13	20	140	14	13	21	32	220	22	20	33	50
120	180	25	2.5	2.3	3.8	5.6	40	4.0	3.6	6.0	9.0	63	6.3	5.7	9.5	14	100	10	9.0	15	23	160	16	15	24	36	250	25	23	38	56
180	250	29	2.9	2.6	4.4	6.5	46	4.6	4.1	6.9	10	72	7.2	6.5	11	16	115	11	10	17	26	185	19	17	28	42	290	29	26	44	65
250	315	32	3.2	2.9	4.8	7.2	52	5.2	4.7	7.8	12	81	8.1	7.3	12	18	130	13	12	19	29	210	21	19	32	47	320	32	29	48	72
315	400	36	3.6	3.2	5.4	8.1	57	5.7	5.1	8.4	13	89	8.9	8.0	13	20	140	14	13	21	32	230	23	21	35	52	360	36	32	54	81
400	500	40	4.0	3.6	6.0	9.0	63	6.3	5.7	9.5	14	97	9.7	8.7	15	22	155	16	14	23	35	250	25	23	38	56	400	40	36	60	90

公差等级		12					13					14					15					16					17					18				
公称尺寸/mm				u_1					u_1					u_1					u_1					u_1					u_1					u_1		
大于	至	T	A	I	II	III	T	A	I	II	III	T	A	I	II	III	T	A	I	II	III	T	A	I	II	III	T	A	I	II	III	T	A	I	II	III
—	3	100	10	9.0	15	23	140	14	13	21	32	250	25	23	38	56	400	40	36	60	90	600	60	54	90	140	1000	100	90	150	230	1400	140	135	210	320
3	6	120	12	11	18	27	180	18	16	27	41	300	30	27	45	68	480	48	43	72	110	750	75	68	110	170	1200	120	110	180	270	1800	180	160	270	410
6	10	150	15	14	23	34	220	22	20	33	50	360	36	32	54	81	580	58	52	87	130	900	90	81	140	200	1500	150	140	230	340	2200	220	200	330	500
10	18	180	18	16	27	41	270	27	24	41	61	430	43	39	65	97	700	70	63	100	160	1100	110	100	170	250	1800	180	160	270	410	2700	270	240	400	610
18	30	210	21	19	32	47	330	33	30	50	74	520	52	47	78	120	840	84	76	130	190	1300	130	120	200	290	2100	210	190	320	470	3300	330	300	490	740
30	50	250	25	23	38	56	390	39	35	59	88	620	62	56	93	140	1000	100	90	150	230	1600	160	140	240	360	2500	250	220	380	560	3900	390	350	580	880
50	80	300	30	27	45	68	460	46	41	69	100	740	74	67	110	170	1200	120	110	180	270	1900	190	170	290	430	3000	300	270	450	670	4600	460	410	690	1040
80	120	350	35	32	53	78	540	54	49	81	120	870	87	78	130	200	1400	140	130	220	320	2200	220	200	330	490	3500	350	320	530	790	5400	540	480	810	1210
120	180	400	40	36	60	90	630	63	57	95	140	1000	100	90	150	230	1600	160	140	240	360	2500	250	230	380	560	4000	400	360	600	900	6300	630	570	940	1410
180	250	460	46	41	69	100	720	72	65	110	160	1150	115	100	170	250	1800	180	170	270	410	2900	290	260	440	650	4600	460	410	690	1040	7200	720	650	1080	1620
250	315	520	52	47	78	120	810	81	73	120	180	1300	130	120	190	290	2100	210	190	320	480	3200	320	290	480	720	5200	520	470	780	1170	8100	810	730	1210	1820
315	400	570	57	51	86	130	890	89	80	130	200	1400	140	130	210	320	2300	230	210	350	520	3600	360	320	540	810	5700	570	510	850	1270	8900	890	800	1330	2000
400	500	630	63	57	95	140	970	97	87	150	220	1500	150	140	230	340	2500	250	230	380	570	4000	400	360	600	900	6300	630	570	950	1420	9700	970	870	1450	2180

由于验收极限是向工件的公差带内移动，为了保证验收合格，在生产时不能按原有的极限尺寸加工，应按由验收极限所确定的尺寸范围生产，这个范围称为"生产公差"。

方法2：验收极限等于图样上标定的最大实体尺寸（MMS）和最小实体尺寸（LMS），即安全裕度（A）等于零。采用此方案时，误收和误废都有可能发生。

3.4.3 计量器具的选择

用通用计量器具测量工件尺寸，应参照国家标准GB/T 3177—2009选择通用计量器具。计量器具的选择主要考虑计量器具的技术指标和经济指标。选择的计量器具允许的极限误差应尽可能小，否则计量器具的误差会带到测量结果中。但计量器具的极限误差越小，其使用成本越高，对测量环境和测量者的要求也越高。所以，在选择计量器具时，应按计量器具的测量不确定度的允许值 u 来进行。

计量器具在系统误差（如随机误差和未定系统误差）、测量条件及工件形状误差等综合作用下，会引起测量结果相对其真值的分散，分散程度可由测量不确定度 u 来评定。测量检验工件时，要做到不误收，单靠内缩验收极限还是不够可靠，因为若计量器具的测量不确定度足够大时，还是会产生误收现象。为此，标准GB/T 3177—2009对其做出如下规定：

按计量器具所导致的测量不确定度的允许值（u_1）选择计量器具，要求所选择的计量器具的不确定度不大于允许值 u_1。

计量器具的测量不确定度允许值（u_1）按测量不确定度（u）与工件公差的比值分档；对IT6~IT11的分为Ⅰ、Ⅱ、Ⅲ三档；对IT12~IT18的分为Ⅰ、Ⅱ两档。测量不确定度（u）的Ⅰ、Ⅱ、Ⅲ三档值分别为工件公差的1/10、1/6、1/4。通常，优先选择Ⅰ档，其次选择Ⅱ、Ⅲ档，其三档数值列于表3-2中。

考虑到计量器具的经济性，u 应尽可能地接近 u_1。表3-3~表3-5列出了常用计量器具不确定度的允许值。

表3-3 千分表和游标卡尺的不确定度　　　　　　　　　　　　（单位：mm）

尺寸范围		计量器具类型			
大于	至	分度值0.01mm 外径千分尺	分度值0.01mm 内径千分尺	分度值0.02mm 游标卡尺	分度值0.05mm 游标卡尺
—	50	0.004	0.008	0.020	0.050
50	100	0.005	0.008	0.020	0.050
100	150	0.006	0.008	0.020	0.050
150	200	0.007	0.013	0.020	0.050
200	250	0.008	0.013	0.020	0.100
250	300	0.009	0.013	0.020	0.100
300	350	0.010	0.013	0.020	0.100
350	400	0.011	0.020	0.020	0.100
400	450	0.012	0.020	0.020	0.100
450	500	0.013	0.025	0.020	0.100

表 3-4　比较仪的不确定度　　　　　　　　　　　　　　　　（单位：mm）

尺寸范围		计量器具类型			
大于	至	分度值为 0.0005mm（相当于放大倍数 2000 倍）的比较仪	分度值为 0.001mm（相当于放大倍数 1000 倍）的比较仪	分度值为 0.002mm（相当于放大倍数 400 倍）的比较仪	分度值为 0.005mm（相当于放大倍数 250 倍）的比较仪
—	25	0.0006	0.0010	0.0017	0.0030
25	40	0.0007	0.0010	0.0017	0.0030
40	65	0.0008	0.0011	0.0018	0.0030
65	90	0.0008	0.0011	0.0018	0.0030
90	115	0.0009	0.0012	0.0019	0.0030
115	165	0.0010	0.0013	0.0019	0.0030
165	215	0.0012	0.0014	0.0020	0.0035
215	265	0.0014	0.0016	0.0021	0.0035
265	315	0.0016	0.0017	0.0022	0.0035

注：表中数据使用的标准器由 4 块 1 级（或 4 等）量块组成。

表 3-5　指示表的不确定度　　　　　　　　　　　　　　　　（单位：mm）

尺寸范围		计量器具类型			
大于	至	分度值为 0.001mm 的千分表（0 级在全程范围内，1 级在 0.2mm 内）；分度值为 0.002mm 的千分表（在 1 转范围内）	分度值为 0.001mm、0.002mm、0.005mm 的千分表（1 级在全程范围内）；分度值为 0.01mm 的百分表（0 级在任意 1mm 内）	分度值为 0.01mm 的百分表（0 级在全程范围内，1 级在任意 1mm 内）	分度值为 0.01mm 的百分表（0 级在全程范围内）
—	115	0.005	0.010	0.018	0.030
115	315	0.006	0.010	0.018	0.030

注：表中数据使用的标准器由 4 块 1 级（或 4 等）量块组成。

【案例】　待检验零件轴的尺寸为 $\phi 65e9$，试确定验收极限、选择适当的计量器具。

解　由公差与配合相关标准查得：$\phi 65e9$ 的极限偏差标注为 $\phi 65_{-0.134}^{-0.060}$ mm。

由表 3-2 查得安全裕度 $A = 7.4\mu m$，测量不确定度允许值 $u_1 = 6.7\mu m$。

按照前文方法 1 的原则确定验收极限，则：

$$上验收极限 = (65 - 0.060 - 0.0074)\text{mm} = 64.9326\text{mm}$$
$$下验收极限 = (65 - 0.134 + 0.0074)\text{mm} = 64.8734\text{mm}$$

由表 3-3 查分度值为 0.01mm 的外径千分尺，在尺寸 50~100mm 范围内，不确定度数 $u = 0.005$mm，因此 $u < u_1$，故可满足使用要求。

最终选用分度值为 0.01mm 的外径千分尺进行检测。

本 章 小 结

1. 技术测量基础知识

主要包括：测量的含义及测量四要素，量块的基本知识，计量器具的分类及其基本技术指标，测量误差的特点、分类和数据处理方法。

2. 光滑工件尺寸的检测

为保证零件的合格性，在零件验收过程中应避免出现"误收""误废"的现象。需确定零件的验收极限尺寸，根据计量器具的不确定度选择合适的计量仪器。

思 考 与 练 习

1. "测量"的含义是什么？测量的四要素是什么？
2. 量块的"级"和"等"是根据什么因素划分的？"等"和"级"的使用有何不同？
3. 计量器具的基本技术指标有哪些？
4. 何为测量误差？测量误差的主要来源有哪些？
5. 测量误差有哪几种？应如何进行处理？
6. 试从83块一套的量块中，组合下列尺寸。

1）28.785mm；2）38.935mm；3）57.965mm。

7. 按照光滑工件尺寸的检验标准选择下列尺寸检验的计量器具，并确定验收极限。

1）$\phi 50f7$；2）$\phi 200h9$。

第 4 章
几何公差及其检测

📖 学习重点：

几何公差的定义、特点和标注方法。

📖 学习难点：

几何公差带的定义及公差原则；几何公差的选用。

📖 学习目标：

1) 熟记几何公差特征项目的名称及符号。
2) 学会分析典型几何公差带的四要素，并熟悉其特点。
3) 掌握几何公差的正确标注。
4) 熟悉公差原则的标注和含义，掌握独立原则、包容要求和最大实体要求的术语定义。
5) 初步掌握几何公差的选用方法。
6) 掌握几何公差的检测方法。

在机械加工过程中，零件表面、轴线、中心对称平面等要素的实际形状、方向和位置相对于所要求的理想形状、方向和位置不可避免地存在着误差，不仅包括尺寸误差，还包括几何误差，如图 4-1 所示。几何误差包括形状误差、方向误差、位置误差和跳动误差。

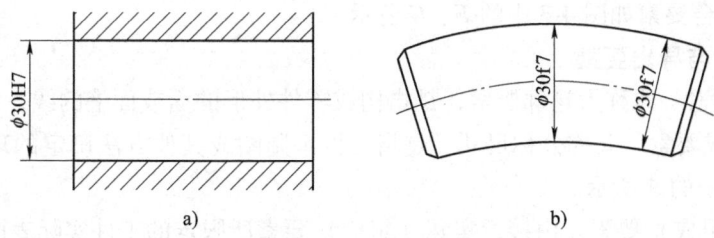

图 4-1 几何误差示例

4.1 概述

零件的几何误差直接影响机械产品的工作精度、连接强度、运动平稳性、密封性、耐磨性和使用寿命等。例如，在孔、轴配合中，形状误差会使间隙配合的间隙分布不均匀，加快局部磨损、降低零件寿命；对于过盈配合，则使各处过盈量不一致，影响连接强度。具体到实例中，如机床导轨的直线度会影响机床刀架的运动精度；若法兰盘端面上孔的位置有误差，则会影响零件的装配精度；齿轮轴线的平行度会影响齿轮的啮合精度和承载能力。因此，在机械加工中，不但要限制零件的尺寸误差，还必须根据零件的使用要求和经济性，对零件的几何误差加以限制，即对零件的几何要素规定相应的几何公差。零件的几何公差在旧的公差标准体系中称为形位公差。

4.1.1 几何公差的研究对象

几何公差是用来限制形状和位置误差的参数。几何公差的研究对象是零件的几何要素。构成零件几何特征的点、线、面统称为零件的几何要素，简称要素。如图4-2所示，图a所示零件的球心、锥顶、圆柱面和圆锥面的素线、轴线、球面、圆柱面和圆锥面，图b所示零件中槽的中心平面等均为要素。

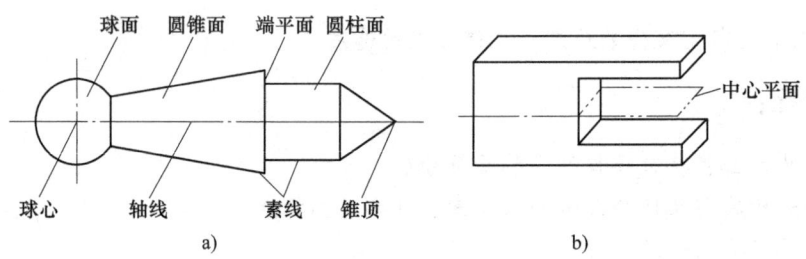

图4-2 零件的几何要素

1. 提取要素和拟合要素

提取要素是指按照规定方法由实际要素提取有限数目的点所形成的实际要素的近似替代，因为加工误差不可避免，所以实际要素总是偏离其理想要素，又由于测量误差总是客观存在的，故提取要素并非该实际要素的真实状态，提取要素如图4-3中的D、E所示。

拟合要素原称为理想要素，它是按设计要求，在图样上给定的点、线、面的理想状态，即不存在任何误差的纯几何的点、线、面，它在检测过程中是评定实际（组成）要素几何误差的依据，拟合要素如图4-3中的F、G所示。

2. 组成要素与导出要素

（1）组成要素　原称为轮廓要素，是指构成零件外形的面或面上的线，它包括：

1）公称组成要素。又称公称尺寸，是指由技术制图或其他方法确定的理论正确的组成要素，如图4-3中的A所示。

2）实际（组成）要素。由接近实际（组成）要素所限定的工件实际表面的组成要素部分。是由加工得到的实际存在并将整个工件与周围介质分隔的要素，如图4-3中的C所示。

3）提取组成要素。按规定的方法，由实际（组成）要素提取有限数目的点所形成的实际（组成）要素的近似替代，如图4-3中的D所示。

（2）导出要素　原称为中心要素，是指由一个或几个组成要素得到的中心点、中心线或中心面，它包括：

1) 公称导出要素。由一个或几个公称组成要素导出的中心点、中心线或中心面，如图 4-3 中的 B 所示。

2) 提取导出要素。由一个或几个提取组成要素导出的中心点、中心线或中心面，如图 4-3 中的 E 所示。

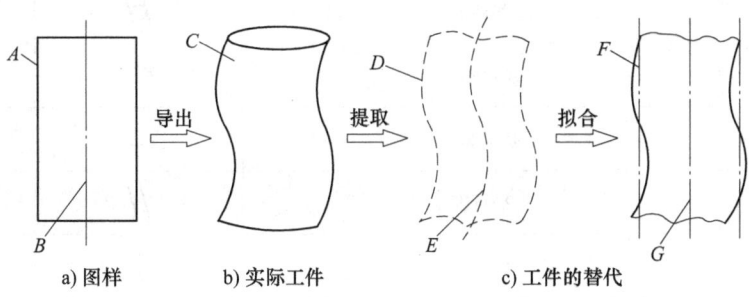

图 4-3 几何要素的含义

A—公称组成要素 B—公称导出要素 C—实际（组成）要素 D—提取组成要素
E—提取导出要素 F—拟合组成要素 G—拟合导出要素

3. 被测要素与基准要素

（1）被测要素 是指设计图样上给出了几何公差要求的要素。它包括单一要素与关联要素两种。

1) 单一要素。单一要素指的是仅对其本身给出形状公差的要素。图样上给出的形状公差均属此类，图 4-4 中的直线度即为单一要素。

2) 关联要素。关联要素是指与其他要素有功能关系的要素（如图样上给定了位置公差的要素）。图 4-4 中轴线对零件下端面的平行度即为关联要素。

（2）基准要素 是指用来确定被测要素方向和位置的要素，如图 4-4 中工件的下端面。

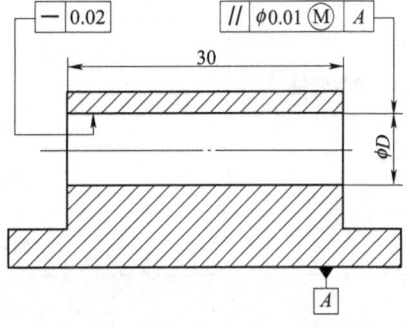

图 4-4 几何公差标注图

4.1.2 几何公差项目及符号

国家标准 GB/T 1182—2008 将几何公差分为形状公差、方向公差、位置公差和跳动公差 4 类。根据几何特征，共规定了 19 种几何特征项目：形状公差包括直线度、平面度、圆度、圆柱度、线轮廓度和面轮廓度 6 种，方向公差包括平行度、垂直度、倾斜度、线轮廓度和面轮廓度 5 种，位置公差包括位置度、对称度、同轴度、同心度、线轮廓度和面轮廓度 6 种，跳动公差包括圆跳动和全跳动 2 种。几何特征符号和附加符号见表 4-1 和表 4-2。

表 4-1 几何特征符号

公差类型	几何特征	符号	有无基准
形状公差	直线度	—	无
	平面度	▱	无

(续)

公差类型	几何特征	符号	有无基准
形状公差	圆度	○	无
	圆柱度	⌭	无
	线轮廓度	⌒	无
	面轮廓度	⌓	无
方向公差	平行度	∥	有
	垂直度	⊥	有
	倾斜度	∠	有
	线轮廓度	⌒	有
	面轮廓度	⌓	有
位置公差	位置度	⌖	有或无
	同心度（用于中心点）	◎	有
	同轴度（用于轴线）	◎	有
	对称度	⌯	有
	线轮廓度	⌒	有
	面轮廓度	⌓	有
跳动公差	圆跳动	↗	有
	全跳动	⌰	有

表 4-2 附加符号

说明	符号	说明	符号
被测要素	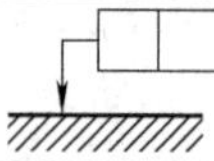	基准要素	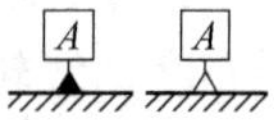 *A* *A*
理论正确尺寸	50	公共公差带	CZ
延伸公差带	Ⓟ	小径	LD
最大实体要求	Ⓜ	大径	MD
最小实体要求	Ⓛ	中径、节径	PD

(续)

说明	符号	说明	符号
自由状态条件（非刚性零件）	Ⓕ	线素	LE
全周（轮廓）	↗○	不凸起	NC
包容要求	Ⓔ	任意横截面	ACS
基准目标	⌀2/A1		

注：1. GB/T 1182—1996 中规定的基准符号为 Ⓐ，此符号已不再使用。

2. 如需标注可逆要求，可采用符号 Ⓡ，见 GB/T 16671。

4.1.3 几何公差带的意义和特征

几何公差是实际被测要素相对于图样上给定的理想形状、理想位置的允许变动量。几何公差带是用来限制实际被测要素变动的区域，是几何误差允许的最大变动值。

研究几何公差的关键问题是研究实际被测要素变动的区域。这个区域是个几何图形，它可以是平面区域或空间区域。只要实际被测要素能全部落在给定的公差带内，就表明该实际被测要素合格。

确定几何公差带应考虑其形状、大小、方向、位置四个特征要素。

1）形状。几何公差带的形状由被测要素的理想形状和给定的公差特征项目决定。常见的几何公差带形状如图 4-5 所示。

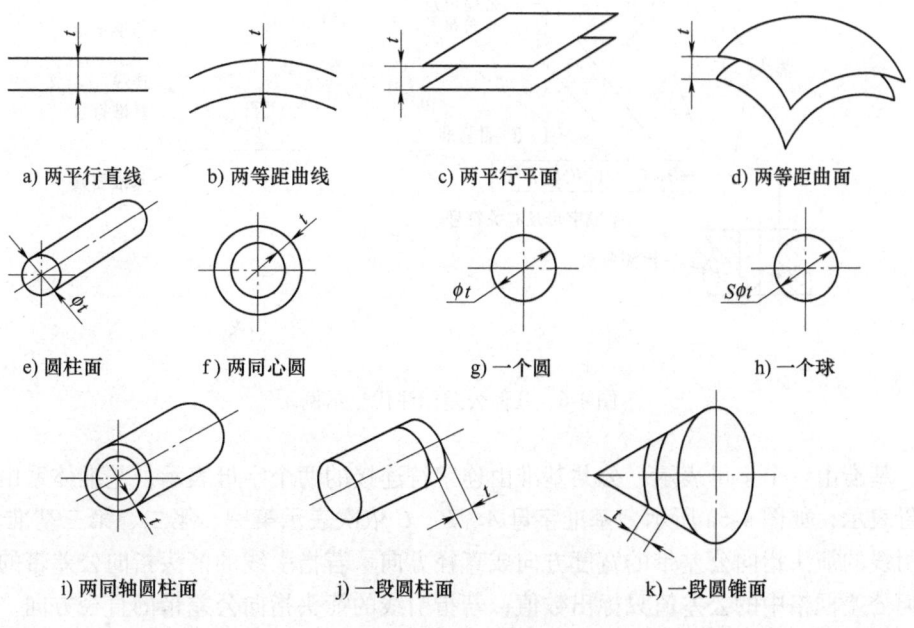

a) 两平行直线　b) 两等距曲线　c) 两平行平面　d) 两等距曲面
e) 圆柱面　f) 两同心圆　g) 一个圆　h) 一个球
i) 两同轴圆柱面　j) 一段圆柱面　k) 一段圆锥面

图 4-5 几何公差带形状

2)大小。几何公差带的大小指公差带的宽度 t 或直径 ϕt，取值大小取决于被测要素的形状和功能要求。

3)方向。几何公差带的宽度方向为被测要素的法向，指引线箭头的方向并不影响对公差带的定义，或者说公差带的宽度方向并不是指引线箭头的方向确定的，另有规定除外。

4)位置。几何公差带的位置有固定和浮动两种。所谓固定，是指公差带的位置不随实际（组成）要素的变动而变化；所谓浮动，是指公差带的位置随实际（组成）要素的变化（上升或下降）而浮动。

4.1.4 几何公差的标注

1. 几何公差框格

几何公差代号包括几何公差框格、带箭头的指引线、几何特征符号、几何公差值、有关符号以及基准符号等，如图 4-6a 所示。

对被测要素几何公差的要求应填写在几何公差框格内。几何公差框格由两格或多格组成，它可以水平放置，也可以垂直放置。各格按规定从左到右填写框格内容，第一格为几何特征符号，第二格为公差值和有关符号，第三格起为代表基准的字母。

相对于被测要素的基准，用基准符号表示在基准要素上，基准代号用一个大写英文字母标注在基准方格内，并与一个涂黑的三角形相连，如图 4-6b 所示。基准字母应与公差框格内的字母相对应，无论基准代号的方向如何，基准字母均应水平书写。为了避免混淆，基准字母不得采用 E、F、I、J、L、M、O、P、R 这几个字母。

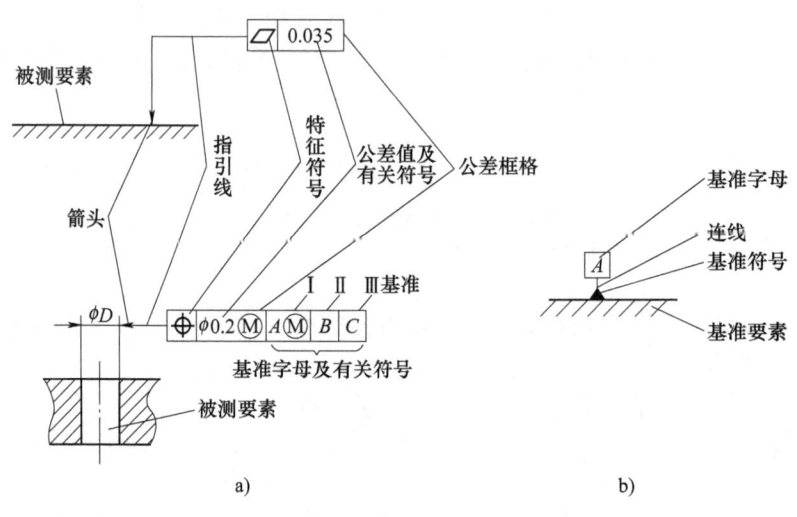

图 4-6 几何公差标注代号示例

单一基准由一个字母表示，公共基准由连字符连接的两个字母表示，基准体系由两个或三个字母表示，如图 4-6a 所示，基准字母 A、B、C 依次表示第一、第二、第三基准。

指引线的箭头指向公差带的宽度方向或直径方向。若指引线的箭头指向公差带的宽度方向，几何公差框格中的公差值只标出数值；若指引线的箭头指向公差带的直径方向，几何公差框格中的公差值前加注"ϕ"；若公差带是球体，则在公差值前加注"$S\phi$"。

2. 被测要素标注

几何公差的标注如尺寸公差标注一样，应按国标规定正确而完整地标注在图样上。几何公差采用框格代号标注。只有在无法采用代号标注，或采用代号标注过于复杂时，才允许在图样的技术要求中用文字说明。几何公差被测要素的标注见表 4-3。

表 4-3 被测要素的标注

解释	图例
当被测要素是组成要素时，箭头应指向该要素的轮廓线或轮廓线的延长线，但必须与尺寸线明显错开	
当被测要素是导出要素时，箭头应与尺寸线的延长线重合 被测要素指引线的箭头可代替一个尺寸箭头	
受图形限制，需表示图样中某要素的几何公差要求时，可由黑点自被测面引出参考线，箭头指向该参考线	
仅对被测要素的指定局部提出几何公差要求，可用粗点画线画出其范围，并标注尺寸	

3. 基准要素标注

几何公差基准要素的标注见表4-4。

表 4-4　基准要素的标注

解释	图例
当基准要素是组成要素时，基准符号中的基准三角形应靠近基准要素的轮廓线或其延长线，但必须与尺寸线明显错开，基准三角形也可放置在该轮廓面引出线的水平线上	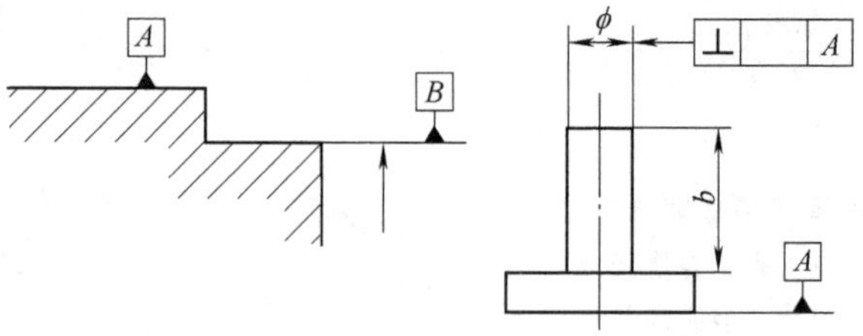
当基准要素是导出要素时，基准符号中的基准三角形应放置在该尺寸线的延长线上，并与尺寸线明显对齐，基准符号中的基准三角形也可代替尺寸线中的一个箭头	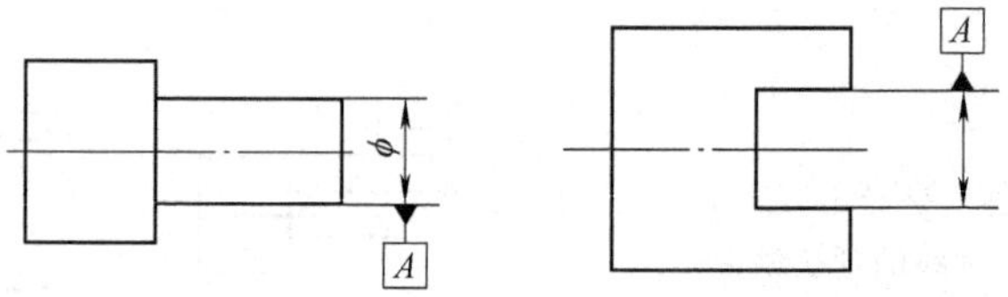
受图形限制，需表示某要素为基准要素时，可由黑点自被测面引出参考线，基准三角形可置于引出线的水平线上	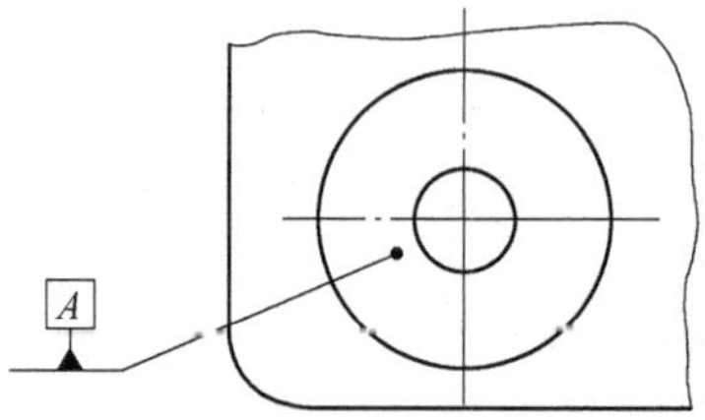
仅用要素的局部而不是整体作为基准要素时，可用粗点画线画出其范围，并标注尺寸，如图a所示；基准三角形也可放置在该轮廓面引出线的水平线上，如图b所示	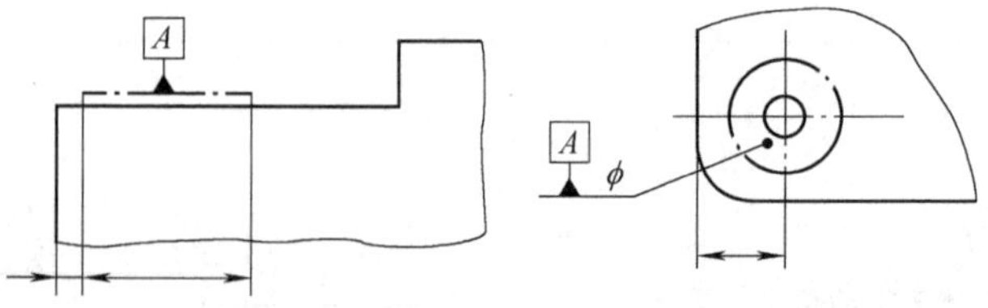 a)　　　b)

4. 特殊标注

几何公差特殊标注见表4-5。

表 4-5　几何公差特殊标注

序号	名称		解释	图例
1	简化标注	同一要素有多项几何公差要求	若各几何公差标注方法一致，可以将这几项要求的公差框格重叠绘出，只用一条指引线引向被测要素	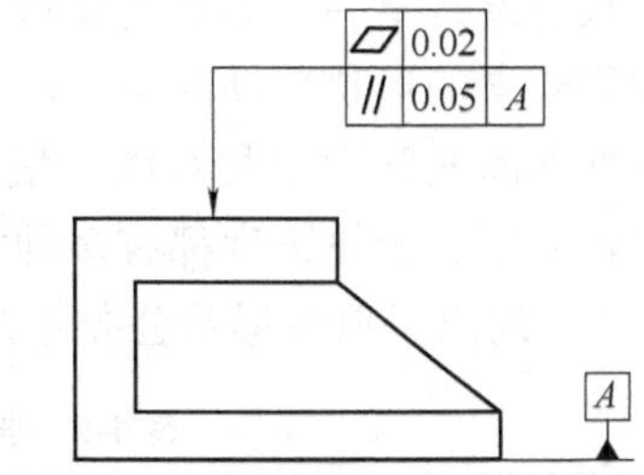
		多个要素有相同的几何公差要求	用一个公差框格，自框格一端引出多根指引线指向被测要素，如图 a 所示；若结构相同的几个要素有相同的几何公差，可只对其中一个要素进行标注，其余在框格上方说明，如图 b 所示	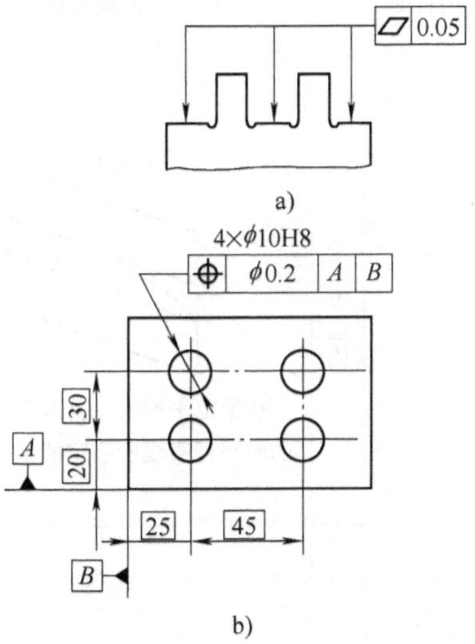 a) 4×φ10H8 b)
		多个被测要素具有共同的几何公差要求	多个被测要素给出单一公差带时，在公差框格内公差值的后面加注公共公差带符号"CZ"	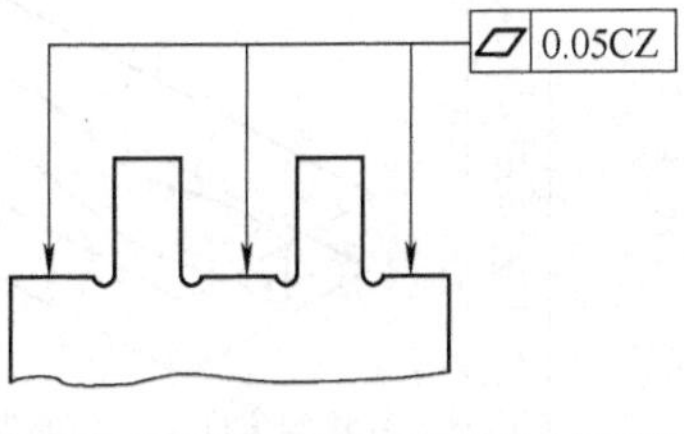
2	全周符号		当被测要素为横截面的整周轮廓或由该轮廓所示的整周表面时，应在指引线的转折处加注全周符号	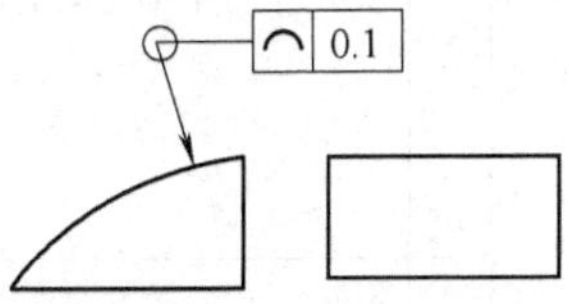
3	对误差值的进一步限制		对同一被测要素，如在全长上给出公差值的同时，又要求在任一长度上进行进一步的限制，可同时给出全长和任意长度上的两项要求，任一长度的公差值要求用分数表示	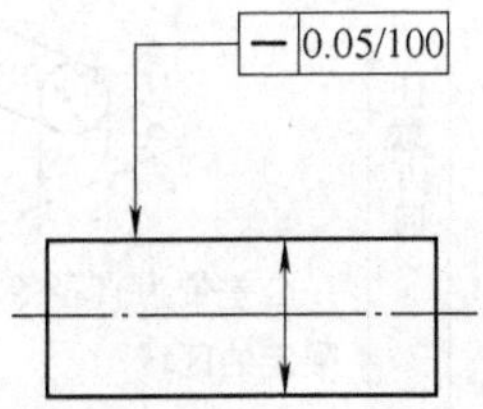

4.2 形状公差

形状公差是单一实际被测要素对其理想要素所允许的变动全量。形状公差带是限制单一实际被测要素的形状变动区域。形状公差包括直线度、平面度、圆度、圆柱度、没有基准的线轮廓度和面轮廓度，共 6 项。根据被测要素的结构特征和对被测要素要求的不同，直线度、线轮廓度、面轮廓度都有多种类型。

表 4-6 列出了典型形状公差带及其解释、标注示例。

表 4-6 典型形状公差带及其解释、标注示例

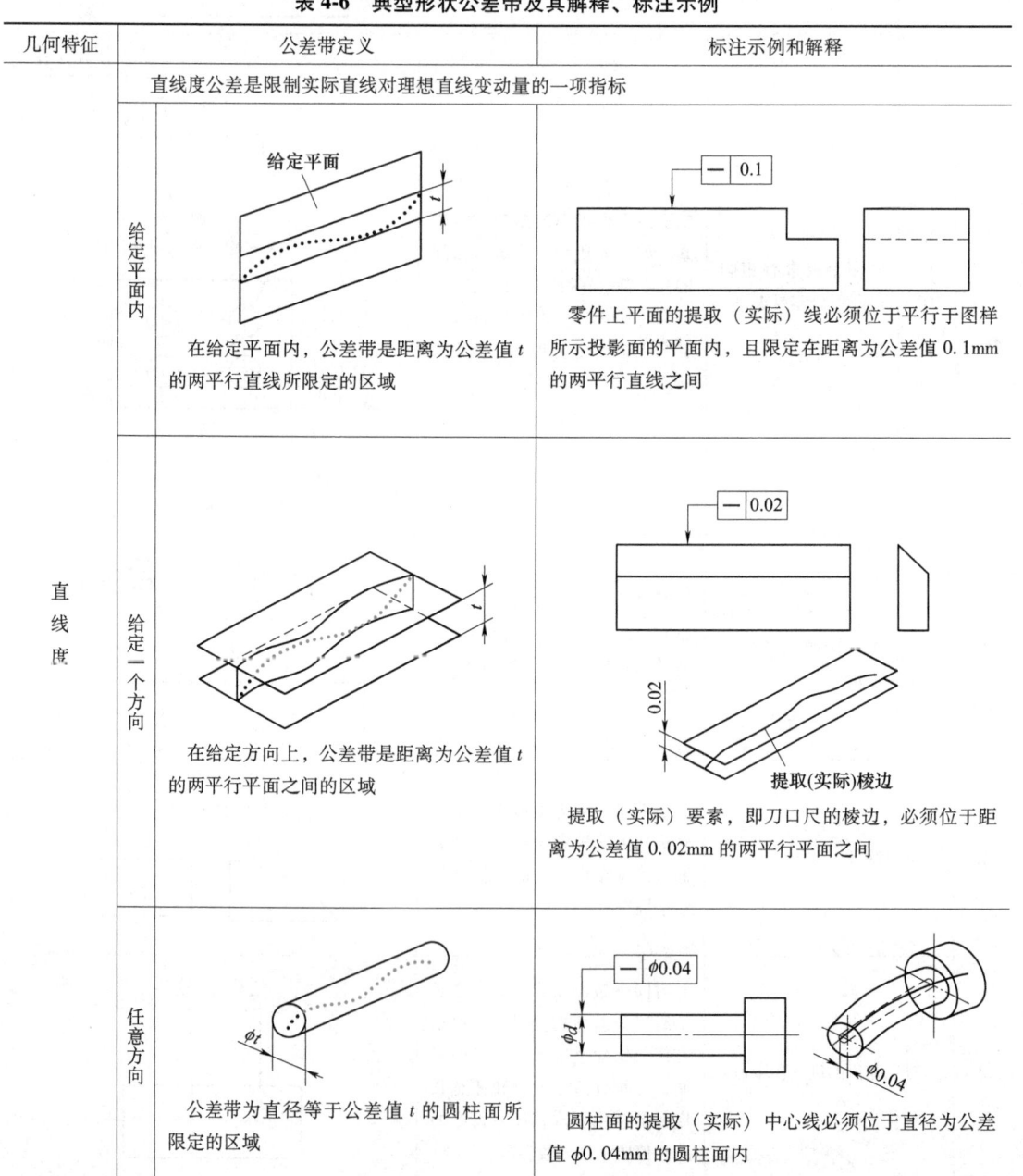

(续)

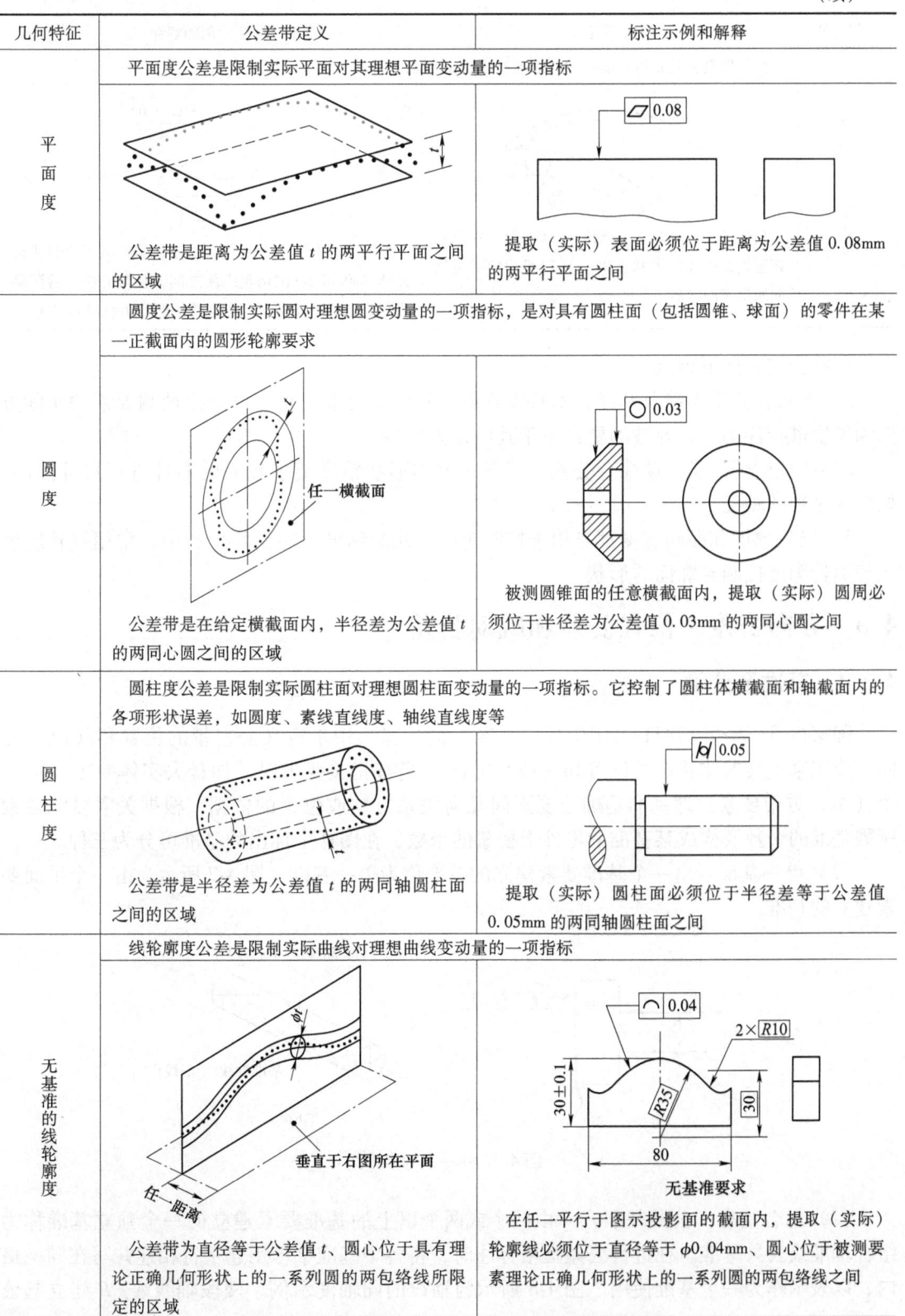

(续)

几何特征	公差带定义	标注示例和解释
无基准的面轮廓度	面轮廓度公差是限制实际曲面对理想曲面变动量的一项指标	
	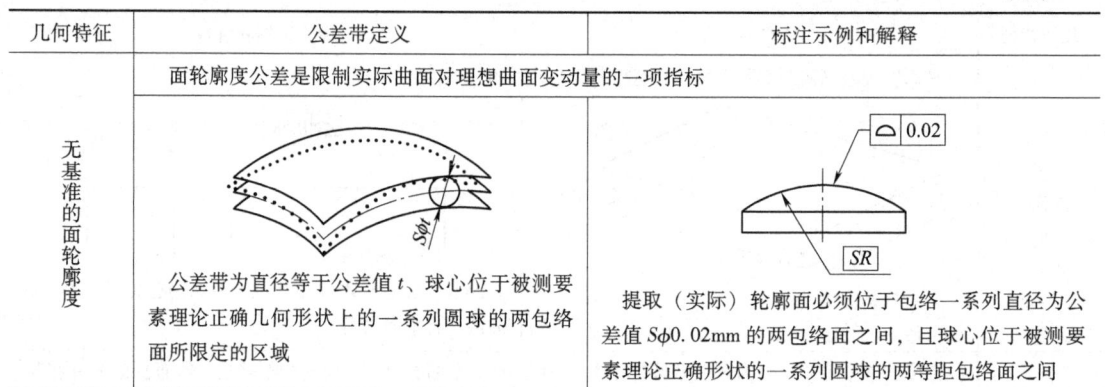	
	公差带为直径等于公差值 t、球心位于被测要素理论正确几何形状上的一系列圆球的两包络面所限定的区域	提取（实际）轮廓面必须位于包络一系列直径为公差值 $S\phi0.02$mm 的两包络面之间，且球心位于被测要素理论正确形状的一系列圆球的两等距包络面之间

形状公差有如下特点：

1) 形状公差带不涉及基准，本身没有方向和位置要求，它可以根据被测要素的实际方向和位置进行浮动，只要被测要素位于其中即为合格。

2) 圆柱度公差是一项综合公差，用于对整体形状精度要求较高的零件进行尺寸限制，如机床主轴的轴径。

3) 线轮廓度和面轮廓度都是用于控制轮廓形状的精度。在实际生产中，常用线轮廓度代替面轮廓度控制轮廓面的形状。

4.3 方向公差、位置公差和跳动公差

4.3.1 基准及分类

国家标准 GB/T 17851—2010 对"基准"的定义：用来定义公差带的位置和（或）方向，或用来定义实体状态的位置和（或）方向（当有相关要求时，如最大实体要求）的一个（组）方位要素。即基准是确定要素间几何关系方向或位置的依据。根据关联被测要素所需基准的个数及构成某基准的零件上要素的个数，在图样上标出的基准可分为三种。

（1）单一基准 由一个基准要素建立的基准称为单一基准。图 4-7 所示为由一个平面要素建立的基准。

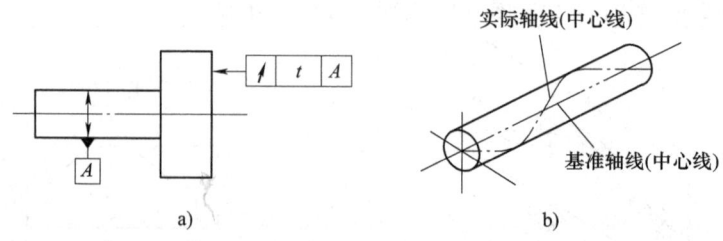

图 4-7 单一基准实例

（2）组合基准（公共基准） 由两个或两个以上的基准要素建立的一个独立基准称为组合基准或公共基准。在进行公差框格标注时，将各个基准字母用连字符相连并写在同一格内，以表示作为一个基准使用。图 4-8 所示为轴线的同轴度示例，两段轴线 A、B 建立起公

共基准 A-B。

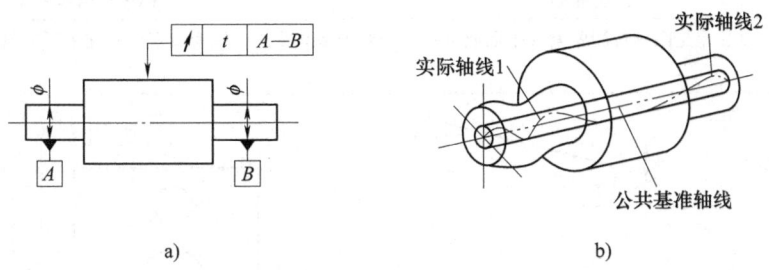

图 4-8 组合基准实例

（3）基准体系（三基面体系） 由两个或三个相互之间有确定关系的基准共同确定的基准称为基准体系。相互垂直的两平面基准或三平面基准是常见的基准体系形式。应用基准体系时，要特别注意基准的顺序，填在框格第三格的称为第一基准，其后依次为第二、第三基准。如图 4-9 所示，三个基准平面按标注顺序分别判别为：基准 A 为第一基准平面、基准 B 为第二基准平面、基准 C 为第三基准平面。

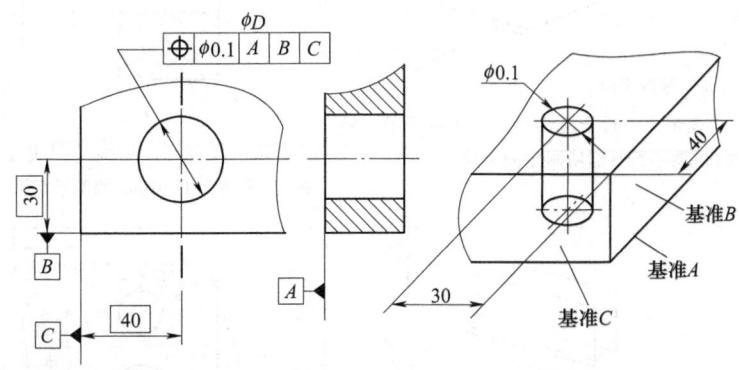

图 4-9 基准体系

4.3.2 方向公差

方向公差是被测要素相对基准在方向上允许的变动全量。方向公差包括平行度、垂直度、倾斜度、有基准的线轮廓度和面轮廓度。典型方向公差带的定义、标注示例和解释见表 4-7。

方向公差具有如下特点：

1）方向公差带相对于基准有确定的方向，而其位置往往是浮动的。

2）方向公差带具有综合控制被测要素的方向和形状的功能。如平面的平行度公差，可以控制该平面的平面度和直线度误差；轴线的垂直度公差可以控制该轴线的直线度误差。因此，在保证功能要求的前提下，规定了方向公差的要素，一般不再规定形状公差；只在需要对该要素的形状有进一步要求时，同时给出形状公差，但其公差数值应小于方向公差值。

表 4-7　典型方向公差带的定义、标注示例和解释

几何特征		公差带定义	标注示例和解释
平行度		平行度公差是限制被测要素（平面或直线）相对于基准要素（平面或直线）在平行方向上变动量的一项指标	
	线对基准线的平行度公差	A—基准轴线 若公差值前加注了符号 ϕ，公差带为平行于基准轴线、直径等于公差值 ϕt 的圆柱面所限定的区域	提取（实际）中心线须位于平行于基准轴线 A_1 直径等于公差值 $\phi 0.03$mm 的圆柱面内
	线对基准面的平行度公差	A—基准平面 公差带为平行于基准平面、间距等于公差值 t 的两平行平面所限定的区域	提取（实际）中心线应限定在平行于基准平面 B、间距等于 0.01mm 的两平行平面之间
	线对基准体系的平行度公差	A—基准轴线 B—基准平面 公差带为间距等于公差值 t、平行于基准轴线 A 且垂直于基准平面 B 的两平行平面所限定的区域	提取（实际）中心线应限定在间距等于 0.1mm 的两平行平面之间，两平行平面平行于基准轴线 A 且垂直于基准平面 B
	面对基准面的平行度公差	A—基准平面 公差带为距离等于公差值 t，且平行于基准平面 A 的两平行平面所限定的区域	提取（实际）表面必须位于间距等于公差值 0.05mm，且平行于基准表面 A 的两平行平面之间

(续)

几何特征		公差带定义	标注示例和解释
平行度	面对基准线的平行度公差	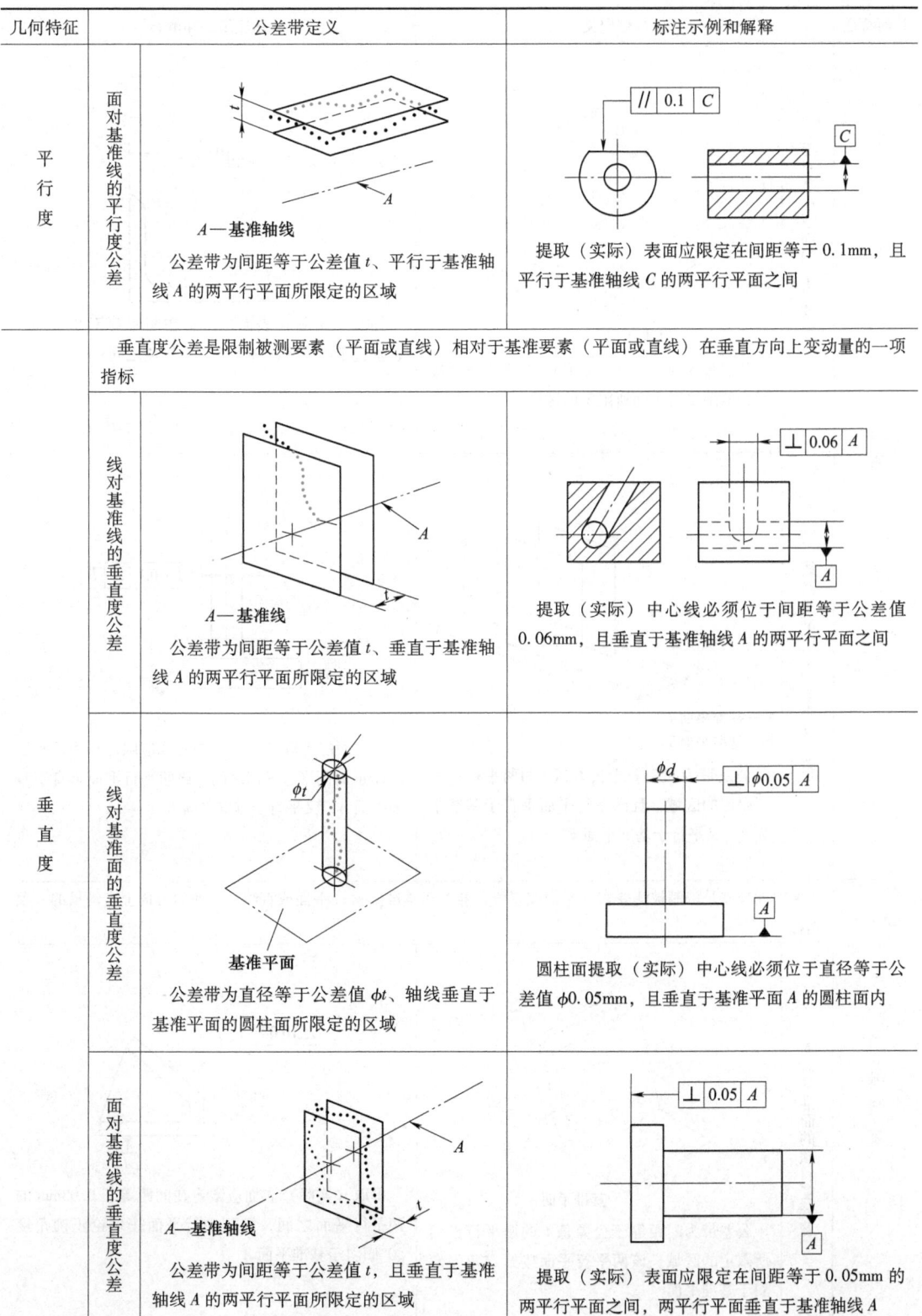 A—基准轴线 公差带为间距等于公差值 t、平行于基准轴线 A 的两平行平面所限定的区域	提取（实际）表面应限定在间距等于 0.1mm，且平行于基准轴线 C 的两平行平面之间
垂直度		垂直度公差是限制被测要素（平面或直线）相对于基准要素（平面或直线）在垂直方向上变动量的一项指标	
	线对基准线的垂直度公差	A—基准线 公差带为间距等于公差值 t、垂直于基准轴线 A 的两平行平面所限定的区域	提取（实际）中心线必须位于间距等于公差值 0.06mm，且垂直于基准轴线 A 的两平行平面之间
	线对基准面的垂直度公差	基准平面 公差带为直径等于公差值 ϕt、轴线垂直于基准平面的圆柱面所限定的区域	圆柱面提取（实际）中心线必须位于直径等于公差值 $\phi 0.05$mm，且垂直于基准平面 A 的圆柱面内
	面对基准线的垂直度公差	A—基准轴线 公差带为间距等于公差值 t，且垂直于基准轴线 A 的两平行平面所限定的区域	提取（实际）表面应限定在间距等于 0.05mm 的两平行平面之间，两平行平面垂直于基准轴线 A

(续)

几何特征		公差带定义	标注示例和解释
垂直度	面对基准平面的垂直度公差	公差带为间距等于公差值 t，且垂直于基准平面的两平行平面所限定的区域	提取（实际）表面应限定在间距等于 0.05mm，且垂直于基准平面 A 的两平行平面之间
	线对基准体系的垂直度公差	a—基准平面 A； b—基准平面 B。 公差带为间距等于公差值 t 的两平行平面所限定的区域，且两平行平面垂直于基准平面 A，又平行于基准平面 B	圆柱面的提取（实际）中心线应限定在间距等于 0.1mm 的两平行平面之间，该两平行平面垂直于基准平面 A，又平行于基准平面 B
倾斜度	倾斜度公差是限制被测要素（平面或直线）相对于基准要素（平面或直线）在倾斜方向上变动量的一项指标		
	面对基准面的倾斜度公差	公差带为间距等于公差值 t 的两平行平面所限定的区域，该两平行平面按给定角度倾斜于基准平面	提取（实际）表面应限定在间距等于 0.08mm 的两平行平面之间，且两平行平面按理论正确角度 40°倾斜于基准平面 A

(续)

几何特征	公差带定义	标注示例和解释
倾斜度 线对基准面的倾斜度公差	a—基准平面A；b—基准平面B。公差值前加注符号 φ，公差带为直径等于公差值 φt 的圆柱面所限定的区域。该圆柱面公差带的轴线按给定角度倾斜于基准平面 A 且平行于基准平面 B	提取（实际）中心线必须位于直径等于公差值 φ0.05mm 的圆柱面内，该圆柱面的中心线按理论正确角度60°倾斜于基准平面 A 且平行于基准平面 B
倾斜度 面对基准线的倾斜度公差	公差带为间距等于公差值 t 的两平行平面所限定的区域，该两平行平面按给定角度 α 倾斜于基准轴线	提取（实际）表面必须位于间距等于公差值 0.1mm，且与基准轴线 D 成理论正确角度75°的两平行平面之间
倾斜度 线对基准线的倾斜度公差	公差带为间距等于公差值 t 的两平行平面所限定的区域，且两平行平面按给定角度倾斜于基准轴线	提取（实际）中心线应限定在间距等于0.08mm 的两平行平面之间，且两平行平面按理论正确角度60°倾斜于公共基准轴线 A—B

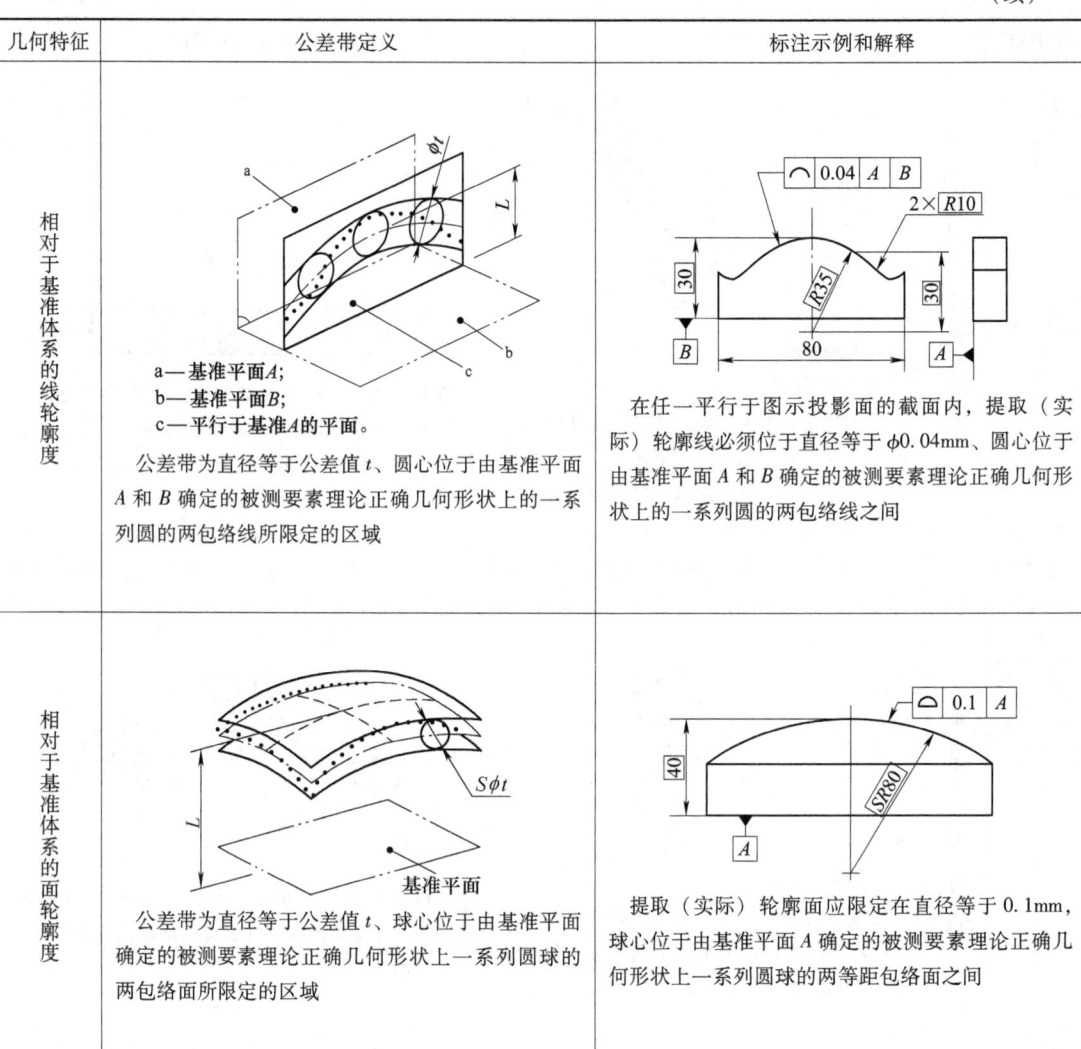

4.3.3 位置公差

位置公差是关联被测要素相对基准在位置上允许的变动全量。位置公差包括位置度、同轴度、同心度、对称度,以及有基准的线轮廓度和面轮廓度。当被测要素和基准要素都是中心要素时,要求重合或共面时可用同轴度,其他情况规定位置度。典型位置公差带的定义、标注示例和解释见表4-8。

表4-8 典型位置公差带的定义、标注示例和解释

几何特征	公差带定义	标注示例和解释
位置度	位置度公差是用来限制被测点、线、面的实际位置相对其理想位置变动量的一项指标,其理想位置是由基准和理论正确尺寸确定的。理论正确尺寸是不附带公差的精确尺寸,表示被测理想要素到基准之间的距离,在图样上用加方框的数字表示	

(续)

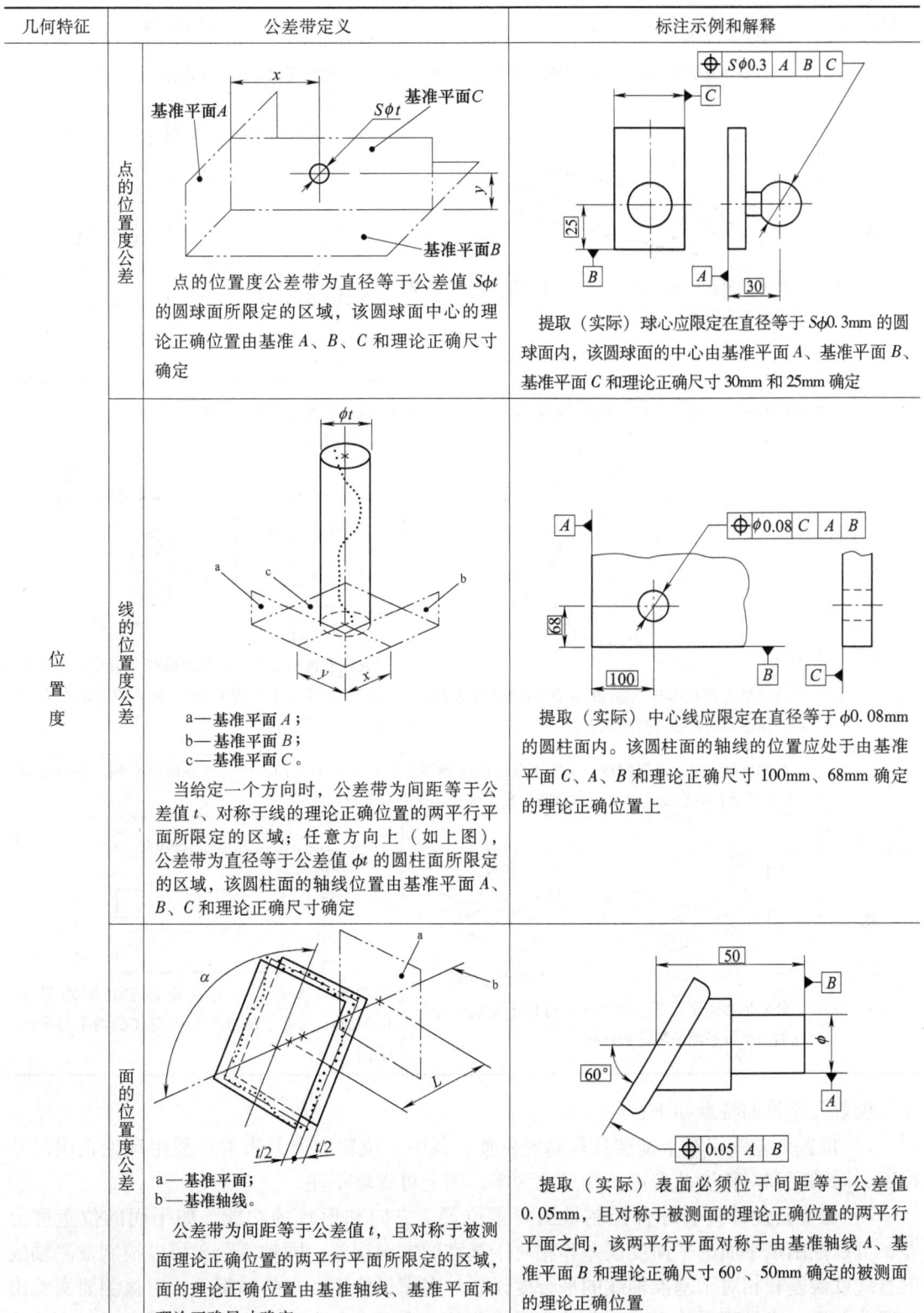

（续）

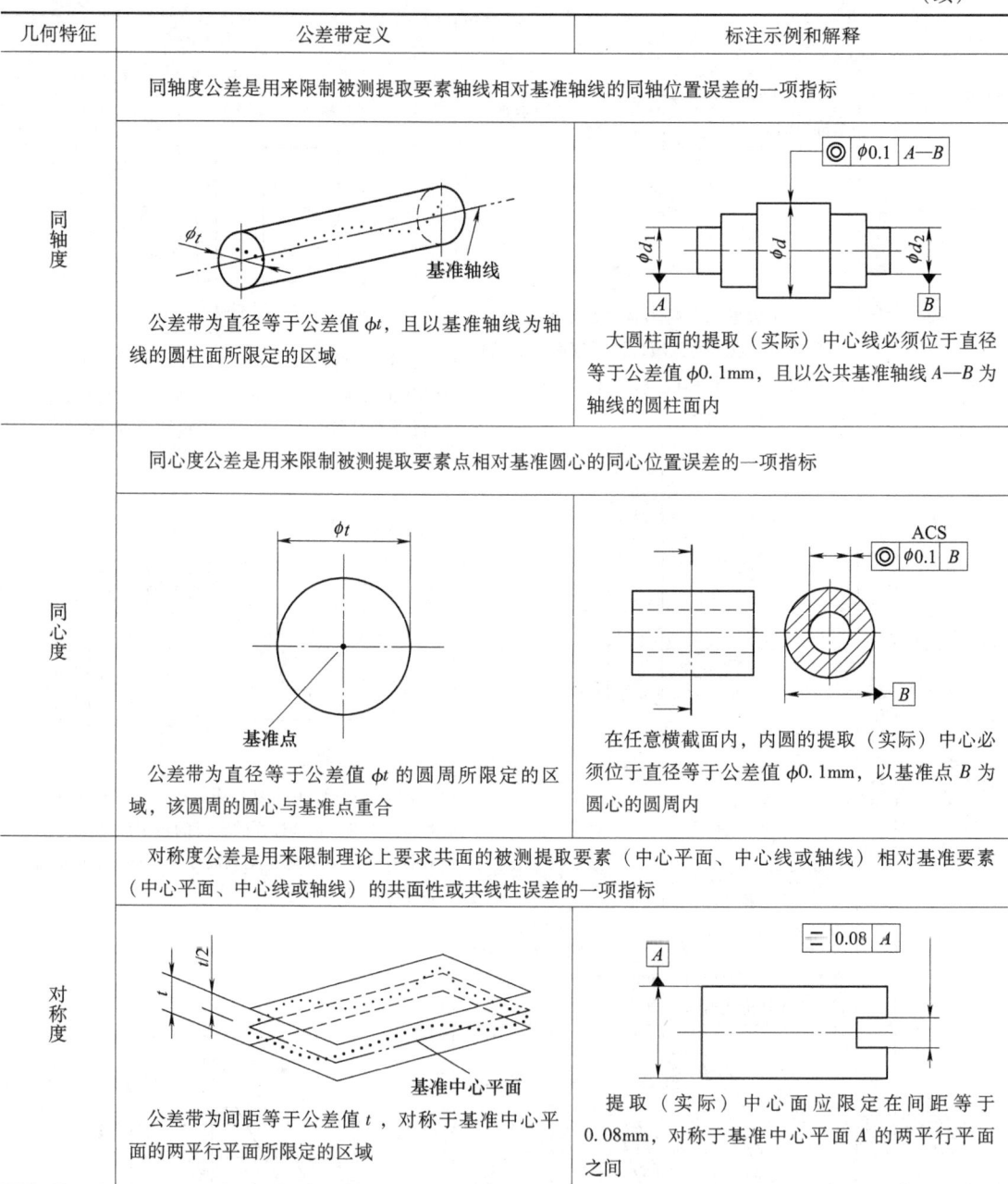

位置公差带的特点如下：

1）位置公差带相对于基准具有确定位置。其中，位置度公差带的位置由理论正确尺寸确定，同轴度和对称度的理论正确尺寸为零，图上可省略不注。

2）位置公差带具有综合控制被测要素位置、方向和形状的功能。如平面的位置度公差，可以控制该平面的平面度误差和相对于基准的方向误差；同轴度公差可以控制被测轴线的直线度误差和相对于基准轴线的平行度误差。在满足使用要求的前提下，对被测要素给出位置公差后，通常不再给出方向公差和形状公差。在对方向和形状有进一步要求时，可再给出方向或形状公差,但其公差数值应小于位置公差值。

4.3.4 跳动公差

跳动公差是指实际被测要素绕基准轴线回转一周或连续回转时所允许的最大变动量。与前面各项公差项目不同,跳动公差是针对特定的测量方式而规定的公差项目。跳动误差等于指示表指针在给定方向上指示的最大读数与最小读数之差。

跳动公差有圆跳动公差和全跳动公差。圆跳动误差是指被测实际要素绕基准轴线无轴向移动地回转一周时,由位置固定的指示器在给定方向上测得的最大读数与最小读数之差,取各测量面上圆跳动的最大值作为被测表面的圆跳动误差。全跳动误差是指被测实际要素绕基准轴线做无轴向移动的回转时,同时指示器沿理想素线连续移动时,由指示器在给定方向上测得的最大读数与最小读数之差。典型跳动公差带的定义、标注示例和解释见表4-9。

表4-9 典型跳动公差带的定义、标注示例和解释

几何特征		公差带定义	标注示例和解释
圆跳动	径向圆跳动公差	圆跳动公差是指被测提取要素在某一固定参考点绕基准轴线旋转一周时所允许的最大跳动量 公差带为在任一垂直于基准轴线的横截面内、半径差等于公差值 t,且圆心在基准轴线上的两同心圆所限定的区域	在任一垂直于基准轴线 A 的横截面内,提取(实际)圆应限定在半径差等于 0.1mm,圆心在基准轴线 A 上的两同心圆之间
	轴向圆跳动公差	公差带为与基准轴线同轴的任一直径的圆柱截面上,沿轴线方向宽度等于公差值 t 的两圆所限定的圆柱面区域	在与基准轴线 D 同轴的任一圆柱形截面上,提取(实际)圆必须位于沿轴线方向宽度等于公差值 0.1mm 的圆柱面区域内

（续）

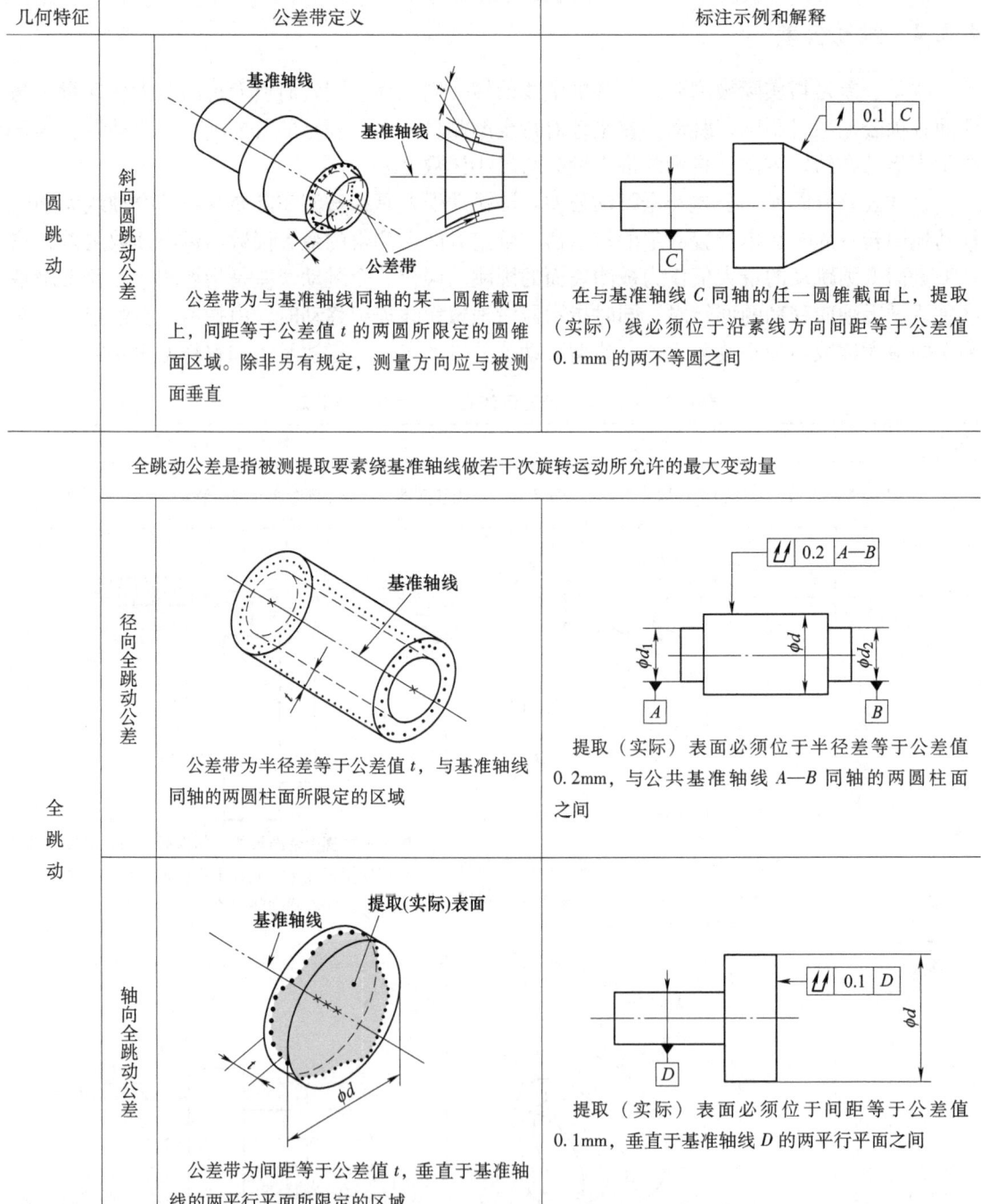

除轴向全跳动外，跳动公差有如下特点：
1）跳动公差带相对于基准有确定的位置（轴向全跳动相对于基准仅有确定的方向）。
2）跳动公差带可以综合控制被测要素的位置、方向和形状，当对某一被测要素给出跳动公差后，通常不再对该要素给出位置、方向和形状公差，如果在功能上对其有进一步要求，则给出位置、方向或形状公差，但公差数值小于跳动公差数值。

【案例】 结合图 4-10 所示几何公差标注示意图，将各几何公差标注的含义填入表 4-10 中。

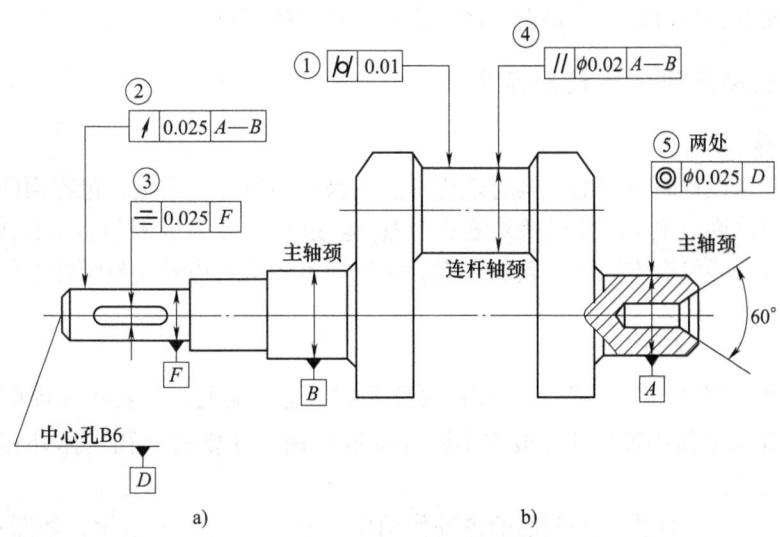

图 4-10 几何公差标注示意图

表 4-10 几何公差标注的含义解释

序号	几何特征项目	几何公差标注含义
1	圆柱度	连杆轴颈圆柱度公差为 0.01mm，连杆轴颈圆柱面必须位于半径差等于公差值 0.01mm 的两同轴圆柱面之间的区域
2	径向圆跳动	连杆最左端轴颈径向圆跳动公差为 0.025mm，基准为 A—B 公共轴线。在垂直于基准轴线 A—B 的任意测量平面内，轴颈圆柱面必须位于半径差等于公差值 0.025mm，且圆心在基准轴线 A—B 上的两同心圆之间的区域
3	对称度	左端轴颈上，键槽中心平面对其基准轴线的对称度公差为 0.025mm，基准为左端轴颈轴线 F。中心平面必须位于以基准轴线为中心的对称配置的两平行平面内
4	平行度	连杆轴颈轴线对公共轴线 A—B 的平行度公差为 $\phi 0.02$mm，基准为 A—B 轴线。连杆轴颈轴线必须位于直径为公差值 $\phi 0.02$mm，且平行于基准轴线 A—B 的圆柱面内的区域
5	同轴度	右端轴颈轴线对轴线 D 的同轴度公差为 $\phi 0.02$mm，基准为 D 轴线。被测要素必须位于公差值 $\phi 0.025$mm，且与基准轴线 D 同轴的圆柱面内

4.4 公差原则

尺寸误差和几何误差是影响零件质量的两个重要因素。因此，设计零件时，需要根据其功能和互换性要求，同时给定尺寸公差和几何公差。为了保证设计要求，正确判断零件是否合格，必须明确零件同一要素或几个要素的尺寸公差与几何公差的内在联系。公差原则就是处理尺寸公差与几何公差之间关系的原则。

有些几何误差和尺寸误差密切相关，而有些几何误差和尺寸误差又相互无关。影响零件使用性能的，有时主要是几何误差，有时主要是尺寸误差，有时则是它们的综合结果。因而，在设计工作中，按照尺寸公差与几何公差有无关系，将公差原则分为独立原则和相关要求。相关要求又分为包容要求、最大实体要求和最小实体要求。

4.4.1 有关公差原则的术语及定义

1. 理想边界

理想边界是指设计时给定的、具有理想形状的极限包容面。这里，包容面的定义是广义的，它既包括内表面（孔），又包括外表面（轴）。边界尺寸为极限包容面的直径或间距。单一要素的实效边界没有方向或位置的约束；关联要素的实效边界应与图样上给定的基准保持正确的几何关系。

2. 作用尺寸

（1）体外作用尺寸（D_{fe}、d_{fe}）　在被测要素的给定长度上，与实际（提取）外尺寸要素（轴）体外相接的最小理想面，或与实际（提取）内尺寸要素（孔）体外相接的最大理想面的直径或宽度。

对于单一要素，实际内、外表面的体外作用尺寸分别用 D_{fe}、d_{fe} 表示，如图 4-11 所示。

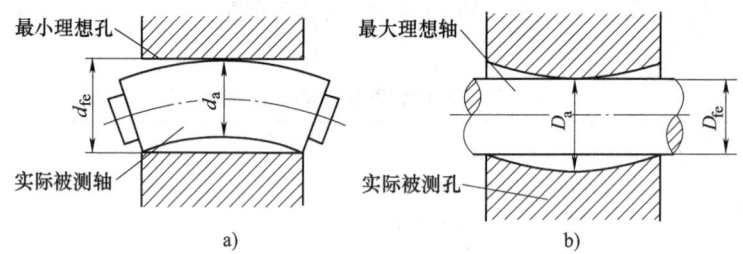

图 4-11　单一要素体外作用尺寸

对于关联要素（关联体外作用尺寸为 D'_{fe}、d'_{fe}），该理想面的轴线或中心平面必须与基准保持图样上给定的几何关系，如图 4-12 所示。

（2）体内作用尺寸（D_{fi}、d_{fi}）　在被测要素的给定长度上，与实际（提取）外尺寸要素（轴）体内相接的最大理想面，或与实际（提取）内尺寸要素（孔）体内相接的最小理想面的直径或宽度。

对于单一要素，实际内、外表面的体内作用尺寸分别用 D_{fi}、d_{fi} 表示，如图 4-13 所示。

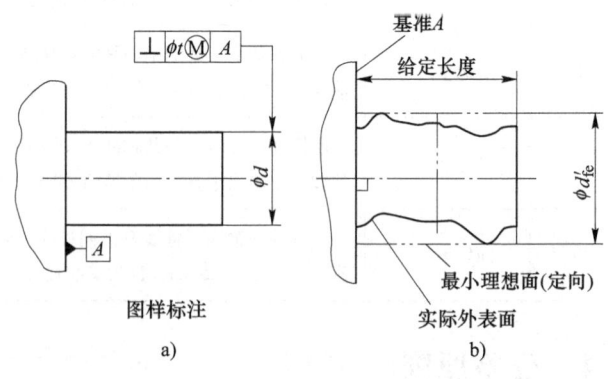

图 4-12　关联要素体外作用尺寸

对于关联要素（关联体内作用尺寸为 D'_{fi}、d'_{fi}），该理想面的轴线或中心平面必须与基准保持图样上给定的几何关系，如图 4-14 所示。

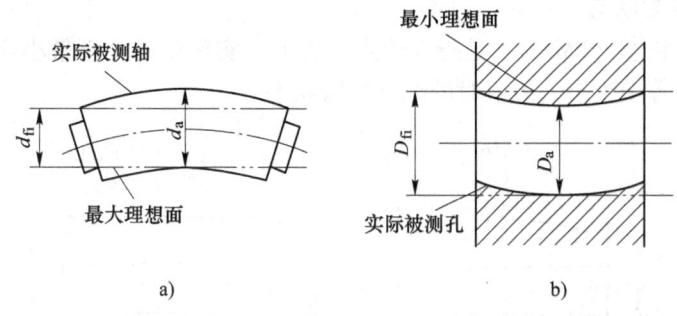

图 4-13 单一要素体内作用尺寸

3. 最大实体状态、尺寸、边界

最大实体状态（MMC）是指假定提取组成要素的局部尺寸处处位于极限尺寸且使其具有材料最多（实体最大）时的状态。

最大实体尺寸（MMS）是指确定要素最大实体状态的尺寸。即外尺寸要素的上极限尺寸，内尺寸要素的下极限尺寸。孔和轴的最大实体尺寸分别用 D_M、d_M 表示。即

$$D_M = D_{\min} \qquad d_M = d_{\max}$$

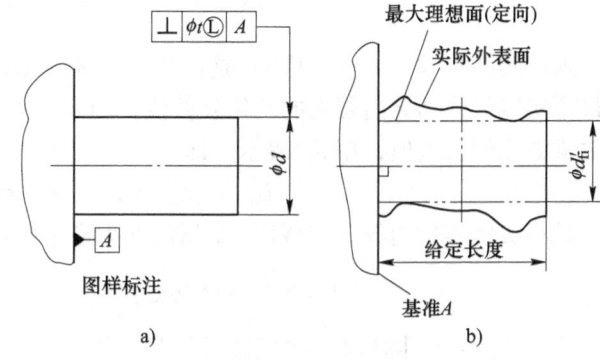

图 4-14 关联要素体内作用尺寸

最大实体边界（MMB）是指最大实体状态的理想形状的极限包容面。即尺寸为最大实体尺寸时的边界。

4. 最小实体状态、尺寸、边界

最小实体状态（LMC）是指假定提取组成要素的局部尺寸处处位于极限尺寸且使其具有材料量最少（实体最小）时的状态。

最小实体尺寸（LMS）是指确定要素最小实体状态的尺寸。即外尺寸要素的下极限尺寸，内尺寸要素的上极限尺寸。轴和孔的最小实体尺寸分别用 D_L、d_L 表示。即

$$D_L = D_{\max} \qquad d_L = d_{\min}$$

最小实体边界（LMB）是指最小实体状态的理想形状的极限包容面。即尺寸为最小实体尺寸时的边界。

5. 最大实体实效状态、尺寸、边界

最大实体实效状态（MMVC）是指在给定长度上，实际要素处于最大实体状态，且其导出要素的几何误差等于给出公差值时的综合极限状态。

最大实体实效尺寸（MMVS）是指最大实体实效状态下的体外作用尺寸。对于内表面，为最大实体尺寸减导出要素的几何公差值，用 D_{MV} 表示；对于外表面，为最大实体尺寸加导出要素的几何公差值，用 d_{MV} 表示。即

$$D_{MV} = D_{\min} - t \qquad d_{MV} = d_{\max} + t$$

最大实体实效边界（MMVB）是指尺寸为最大实体实效尺寸时的边界，如图 4-15 所示。

6. 最小实体实效状态、尺寸、边界

最小实体实效状态（LMVC）是指在给定长度上，实际要素处于最小实体状态，且其导出要素的几何误差等于给出公差值时的综合极限状态。

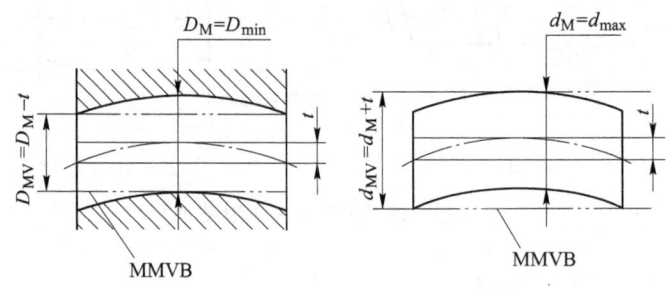

图 4-15　最大实体实效尺寸及边界

最小实体实效尺寸（LMVS）是指最小实体实效状态下的体内作用尺寸。对于内表面，为最小实体尺寸加导出要素的几何公差值，用 D_{LV} 表示；对于外表面，为最小实体尺寸减导出要素的几何公差值，用 d_{LV} 表示。即

$$D_{LV} = D_{max} + t \qquad d_{LV} = d_{min} - t$$

最小实体实效边界（LMVB）是指尺寸为最小实体实效尺寸时的边界，如图 4-16 所示。

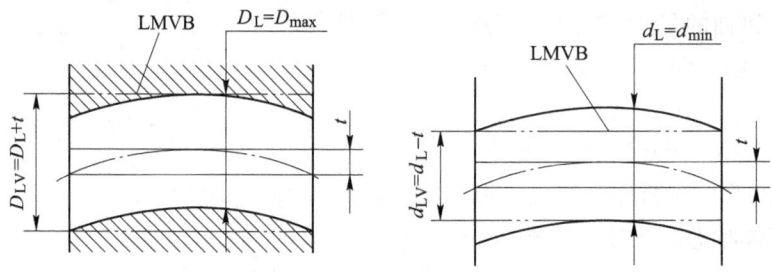

图 4-16　最小实体实效尺寸及边界

4.4.2　独立原则

独立原则是指图样上给定的每一个尺寸和几何（形状、方向或位置）要求均是独立的，应分别满足要求。标注时，不需要附加任何表示尺寸公差和几何公差相互关系的符号。

独立原则是尺寸公差和几何公差遵循的基本原则，它的应用最广，是确定尺寸公差和几何公差关系的基本原则。

如图 4-17 所示，轴的任意位置的直径尺寸必须在 $\phi 19.97 \sim \phi 20$mm 范围内；$\phi 0.05$mm 只限制轴线的直线度误差，不论实际尺寸为多少，轴线的直线度误差不允许大于该公差值。

独立原则一般用于非配合零件，或对形状和位置要求严格而对尺寸精度要求相对较低的场合。例如，为防止液压传动中液压缸的内孔泄漏，对液压缸内孔的形状精度（圆柱度、轴线直线度）提出较严格的要求，而对其尺寸精度则要求不高，故尺寸公差与几何公差按独立原则给出。

4.4.3 相关要求

1. 包容要求

包容要求适用于圆柱表面或两平行对应面。采用包容要求的尺寸要素,其提取组成要素不得超越其最大实体边界,即其体外作用尺寸不超出最大实体尺寸,且其局部尺寸不超出最小实体尺寸。

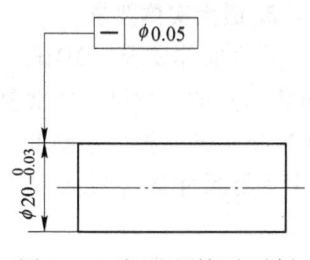

图 4-17 独立原则标注示例

采用包容要求的尺寸要素应在其尺寸偏差或公差带代号之后加注符号Ⓔ,被测要素的合格条件为:

对于内表面:$D_{fe} \geq D_M(D_{min})$,$D_a \leq D_L(D_{max})$

对于外表面:$d_{fe} \leq d_M(d_{max})$,$d_a \geq d_L(d_{min})$

包容要求具有特点:

1) 实际要素的体外作用尺寸不得超越最大实体尺寸。
2) 当要素的实际尺寸处处为最大实体尺寸时,不允许有任何几何误差。
3) 当要素的实际尺寸偏离最大实体尺寸时,其偏离量可补偿给几何误差。
4) 要素的局部实际尺寸不得超出最小实体尺寸。

【案例】 图 4-18 所示为包容要求标注示例,对其进行分析,则实际轴应满足下列要求:

1) 轴的任一局部实际尺寸在 ϕ19.987~ϕ20mm 之间。
2) 实际轴必须遵守包容要求,不超越最大实体边界,该边界是一个直径为最大实体尺寸($d_M=\phi$20mm)的理想圆柱面。
3) 轴的局部实际尺寸处处为最大实体尺寸 ϕ20mm 时,不允许轴有任何几何误差。
4) 当轴的局部实际尺寸偏离最大实体尺寸时,包容要求允许将局部实际尺寸偏离最大实体尺寸的偏离值补偿给几何误差。最大补偿值是:当轴的局部实际尺寸为最小实体尺寸 ϕ19.987mm 时,轴允许有最大的形状误差,其值等于尺寸公差 0.013mm。

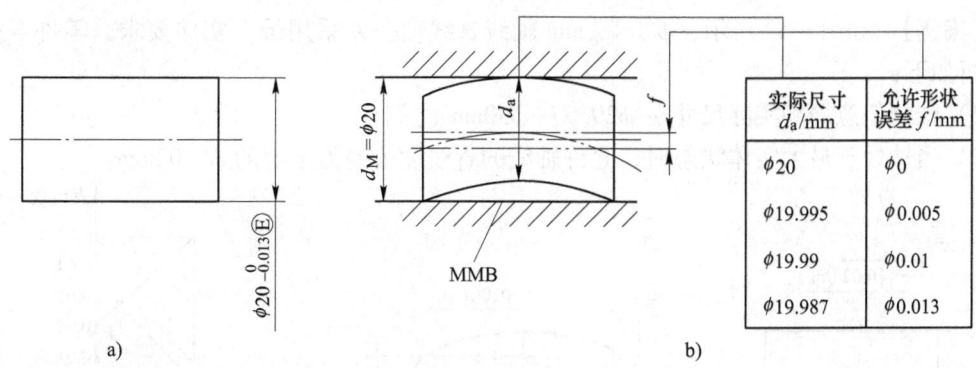

图 4-18 包容要求标注示例

采用包容要求主要是为了保证配合性质,特别是配合公差较小的精密配合。用最大实体边界综合控制实际尺寸和几何误差,以保证必要的最小间隙(保证能自由装配);用最小实体尺寸控制最大间隙,从而达到所要求的配合性质。例如,回转轴的轴颈和滑动轴承、滑动套筒和孔、滑块和滑块槽的配合等采用包容要求。

2. 最大实体要求

最大实体要求（MMR）是指尺寸要素的非理想要素不得违反其最大实体实效状态（MMVC）的一种尺寸要素要求，也即尺寸要素的非理想要素不得超越其最大实体实效边界（MMVB）的一种尺寸要求。被测要素的实际轮廓遵守其最大实体实效边界，在这一前提下，当其实际尺寸偏离最大实体尺寸时，允许其几何误差值超出在最大实体状态下给出的公差值。

最大实体要求既可应用于被测要素，也可用于基准要素。采用最大实体要求时，应在被测要素几何公差框格内的公差值后或基准字母代号后标注符号"Ⓜ"。最大实体要求可以分别应用于被测要素和基准要素，也可以同时应用于被测要素和基准要素。

（1）最大实体要求应用于被测要素　最大实体要求应用于被测要素时，被测要素的几何公差与其相应尺寸要素的尺寸公差相关。该尺寸要素的实际（提取）轮廓应遵守最大实体实效边界，即其体外作用尺寸不得超出其最大实体实效尺寸，同时，其局部尺寸不得超出其最大实体尺寸和最小实体尺寸。

据此，被测要素的几何误差及其相应尺寸要素的尺寸综合合格条件可以表达如下：

对于内表面（孔）：$D_{fe} \geq D_{MV}$ 且 $D_M(D_{min}) \leq D_a \leq D_L(D_{max})$

对于外表面（轴）：$d_{fe} \leq d_{MV}$ 且 $d_M(d_{max}) \geq d_a \geq d_L(d_{min})$

最大实体要求的特点如下：

1）被测要素遵守最大实体实效边界，即被测要素的体外作用尺寸不超过最大实体实效尺寸。

2）当被测要素的局部实际尺寸处处均为最大实体尺寸时，允许的几何公差为图样上给定的几何公差值。

3）当被测要素的实际尺寸偏离最大实体尺寸时，其偏离量可补偿给几何公差，允许的几何公差为图样上给定的几何公差值与偏离量之和。

4）实际尺寸必须在最大实体尺寸和最小实体尺寸之间。

【案例】　如图 4-19 所示，$\phi30_{-0.03}^{\ 0}$ mm 轴线直线度公差采用最大实体要求。零件合格要求分析如下：

1）轴的任意局部实际尺寸在 $\phi29.97 \sim \phi30$ mm 之间。

2）当轴处于最大实体状态时，允许轴线的直线度公差为给定的 $\phi0.02$ mm。

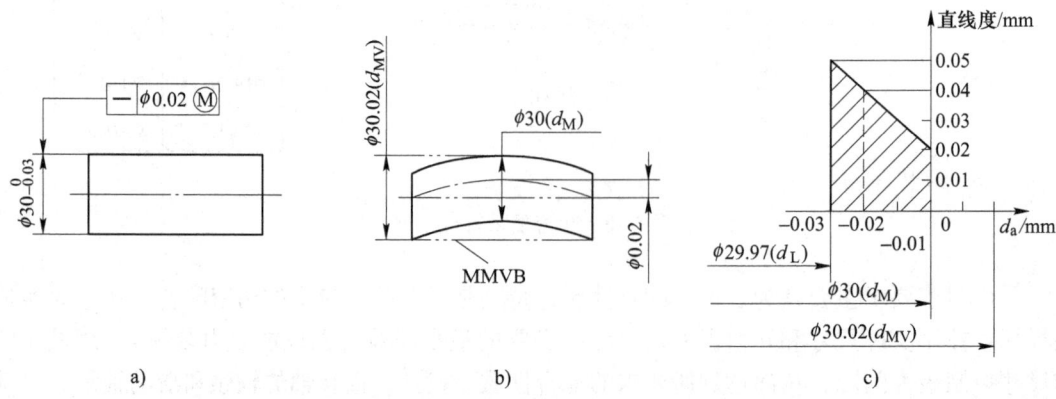

图 4-19　最大实体要求用于被测要素示例

3) 当轴的尺寸偏离最大实体尺寸,如为 $\phi 29.99$ mm 时,偏离量 0.01mm 可补偿给直线度公差,即允许轴线的直线度公差为 $\phi 0.03$ mm。

4) 当轴的尺寸为最小实体尺寸 $\phi 29.97$ mm 时,偏离量达到最大值 0.03mm,这时允许轴线的直线度公差为 $\phi 0.05$ mm。

(2) 最大实体要求应用于基准要素　最大实体要求应用于基准要素时,基准要素的相应尺寸要素应遵守规定的边界。若基准要素的实际轮廓偏离其相应的边界,则允许基准要素在一定范围内浮动,其浮动范围等于基准要素的体外作用尺寸与其相应边界尺寸之差。但这种允许的浮动并不能相应地允许增大被测要素的几何公差值。

最大实体要求应用于基准要素时,其相应尺寸要素的实际(提取)轮廓应遵守的边界有两种情况:

1) 基准要素本身采用最大实体要求时,应遵守最大实体实效边界。此时,基准代号应直接标注在形成该最大实体实效边界的几何公差框格下面。

如图 4-20 所示,最大实体要求应用于 $4 \times \phi 8_0^{+0.1}$ mm 均布四孔的轴线,对基准轴线的任意方向限制位置度公差;且最大实体要求也应用于基准要素,基准本身的轴线直线度公差采用最大实体要求。因此,对于均布四孔的位置度公差,基准要素应遵守由直线度公差确定的最大实体实效边界,其边界尺寸为 $d_{MV} = d_M + t = (20 + 0.02)$ mm $= 20.02$ mm。

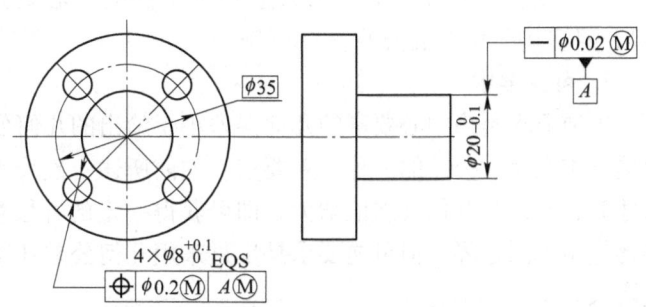

图 4-20　最大实体要求应用于基准且基准本身采用最大实体要求

2) 基准要素本身不采用最大实体要求时,应遵守最大实体边界。此时,基准代号应标注在该尺寸要素的尺寸线处,基准代号的连线与尺寸线对齐。

基准要素不采用最大实体要求可能有两种情况:遵循独立原则或采用包容要求。

如图 4-21a 所示,最大实体要求应用于 $4 \times \phi 8_0^{+0.1}$ mm 均布四孔的轴线,对基准轴线的任意方向限制位置度公差;但最大实体要求未应用于基准要素,基准本身遵循独立原则(未注几何公差)。因此,基准要素应遵守其最大实体边界,其边界尺寸为基准要素的最大实体尺寸 $D_M = \phi 20$ mm。

如图 4-21b 所示,最大实体要求应用于 $4 \times \phi 8_0^{+0.1}$ mm 均布四孔的轴线,对基准轴线的任意方向限制位置度公差;但最大实体要求未应用于基准要素,基准本身采用包容要求。因此,基准要素也应遵守其最大实体边界,其边界尺寸为基准要素的最大实体尺寸 $D_M = \phi 20$ mm。

最大实体要求也适用于中心要素,主要用于仅需保证零件的可装配性时。

与最大实体要求相对应的还有最小实体要求,其表示符号为"Ⓛ",在此不再赘述。最大实体要求是从装配互换性基础上建立起来的,主要应用在有装配互换性要求的场合,常用于零件精度(尺寸精度、几何精度)低、配合性质要求不严、但要求能自由装配的零件,以获得最大的经济效益。

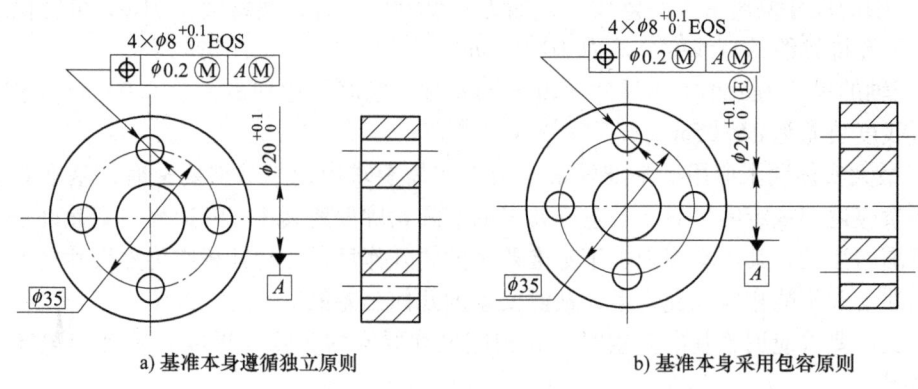

图 4-21 最大实体要求应用于基准但基准本身不采用最大实体要求

应当注意,最大实体要求只适用于零件的中心要素(轴线、圆心、球心或中心平面等),且多用于位置度公差。

3. 可逆要求

可逆要求是当中心要素的几何误差小于给出的几何公差时,允许在满足零件功能要求的前提下扩大尺寸公差的一种公差要求。如前所述,最大实体要求是在实际尺寸偏离最大实体尺寸时,允许其几何公差值增大,即可获得一定的补偿量,而实际尺寸受其极限尺寸控制,不得超出极限边界。但可逆要求是反过来用几何公差补偿给尺寸公差,即允许相应的尺寸公差增大。

可逆要求不能单独使用。它附加于最大实体要求或最小实体要求,并没有改变它们原来所遵守的极限边界,只是在原有尺寸公差补偿几何公差关系的基础上,增加几何公差补偿尺寸公差的关系,为加工时根据需要分配尺寸公差和几何公差提供方便。

可逆要求用于最大实体要求时,在符号"Ⓜ"后加注符号"Ⓡ";用于最小实体要求时,在符号"Ⓛ"后加注符号"Ⓡ"。

【案例】 图 4-22 所示为可逆最大实体要求应用示例。零件合格要求分析如下:

1) 当轴的实际尺寸偏离最大实体尺寸 $\phi 30$mm 时,允许其轴线的直线度误差值增大,即遵守最大实体要求。

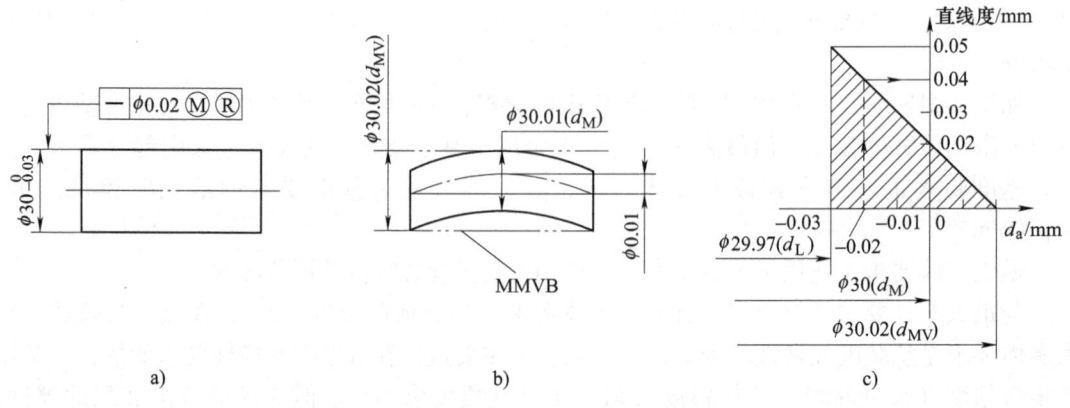

图 4-22 可逆最大实体要求应用示例

2) 当轴的直线度误差小于φ0.02mm时,也允许轴的直径增大。如,当轴的直线度误差为0mm时,轴的实际尺寸可增至φ30.02mm。

3) 轴的尺寸应在φ29.97~φ30.02mm之间变动。

4.5 几何公差的选用

几何误差对零件的加工和使用性能有很大影响。因此,合理地给出几何公差值能保证机器及零件的功能要求,对提高经济效益十分重要。几何公差的选用主要包括几何公差项目的选择;基准要素和公差原则的选择;公差等级与公差值的选择。整体选用原则是:在保证零件功能的前提下,尽可能选用最经济的公差值。

4.5.1 几何公差项目的选择

几何公差项目的选择取决于零件的几何特征、使用要求和检测便利性等方面的因素。在选用时主要从以下几点考虑:

1. 零件的几何特征

零件的几何特征不同,会产生不同的几何公差。因此它是选择被测要素几何公差项目的基本依据。例如,控制平面的形状误差应选择平面度;控制导轨导向面的形状误差应选择直线度;控制圆柱面的形状误差应选择圆度或圆柱度;控制槽类零件的形状误差常选用对称度等。

2. 零件的使用要求

根据零件不同的功能要求,给出不同的几何公差项目。例如圆柱形零件,当仅需要顺利装配时,可选轴线的直线度;如果孔、轴之间有相对运动,且应均匀接触或保证密封性配合时,应标注圆柱度公差以综合控制圆度、素线直线度和轴线直线度。

3. 检测的方便性

为了方便检测,有时可将所需的几何公差项目用控制效果相同或相近的几何公差项目来代替。例如,对于轴类零件,可用径向全跳动综合控制圆柱度、同轴度,这是因为跳动误差检测方便,又能较好地控制相应的几何误差。

4.5.2 基准要素的选择

基准要素的选择包括基准部位的选择、基准数量的确定、基准顺序的合理安排等。

1. 基准部位的选择

主要根据设计和使用要求、零件的结构特点,并综合考虑基准的统一等原则进行选择。在满足功能要求的前提下,一般选用加工或装配中精度较高的表面作为基准,力求使设计基准和工艺基准重合,消除基准不统一产生的误差,同时简化夹具、量具的设计与制造。基准要素应具有足够的刚度和尺寸,确保定位稳定可靠。

2. 基准数量的确定

一般根据几何公差项目方向、位置的几何功能要求来确定基准的数量。方向公差大多只需要一个基准,而位置公差则需要一个或多个基准。

3. 基准顺序的安排

当选择两个或两个以上的基准要素时,就必须确定基准要素的顺序,并按顺序填入几何公差框格中。基准顺序的安排主要考虑零件的结构特点以及装配和使用要求。

4.5.3 公差原则的确定

选择公差原则和公差要求时,应根据被测要素的功能要求,以及各公差原则的应用场合、可行性和经济性等方面来考虑,表4-11列出了常用公差原则和要求的应用场合和示例,可供选择时参考。

表4-11 常用公差原则和要求的应用场合和示例

公差原则	应用场合	示 例
独立原则	尺寸精度与几何精度需要分别满足要求	齿轮箱体孔的尺寸精度与两孔轴线的平行度;连杆活塞销孔的尺寸精度与圆柱度;滚动轴承内、外圈滚道的尺寸精度与几何精度
	尺寸精度与几何精度要求相差较大	滚筒类零件尺寸精度要求很低,形状精度要求较高;平板的尺寸精度要求不高,形状精度要求很高;通油孔的尺寸有一定精度要求,形状精度无要求
	尺寸精度与几何精度无联系	滚子链条的套筒或滚子内、外圆柱面的轴线同轴度与尺寸精度无关;发动机连杆上的尺寸精度与孔轴线间的位置精度无关
	保证运动精度	导轨的形状精度要求严格,尺寸精度要求一般
	保证密封性	气缸的形状精度要求严格,尺寸精度要求一般
	未注公差	凡未注尺寸公差与未注几何公差都采用独立原则,如退刀槽、倒角、圆角等非功能要素的公差要求
包容要求	保证国标规定的配合性质	如 ϕ30H7Ⓔ孔与ϕ30h6Ⓔ轴的配合,可以保证配合的最小间隙等于零
	尺寸公差与几何公差间无严格比例关系要求	一般的孔与轴配合,只要求作用尺寸不超过最大实体尺寸,局部实际尺寸不超过最小实体尺寸
最大实体要求	保证关联作用尺寸不超过最大实体尺寸	关联要素的孔与轴有配合性质要求,在公差框格的第二格标注Ⓜ
	保证可装配性	如轴承盖上用于穿过螺钉的通孔;法兰盘上用于穿过螺栓的通孔
最小实体要求	保证零件强度和最小壁厚	如孔组轴线任意方向的位置度公差,采用最小实体要求可保证孔组间的最小壁厚
可逆要求	与最大(最小)实体要求联用	能充分利用公差带,扩大被测要素实际尺寸的变动范围,在不影响使用性能要求的前提下可以选用

4.5.4 几何公差等级和公差值的选择

几何公差等级选择原则与尺寸公差等级选择原则相同,即在满足零件使用要求的前提下,尽可能选用低的公差等级。常用几何公差等级的选择方法有计算法和类比法,其中类比法使用较为广泛。

几何公差值需根据零件的功能要求、加工的经济性、零件的结构等进行选择,参考经验如下:通常,同一要素上给定的形状公差值应小于位置公差值;圆柱形零件的形状公差值(轴线直线度除外)一般应小于其尺寸公差值;平行度公差值应小于其相应的尺寸公差值。

对于结构复杂、刚性差(如细长轴、薄壁件等)或不易加工和测量的零件,在满足零件功能要求的情况下,适当选择较低的公差等级。

国家标准GB/T 1184—1996规定图样中标注的几何公差有两种形式,未注公差值和注出公差值。

　　未注公差值是各类工厂中常用设备能保证的制造精度。零件大部分要素的几何公差值均应遵循未注公差值的要求，不必注出。只有当要求要素的公差值小于或大于未注公差值时，才需要在图样中用框格给出几何公差要求。

　　注出几何公差要求的几何精度高低是用公差等级数字的大小来表示的。国家标准GB/T 1184—1996对除线、面轮廓度及位置度之外的几何公差项目都规定了公差等级。一般划分为12级，即1~12级，1级精度最高，12级精度最低；圆度、圆柱度的最高级为0级，划分为13级。各项目的各级注出公差值见表4-12~表4-15。

表4-12　直线度和平面度公差值（部分）　　　　（单位：μm）

主参数 L/mm	公差等级											
	1	2	3	4	5	6	7	8	9	10	11	12
	公差值											
≤10	0.2	0.4	0.8	1.2	2	3	5	8	12	20	30	60
>10~16	0.25	0.5	1	1.5	2.5	4	6	10	15	25	40	80
>16~25	0.3	0.6	1.2	2	3	5	8	12	20	30	50	100
>25~40	0.4	0.8	1.5	2.5	4	6	10	15	25	40	60	120
>40~63	0.5	1	2	3	5	8	12	20	30	50	80	150
>63~100	0.6	1.2	2.5	4	6	10	15	25	40	60	100	200
>100~160	0.8	1.5	3	5	8	12	20	30	50	80	120	250
>160~250	1	2	4	6	10	15	25	40	60	100	150	300
>250~400	1.2	2.5	5	8	12	20	30	50	80	120	200	400
>400~630	1.5	3	6	10	15	25	40	60	100	150	250	500
>630~1000	2	4	8	12	20	30	50	80	120	200	300	600

注：主参数 L 为轴、直线、平面的长度。

表4-13　圆度和圆柱度公差值　　　　（单位：μm）

主参数 $d(D)$ /mm	公差等级												
	0	1	2	3	4	5	6	7	8	9	10	11	12
	公差值												
≤3	0.1	0.2	0.3	0.5	0.8	1.2	2	3	4	6	10	14	25
>3~6	0.1	0.2	0.4	0.6	1	1.5	2.5	4	5	8	12	18	30
>6~10	0.12	0.25	0.4	0.6	1	1.5	2.5	4	6	9	15	22	36
>10~18	0.15	0.25	0.5	0.8	1.2	2	3	5	8	11	18	27	43
>18~30	0.2	0.3	0.6	1	1.5	2.5	4	6	9	13	21	33	52
>30~50	0.25	0.4	0.6	1	1.5	2.5	4	7	11	16	25	39	62
>50~80	0.3	0.5	0.8	1.2	2	3	5	8	13	19	30	46	74
>80~120	0.4	0.6	1	1.5	2.5	4	6	10	15	22	35	54	87
>120~180	0.6	1	1.2	2	3.5	5	8	12	18	25	40	63	100
>180~250	0.8	1.2	2	3	4.5	7	10	14	20	29	46	72	115
>250~315	1.0	1.6	2.5	4	6	8	12	16	23	32	52	81	130
>315~400	1.2	2	3	5	7	9	13	18	25	36	57	89	140
>400~500	1.5	2.5	4	6	8	10	15	20	27	40	63	97	155

注：主参数 $d(D)$ 为轴（孔）的直径。

表 4-14　平行度、垂直度和倾斜度公差值　　　　　（单位：μm）

主参数 L、d(D) /mm	公差等级											
	1	2	3	4	5	6	7	8	9	10	11	12
	公差值											
≤10	0.4	0.8	1.5	3	5	8	12	20	30	50	80	120
>10~16	0.5	1	2	4	6	10	15	25	40	60	100	150
>16~25	0.6	1.2	2.5	5	8	12	20	30	50	80	120	200
>25~40	0.8	1.5	3	6	10	15	25	40	60	100	150	250
>40~63	1	2	4	8	12	20	30	50	80	120	200	300
>63~100	1.2	2.5	5	10	15	25	40	60	100	150	250	400
>100~160	1.5	3	6	12	20	30	50	80	120	200	300	500
>160~250	2	4	8	15	25	40	60	100	150	250	400	600
>250~400	2.5	5	10	20	30	50	80	120	200	300	500	800
>400~630	3	6	12	25	40	60	100	150	250	400	600	1000
>640~1000	4	8	15	30	50	80	120	200	300	500	800	1200

注：1. 主参数 L 为给定平行度时轴线或平面的长度，或给定垂直度、倾斜度时被测要素的长度。

2. 主参数 d(D) 为给定面对线的垂直度时，被测要素的轴（孔）直径。

表 4-15　同轴度、对称度、圆跳动和全跳动公差值　　　　　（单位：μm）

主参数 d(D) B、L/mm	公差等级											
	1	2	3	4	5	6	7	8	9	10	11	12
	公差值											
≤1	0.4	0.6	1.0	1.5	2.5	4	6	10	15	25	40	60
>1~3	0.4	0.6	1.0	1.5	2.5	4	6	10	20	40	60	120
>3~6	0.5	0.8	1.2	2	3	5	8	12	25	50	80	150
>6~10	0.6	1.0	1.5	2.5	4	6	10	15	30	60	100	200
>10~18	0.8	1.2	2	3	5	8	12	20	40	80	120	250
>18~30	1	1.5	2.5	4	6	10	15	25	50	100	150	300
>30~50	1.2	2	3	5	8	12	20	30	60	120	200	400
>50~120	1.5	2.5	4	6	10	15	25	40	80	150	250	500
>120~250	2	3	5	8	12	20	30	50	100	200	300	600
>250~500	2.5	4	6	10	15	25	40	60	120	250	400	800
>500~800	3	5	8	12	20	30	50	80	150	300	500	1000
>800~1250	4	6	10	15	25	40	60	100	200	400	600	1200

注：1. 主参数 d(D) 为给定同轴度，或给定圆跳动、全跳动时的轴（孔）直径。

2. 圆锥体斜向圆跳动公差的主参数为平均直径。

3. 主参数 B 为给定对称度时槽的宽度。

4. 主参数 L 为给定两孔对称度时的孔心距。

对于位置度公差，国家标准 GB/T 1184—1996 只规定了公差值数系，而未规定公差等级，见表 4-16。

表 4-16 位置度公差数系　　　　　　　　　　　　　　　　　　（单位：μm）

1	1.2	1.5	2	2.5	3	4	5	6	8
1×10^n	1.2×10^n	1.5×10^n	2×10^n	2.5×10^n	3×10^n	4×10^n	5×10^n	6×10^n	8×10^n

注：n 为正整数。

4.5.5 未注几何公差的规定

为了简化图样，对于一般机床加工能保证的几何精度，不必在图样上注出几何公差。图样上没有具体注明几何公差值的要素，其几何精度应按下列规定执行：

1）对未注直线度、平面度、垂直度、对称度和圆跳动各规定了 H、K、L 三个公差等级，其公差值见表 4-17～表 4-20。采用规定的未注公差值时，应在标题栏附近或技术要求中注出公差等级代号及标准编号，如"GB/T 1184-H"。

2）未注圆度公差值等于标准的直径公差值，但不能大于表 4-20 中的径向圆跳动值。

3）未注圆柱度公差由圆度、直线度和相对素线平行度的注出公差或未注公差控制。

4）未注平行度公差值等于给出的尺寸公差值或直线度和平面度未注公差值中的较大者。

5）未注同轴度的公差值可以和表 4-20 中规定的圆跳动的未注公差值相等。

6）未注线（面）轮廓度、倾斜度、位置度和全跳动的公差值均应由各要素的注出或未注线性尺寸公差或角度公差控制。

表 4-17 直线度和平面度未注公差值　　　　　　　　　　　　　（单位：mm）

公差等级	基本长度范围					
	≤10	>10~30	>30~100	>100~300	>300~1000	>1000~3000
H	0.02	0.05	0.1	0.2	0.3	0.4
K	0.05	0.1	0.2	0.4	0.6	0.8
L	0.1	0.2	0.4	0.8	1.2	1.6

表 4-18 垂直度未注公差值　　　　　　　　　　　　　　　　（单位：mm）

公差等级	基本长度范围			
	≤100	>100~300	>300~1000	>1000~3000
H	0.2	0.3	0.4	0.5
K	0.4	0.6	0.8	1
L	0.6	1	1.5	2

表 4-19 对称度未注公差值　　　　　　　　　　　　　　　　（单位：mm）

公差等级	基本长度范围			
	≤100	>100~300	>300~1000	>1000~3000
H	0.5	0.5	0.5	0.5
K	0.6	0.6	0.8	1
L	0.6	1	1.5	2

表 4-20　圆跳动未注公差值　　　　　　　　　　（单位：mm）

公差等级	公差值
H	0.1
K	0.2
L	0.5

【案例】　分析图 4-23 中的标注内容，按要求将几何公差的有关内容填入表 4-21 中。

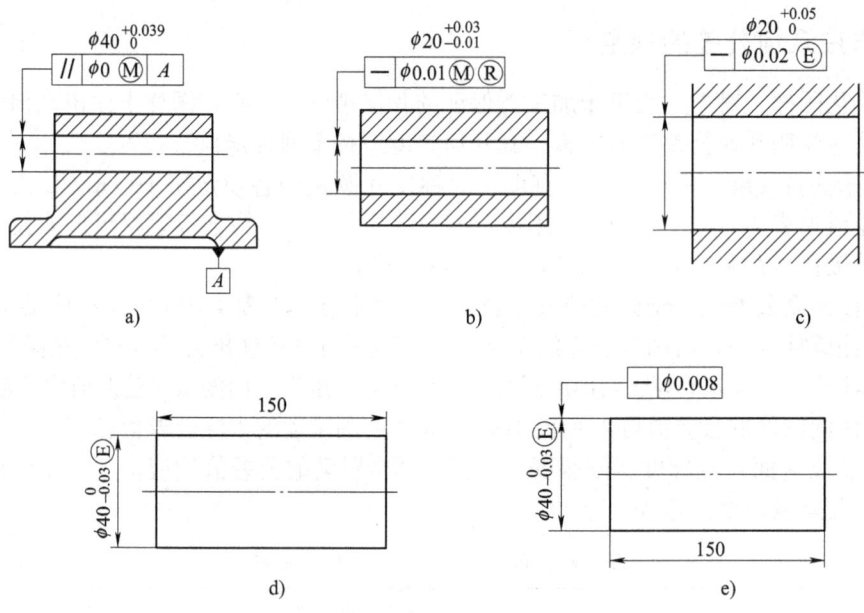

图 4-23　公差原则识读

表 4-21　几何公差解读　　　　　　　　　　（单位：mm）

图号	最大实体尺寸	最小实体尺寸	几何公差值	几何公差最大允许值	控制边界	边界尺寸	合格条件
a	$\phi40$	$\phi40.039$	$\phi0$	$\phi0.039$	MMVB	$\phi40$	$D_{fe} \geqslant \phi40$ $\phi40 \leqslant D_a \leqslant \phi40.039$
b	$\phi19.99$	$\phi20.03$	$\phi0.01$	$\phi0.05$	MMVB	$\phi19.98$	$D_{fe} \geqslant \phi19.98$ $\phi19.99 \leqslant D_a \leqslant \phi20.03$ 当 $t < 0.01$ 时， $\phi19.98 \leqslant D_a \leqslant \phi20.03$
c	$\phi20$	$\phi20.05$	$\phi0.02$	$\phi0.07$	LMVB	$\phi20.07$	$D_{fe} \leqslant \phi20.07$ $\phi20 \leqslant D_a \leqslant \phi20.05$
d	$\phi40$	$\phi39.97$	$\phi0$	$\phi0.03$	MMB	$\phi40$	$d_{fe} \leqslant \phi40$ $d_a \geqslant 39.97$
e	$\phi40$	$\phi39.97$	$\phi0.008$	$\phi0.038$	MMB	$\phi40$	$d_{fe} \leqslant \phi40$ $d_a \geqslant 39.97$

【案例】 图 4-24 所示为减速器输出轴零件图,要求两轴颈 φ55j6 与 P0 级滚动轴承配合,根据相关性能对几何公差进行选择。

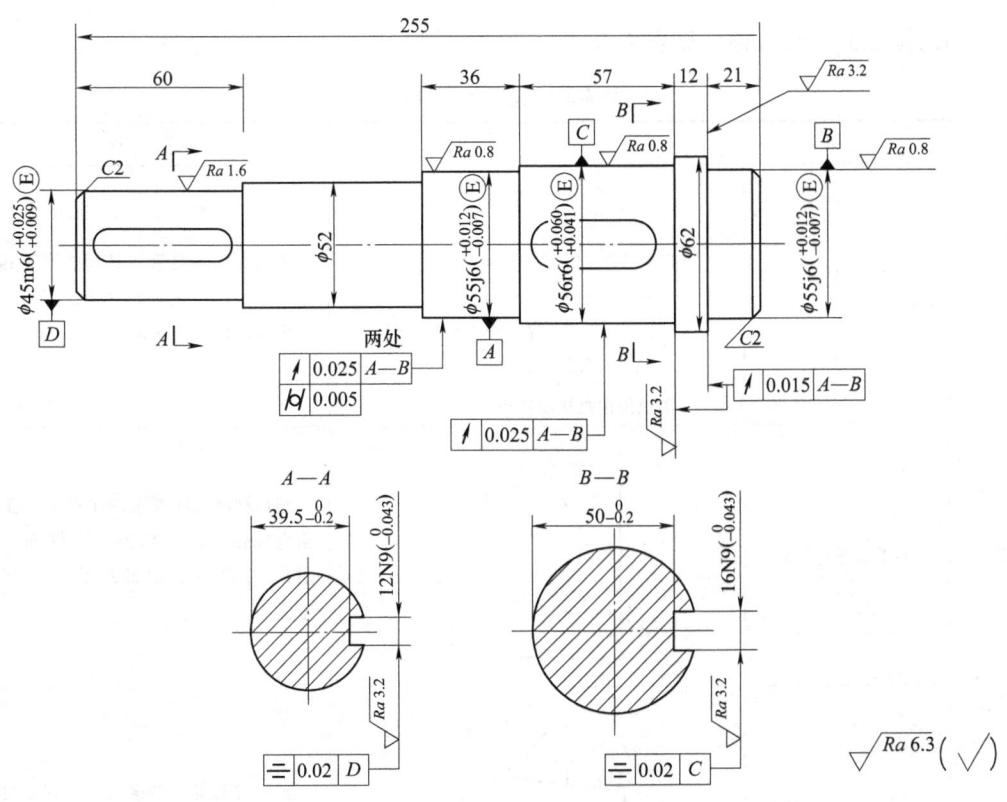

图 4-24 减速器输出轴零件图

分析零件为保证配合性质,两轴颈采用了包容要求,为保证轴承的旋转精度,在遵循包容要求的前提下,对圆柱度进一步提出要求,其公差值由国家标准 GB/T 275—2015 查得为 0.005mm。

两轴颈安装滚动轴承后,将分别与减速器箱体的两孔配合,因此需要限制两轴颈的同轴度误差,以保证轴承外圈和箱体孔的安装精度,为使检测方便,实际给出了两轴颈的径向圆跳动公差 0.025mm(跳动公差 7 级)。

φ62mm 处的两轴肩都是止推面,起一定的定位作用,为保证定位精度,提出了两轴肩相对于公共基准轴线的轴向圆跳动公差 0.015mm。

φ56r6 和 φ45m6 分别与齿轮和带轮配合,为保证配合性质选用了包容要求,为保证齿轮的运动精度,对与齿轮配合的 φ56r6 圆柱表面又进一步提出了相对公共基准轴线的径向圆跳动公差 0.025mm(跳动公差 7 级)。

对 φ56r6 和 φ45m6 轴颈上的键槽 16N9 和 12N9 都提出了对称度公差 0.02mm(对称度公差 8 级),以保证键槽的安装精度和安装后的受力状态。

4.6 几何误差测量

4.6.1 测量原则

常用的检测原则有五种,见表4-22。

表4-22 常用检测原则

序号	名称	示 例	说 明
1	与拟合要素比较原则		将被测实际要素与其理想要素相比较,量值由直接法或间接法获得,理想要素用模拟法获得
2	测量坐标值原则		测量被测实际要素的坐标值(如直角坐标值、极坐标值、圆柱面坐标值),并经过数据处理获得几何误差值
3	测量特征参数原则		测量被测实际要素上具有代表性的参数,即特征参数,来表示几何误差值
4	测量跳动原则		在被测实际要素绕基准轴线回转的过程中,沿给定方向测量其相对某参考点或线的变动量,变动量为指示表最大读数与最小读数之差
5	控制实效边界原则		检验被测实际要素是否超过实效边界,以判断合格与否

4.6.2 直线度误差测量

直线度用于限制平面内或空间内直线的形状误差，其情况比较复杂，测量方法也很多。

工件较小时，常以刀口形直尺、检验平尺作为模拟理想直线，用光隙法或间隙法确定被测实际要素的直线度误差。工件较大时，则常按国家标准规定的测量坐标原则进行测量，取得必要的一组数据，经作图法或计算法得到直线度误差。测量直线度误差常用的仪器有框式水平仪、合像水平仪、电感式水平仪和自准直仪等，这类仪器的原理是：测定微小角度的变化，再换算为线值误差。本节介绍合像水平仪进行直线度误差测量的相关内容。

1. 测量原理与仪器介绍

合像水平仪主要用于测量平面对水平面的倾斜度，机床与光学机械仪器的导轨或机座等的平面度、直线度和设备安装位置的正确度等。它具有测量准确、效率高、价格便宜、携带方便等特点，被广泛应用于直线度误差的检测中。其结构和实物图如图4-25所示。

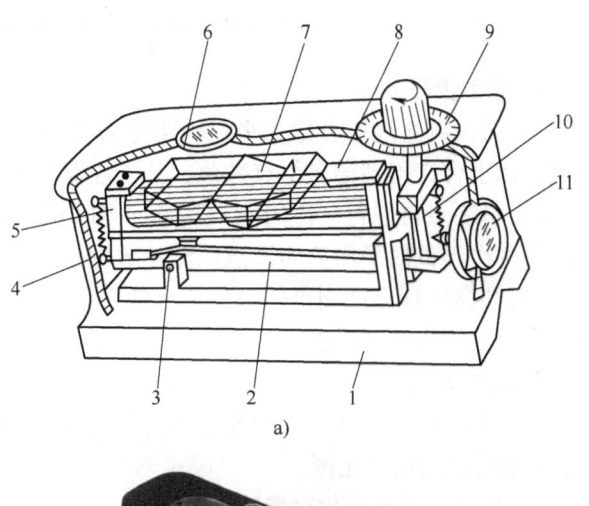

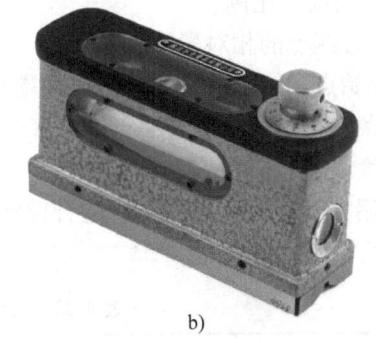

图 4-25　合像水平仪
1—底板　2—杠杆　3—支座　4—壳体
5—水准器支架　6、11—放大器　7—棱镜组
8—水准器　9—微分筒　10—测微螺杆

合像水平仪采用光学放大原理，并利用对称棱镜使双像重合来提高读数精度，利用杠杆和微动螺杆传动机构来提高测量精度和增大测量范围。测量时，将合像水平仪置于被测工件表面，当水准器处于水平位置时，两个半圆弧气泡像重合，如图4-26a所示；当水准器不在水平位置时，两个半圆弧气泡像不重合，圆弧头端有一差值Δ，如图4-26b所示。

合像水平仪的最大测量范围为±5mm/m；分度值$i=0.01$mm/m。

示值误差在整个测量范围内为±0.02mm/m；±1mm/m测量范围内为±0.01m/m。

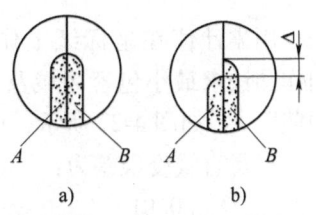

图 4-26　水准器气泡像图

2. 合像水平仪的使用方法

测量时，将合像水平仪放置在被测平面上，转动刻度盘，将水准器的气泡像调至重合，则刻度盘转过的格数代表被测两点相对水平线的高度差。被测表面相邻两点高度差h与分度值i、桥板跨距L、刻度盘读数n（格数）的关系为$h=iLn$。

例如，若 $i=0.01\text{mm/s}$，$L=100\text{mm}$（将合像水平仪放在桥板上方即可得到支点跨距为 100mm），$n=7$，则可得

$$h = iLn = \left(\frac{0.01}{1000} \times 100 \times 7\right) \text{mm} = 7\mu\text{m}$$

3. 实验步骤

1）将被测直线按合像水平仪跨距分为 n 段，先将水平仪置于 0~1 段上，调节旋钮，使气泡图像重合，得到第一个点数值，依次在其他各位置段进行测量，记录各点读数。

2）自终点再进行一次回测，注意回测时桥板不能调头。最终得到回测读数记录，则同一测点两次读数的平均值为该点的测量数据。

3）数据处理。把测得的数据依次填入检测报告中，并用作图法按最小条件进行数据处理，求出被测直线度误差。

4. 数据处理

1）建立 XY 坐标系，X 坐标表示分段长度（即水平仪跨距），Y 坐标表示高度差的累计值，Y 轴需适当放大比例。

2）根据各测点的相对累计值描点。

3）作起始点和终点的连线，并以两端点连线为评定直线度的基准线。按最小包容区域原则，作两条平行于基准线的平行线包容全部测量点。两平行线之间的距离在纵坐标上的截距即为直线度误差。

例如，用分度值为 0.01mm/m 的合像水平仪检测某 700mm 工件表面的直线度，桥板跨距为 100mm。测量数据见表 4-23。

表 4-23 合像水平仪测量数据

点顺序	0	1	2	3	4	5	6	7
顺测读数	—	433	434	430	438	428	428	435
回测读数	—	431	434	432	436	430	428	433
读数平均值	—	432	434	431	437	429	428	434
相对差/格	0	0	+2	−1	+3	−3	−4	+2
累计值/格	0	0	+2	+1	+4	+1	−3	−1

用累计值在坐标纸上作误差折线图，用作图法求最小包容区域及其在纵坐标上的截距 n。如图 4-27 所示，截距 $n=6$。

可得直线度误差为：

$$h = iLn = \left(\frac{0.01}{1000} \times 100 \times 6 \times 1000\right) \mu\text{m}$$
$$= 6\mu\text{m}$$

4.6.3 圆度误差检测

圆度误差是限制实际圆对理想圆变动量的一项指标。常用的圆度误差测量方法

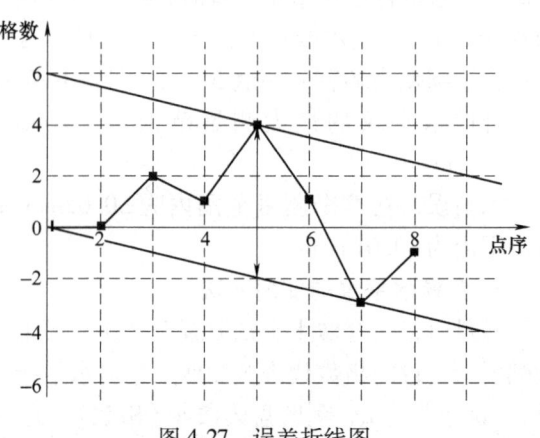

图 4-27 误差折线图

主要有两点法测量、三点法测量和圆度仪测量。

1. 两点法和三点法测量圆度误差

（1）测量原理与仪器介绍　两点法和三点法测量圆度误差是在一般生产车间可采用的简便易行的方法，它只需普通测量仪器即可，如千分表、比较仪等。

两点法测量圆度误差，是在垂直于被测零件轴线的横截面内测量轮廓圆上各点的直径，取其中最大直径与最小直径差的一半，作为该截面的圆度误差，如图4-28所示。

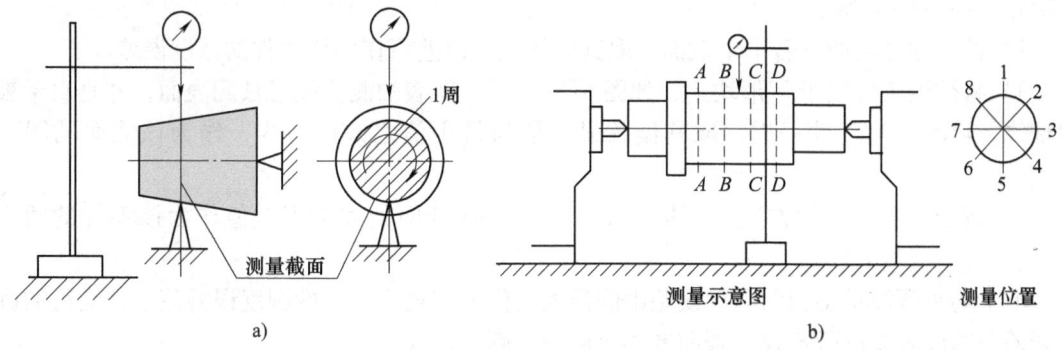

图 4-28　两点法测量圆度误差

三点法测量圆度误差，是将被测零件放在V形块上，使其轴线垂直于测量截面并固定轴向位置，使百分表接触圆轮廓的上面，将被测零件旋转一周，取百分表读数的最大值与最小值之差，作为该截面的圆度误差，如图4-29所示。

采用以上两种方法进行测量时都需测量若干个截面，取几个截面中最大的圆度误差值作为零件的圆度误差。测量方法所需基本仪器有百分表、磁力表座等，分别如图4-30、图4-31所示。

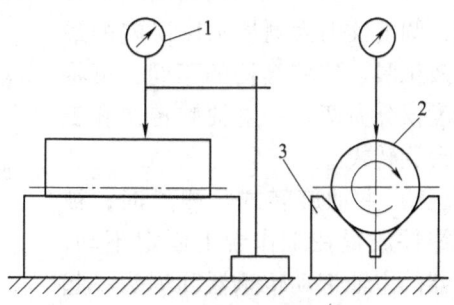

图 4-29　三点法测量圆度误差

1—指示表　2—被测件　3—V形块

图 4-30　百分表

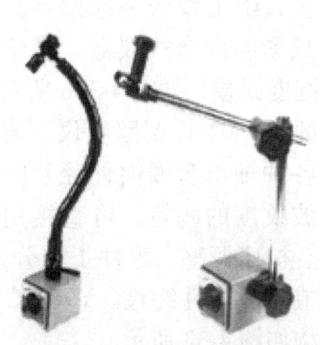

图 4-31　磁力表座

(2) 测量步骤 两点法测量适用于找出轮廓圆具有偶数棱时的圆度误差,三点法测量适用于找出轮廓圆具有奇数棱时的圆度误差。因为测量前一般不知道被测工件截面是有偶数棱还是奇数棱,因此测量时会采用两点法和三点法混合测量,取所得误差中的最大值作为零件的圆度误差。测量步骤如下:

1)将被测工件置于平板上并紧靠直角座,使百分表的测头接触被测表面并垂直于被测轴线,将被测零件旋转一周,取百分表读数的最大值与最小值之差的一半,作为该截面的圆度误差,如图 4-28 所示。

2)按上述方法测量若干个截面,取其中最大的误差值作为该零件的圆度误差。

3)将被测工件置于 V 形块上,如图 4-29 所示。使表的测头接触被测表面,并垂直于被测轴线,转动被测工件一周,取其读数最大值与最小值之差的一半,作为该截面的圆度误差。

4)按步骤 3 同样的方法,测量若干个截面,取其中最大的误差值作为该零件的圆度误差。

取上述步骤测量得到的圆度误差中的最大值作为该被测工件的圆度误差值。把测得的圆度误差与圆度公差进行比较,若前者小于后者,则工件合格。

2. 圆度仪测量圆度误差

(1) 测量原理与仪器介绍 目前,圆度仪仍为测量圆度误差的最有效工具。按照结构的不同,可将圆度仪分为两种:主轴旋转式和工作台旋转式。

1)主轴旋转式。测量时,被测零件放置在工作台上固定不动,仪器的主轴带动传感器和测头一起回转。由于测量时被测零件固定不动,可用来测量较大零件的圆度误差,如图 4-32a 所示。

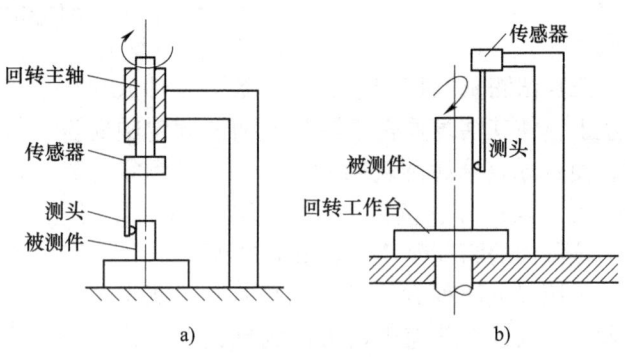

图 4-32 圆度仪测量圆度误差

2)工作台旋转式。测量时,传感器和测头固定不动,被测零件放置在仪器的回转工作台上,随工作台一起回转。这种仪器常被制成紧凑的台式仪器,易于测量小型零件的圆度误差,如图 4-32b 所示。

典型的,Y9025C 型圆度仪主要在轴承行业用于各种轴承套圈内外径及内外滚道的圆度、波纹度的测量,可直接用于机床故障分析、机床调整、零件工艺分析试验、工序检验或成品零件终检。Y9025C 型圆度仪主要结构如图 4-33 所示。

(2) 测量步骤

1)接通圆度仪气源、电源,使整机运

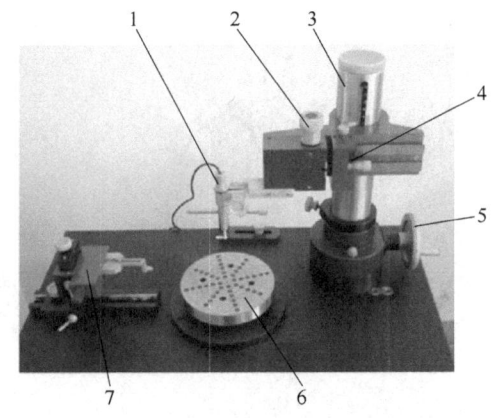

图 4-33 Y9025C 型圆度仪结构
1—传感器 2—传感器移动螺钉 3—立柱 4—微调装置
5—手轮 6—工作台 7—调偏心装置

转预热。

2）将被测工件和工作台擦洗干净，被测工件放在工作台上并用夹紧装置夹紧，大致与主轴同轴。

3）起动主轴电动机，使工作台逆时针旋转，将调偏心装置顶杆调到与工件有 1.5~2mm 的距离。

4）打开计算机中圆度仪测量软件，在显示器上将显示出白色扫描圆与红色参考圆基本相重合的图形。通过微调装置与调偏心位置顶杆将工件调整到与主轴同轴（误差小于 $10\mu m$ 即可）。旋转微调装置，待显示器所显示图形稳定后进行测量。通过测量软件可选择评定方法及放大倍率。

通过该方法可测量被测工件不同截面的圆度误差值，取其中最大值作为被测件的圆度误差。如果圆度误差不大于圆度公差，则被测件圆度合格。

4.6.4 对称度误差测量

对称度按照选用基准要素的不同，可以归纳为以中心平面为基准和以轴线为基准两类。常见的键槽对称度误差属于中心平面对基准轴线的对称度误差。

1. 测量原理与仪器介绍

以平板的工作面作测量基准，将 V 形块放在平板上，再将被测零件放在 V 形块内，以 V 形块来模拟体现基准。将定位块插入键槽，以定位块两工作侧面的对称中心平面模拟体现被测键槽的对称中心平面，然后用百分表测两个方向的对称度误差。

2. 测量步骤

1）测量被测键槽处轴的实际直径和键槽深度，将定位块装入被测零件的键槽当中。

2）将 V 形块放在平板上，再将被测零件放在 V 形块内，使键槽两工作侧面平行于平板工作面，并把零件装夹好。

3）使百分表测头与定位块上工作平面接触，并垂直于测量平板，把百分表测杆压缩 1~2mm，沿被测零件的直径方向拉动测量架，调整被测零件，使定位块上工作平面沿轴向与测量平板平行；在键槽长度两端选取测量位置，在对应的径向截面内测量定位块上工作平面至平板的距离，记录这两个截面内测量的百分表读数 $S_{左}$ 和 $S_{右}$。

4）将被测工件旋转 180°，重复上述操作，此时要注意，将被测零件旋转 180°后，测量位置与前一次操作相反方向的测量位置在同一截面上，此时记录两个截面内测量的百分表读数 $S'_{左}$ 和 $S'_{右}$。从而得到两个径向测量截面内的距离差的一半 Δ_1 和 Δ_2。按下式求键槽对称度误差

$$f = \frac{d(\Delta_1 - \Delta_2) + 2\Delta_2 h}{d - h}$$

式中 d——轴的直径；

h——键槽深度。

若测得的零件对称度误差不大于零件对称度公差要求，则说明零件合格，反之不合格。

4.6.5 同轴度误差测量

用两个相同的刃口状 V 形块支承基准，然后用百分表等仪器测量被测部位。

1. 测量器具准备

百分表、表座、表架、刃口状V形块、平板、被测件、全棉布数块、防锈油等。

2. 测量步骤

1）将准备好的两个相同的刃口状V形块放置在平板上，并调整水平。

2）使被测零件基准轮廓要素的中截面（两端圆柱的中间位置）处于两个等高的刃口状V形块定位的中间位置，基准轴线由V形块模拟体现，如图4-34所示。

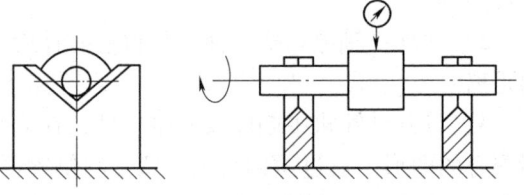

图4-34 同轴度误差测量方法示意图

3）安装好百分表、表座、表架，调节百分表，使测头与工件被测外表面接触，并有1~2圈的压缩量。

4）缓慢而均匀地转动工件一周，同时观察百分表指针的波动，取最大读数 M_{max} 与最小读数 M_{min} 的差值一半，作为该截面的同轴度误差。

5）按上述方法再测量四个不同截面（截面 A、B、C、D）的对应参数，取各截面测得的最大读数 M_{max} 与最小读数 M_{min} 差值一半中的最大值（绝对值）作为该零件的同轴度误差。

6）完成检测报告，整理实验器具。

3. 数据处理

1）先计算出单个测量截面测得的同轴度误差值，即 $\Delta = (M_{max} - M_{min})/2$。

2）取各截面上测得的同轴度误差值中的最大值，作为该零件的同轴度误差。

若测得的零件同轴度误差不大于零件同轴度公差，则说明零件合格。

4.6.6 跳动误差测量

跳动是按测量方式规定的位置误差项目，主要用于回转表面误差控制。圆跳动是被测实际要素绕基准轴线无轴向移动地回转一周时，指示表在给定方向上测得的最大读数与最小读数之差。全跳动是指被测实际要素绕基准轴线做无轴向移动回转，同时指示表沿理想素线做连续移动，由指示表在给定方向上测得的最大读数与最小读数之差。

1. 测量仪器和测量方法

测量仪器包括偏摆仪（百分表或千分表）、测量表架、指示表。

测量时，调整偏摆仪两端顶尖同轴，以两顶尖的轴线模拟公共基准，调整被测工件对顶尖无轴向移动且能转动自如，采用跳动原则，记录指示表读数，确定跳动量。具体检测方法见表4-24。

2. 测量步骤

（1）径向圆跳动误差测量

1）被测工件安装好后，将指示表安装在表架上，使指示表测头接触被测圆柱表面，指针指示值不得超过指示表量程的1/3，测头与基准轴线垂直，指示表调零。

2）轻轻将被测工件回转一周，指示表读数的最大差值即为单个测量截面上的径向圆跳动误差。

3）按上述方法，在若干个正截面上分次测量，分别记录，取各截面上测得跳动量中的最大值作为该零件的径向圆跳动误差。

表 4-24　圆跳动误差测量

项目	使用仪器	检测示意图	检测方法说明
径向圆跳动	跳动检查仪、指示表		1）将工件安装在跳动检查仪的两顶尖之间，公共基准轴线由两顶尖模拟 2）将指示表压缩 2~3 圈 3）将被测工件回转一周，读出指示表的最大变动量 4）按上述方法测若干个截面对应的跳动量，取各截面上测得跳动量的最大值作为该工件的径向圆跳动误差
径向圆跳动	平板、指示表、V形架、圆球、固定支架		1）将被测工件放在 V 形架上，基准轴线由 V 形架模拟，轴向通过圆球支承定位 2）将指示表压缩 2~3 圈 3）将被测工件回转一周，读出指示表的最大变动量 4）按上述方法测若干个截面对应的跳动量，取各截面上测得跳动量的最大值作为该工件的径向圆跳动误差
轴向圆跳动	跳动检查仪、指示表		1）将工件安装在跳动检查仪的两顶尖之间，公共基准轴线由两顶尖模拟 2）将指示表压缩 2~3 圈 3）将被测工件回转一周，读出指示表的最大变动量 4）按上述方法测若干个圆柱面对应的跳动量，取各圆柱面上测得跳动量的最大值作为该工件的轴向圆跳动误差
轴向圆跳动	平板、指示表、V形架、圆球、固定支架		1）将被测工件放在 V 形架上，基准轴线由 V 形架模拟，并轴向固定被测工件 2）将指示表压缩 2~3 圈 3）将被测工件回转一周，读出指示表的最大变动量 4）按上述方法测若干个圆柱面对应的跳动量，取各圆柱面上测得跳动量的最大值作为该工件的轴向圆跳动误差

(2) 径向全跳动误差测量

1) 采用上述方法，在被测工件连续转动过程中，同时让指示表在被测圆柱面上沿基准轴线方向做直线移动。

2) 在整个测量过程中，指示表读数的最大差值即为该零件的全跳动误差。

(3) 轴向圆跳动误差测量

1) 使指示表测头与被测的台阶表面接触，注意指示表指针指示值不得超过指示表量程的 1/3，指示表读数调零。

2) 轻轻转动工件一周，指示表读数的最大差值即为单个测量圆柱面上的轴向圆跳动误差。

3) 按上述方法，在任意半径处测量若干个圆柱面，取各测量圆柱面上测得的跳动量中的最大值作为该零件的轴向圆跳动公差。

本 章 小 结

1. 几何公差项目

几何公差的研究对象是几何要素，根据几何要素特征的不同进行分类，国家标准 GB/T 1182—2008 规定的几何特征项目共有 19 项，应熟悉各项目的符号、有无基准要求等。

2. 几何公差带

几何公差带是限制被测实际要素变动的区域，有大小、形状、方向和位置四个要素。公差带形状用于限制被测要素的形状误差；公差带方向用于限制被测要素的形状和方向误差；公差带位置用于限制被测要素的形状、方向和位置误差。因此，在选用几何公差值时，一般满足 $t_{形状} < t_{定向} < t_{定位}$。

3. 公差原则

公差原则是处理几何公差与尺寸公差关系的基本原则。应了解有关公差原则的术语及定义，掌握各个公差原则的特点和应用场合，能熟练运用独立原则、包容要求。

4. 几何公差的选用

正确选择几何公差对保证零件的功能要求、提高经济效益都有十分重要的意义。了解几何公差的选择依据，初步具备几何公差项目、基准要素、公差等级（公差值）和公差原则的选择能力。

思 考 与 练 习

1. 简答题

1) 几何公差规定的公差项目有哪些？对应的名称和符号是什么？

2) 几何公差带的要素有哪些？常见的几何公差带形状有哪些？

3) 几何公差与几何误差的关系是什么？

4) 体内作用尺寸、体外作用尺寸的含义是什么？与实际尺寸的关系如何？

5) 公差原则有哪些？具体含义是什么？说明它们的应用场合。

6）下列几何公差项目的公差带有何相同点和不同点？

a. 圆度和径向圆跳动的公差带。

b. 圆柱度和径向全跳动的公差带。

c. 端面对轴线的垂直度和轴向全跳动公差带。

2. 标注题

1）将下列几何公差要求标注在图4-35中。

a. $\phi 40_{-0.03}^{0}$ mm 圆柱面对 $2\times\phi 25_{-0.021}^{0}$ mm 圆柱面公共轴线的圆跳动公差为0.015mm。

b. $2\times\phi 25_{-0.021}^{0}$ mm 轴颈的圆度公差为0.01mm。

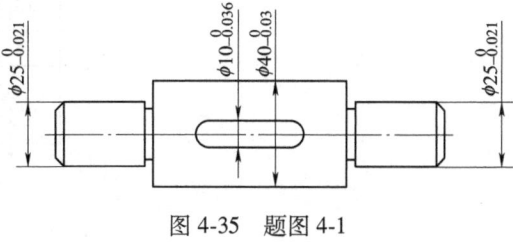

图4-35 题图4-1

c. $\phi 40_{-0.03}^{0}$ mm 圆柱面左、右端面对 $2\times\phi 25_{-0.021}^{0}$ mm 圆柱面公共轴线的轴向圆跳动公差为0.02mm。

d. 键槽 $10_{-0.036}^{0}$ mm 中心平面对 $\phi 40_{-0.03}^{0}$ mm 圆柱面轴线的对称度公差为0.015mm。

2）将下列几何公差要求标注在图4-36中。

a. ϕd 圆锥的左端面对 ϕd_1 轴线的轴向圆跳动公差为0.02mm。

b. ϕd 圆锥面对 ϕd_1 轴线的斜向圆跳动公差为0.02mm。

c. ϕd_2 圆柱面轴线对 ϕd 圆锥左端面的垂直度公差为 $\phi 0.015$mm。

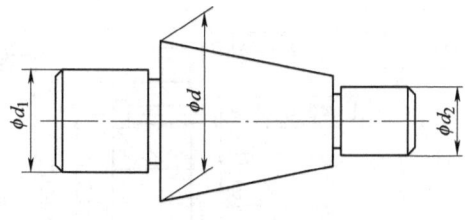

图4-36 题图4-2

d. ϕd_2 圆柱面轴线对 ϕd_1 圆柱面轴线的同轴度公差为 $\phi 0.03$mm。

e. ϕd 圆锥面的任意横截面的圆度公差值为0.006mm。

3. 改图题

1）改正图4-37所示各项几何公差标注上的错误（不得改变几何公差项目）。

2）改正图4-38所示各项几何公差标注上的错误（不得改变几何公差项目）。

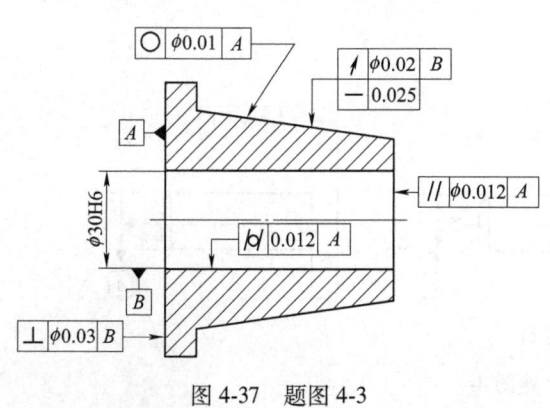

图4-37 题图4-3

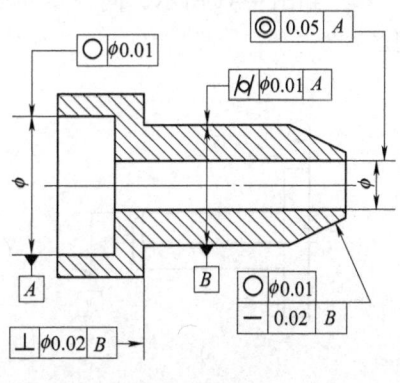

图4-38 题图4-4

3）改正图4-39所示各项几何公差标注上的错误（不得改变几何公差项目）。

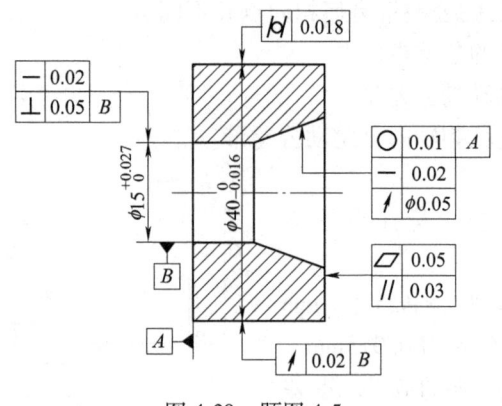

图 4-39　题图 4-5

4. 综合题

1）用文字解释图 4-40 所示各几何公差标注的含义（说明被测要素、基准要素，说明各几何公差项目符号和名称，及公差带的大小、形状、方向、位置）。

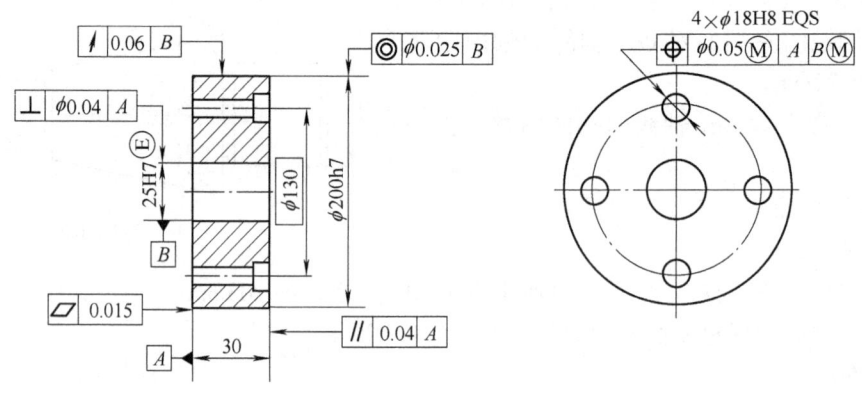

图 4-40　题图 4-6

2）如图 4-41 所示，同一零件标注公差不同的三种情况，试说明它们所要控制的误差有何区别？

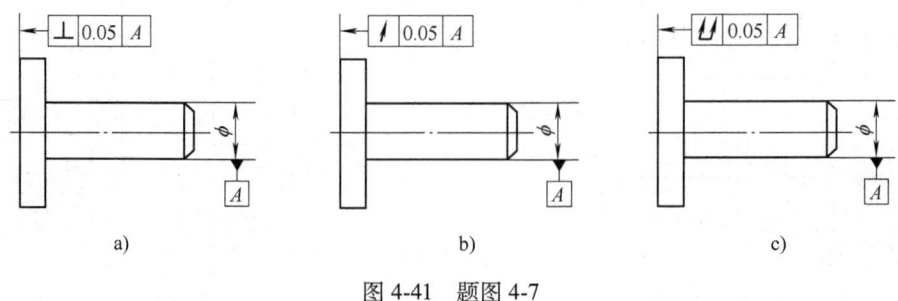

图 4-41　题图 4-7

3）根据图 4-42 填写表 4-25 的相关内容

第 4 章　几何公差及其检测

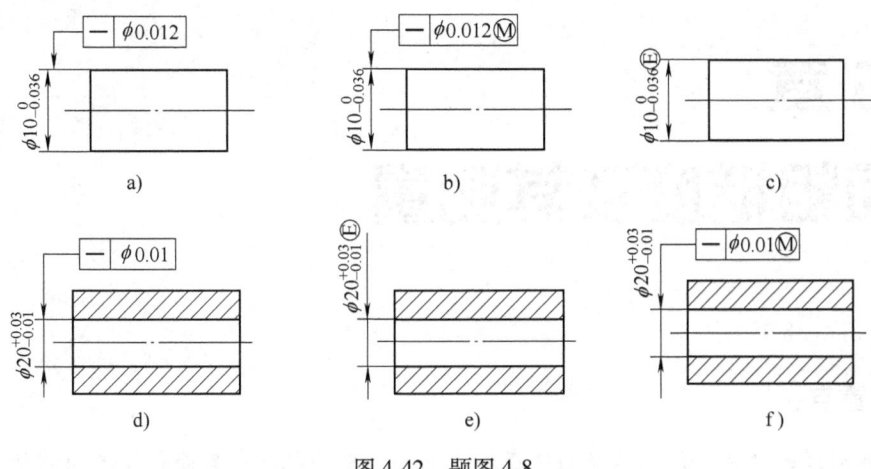

图 4-42　题图 4-8

表 4-25　公差原则解释

图号	公差原则	控制边界名称	边界尺寸	MMC 的几何公差值	LMC 的几何公差值
a					
b					
c					
d					
e					
f					

第 5 章
表面粗糙度及其测量

学习重点：
表面粗糙度的评定，评定参数的选择和表面粗糙度的标注；表面粗糙度的测量。

学习难点：
表面粗糙度的评定和参数的选择。

学习目标：
1) 了解表面粗糙度的概念及其对零件使用性能的影响。
2) 掌握表面粗糙度评定参数的含义及应用场合。
3) 掌握表面粗糙度的标注方法。
4) 了解表面粗糙度参数的选用方法。
5) 了解表面粗糙度的测量方法及测量原理。

零件表面一般是通过去除材料或成形加工（不去除材料）形成的，为使零件满足功能要求，对其表面轮廓不仅要控制尺寸、几何公差要求，还应控制表面粗糙度。表面粗糙度不仅影响美观，对工件的使用性能也有很大影响。表面粗糙度标注示例如图 5-1 所示。表面粗

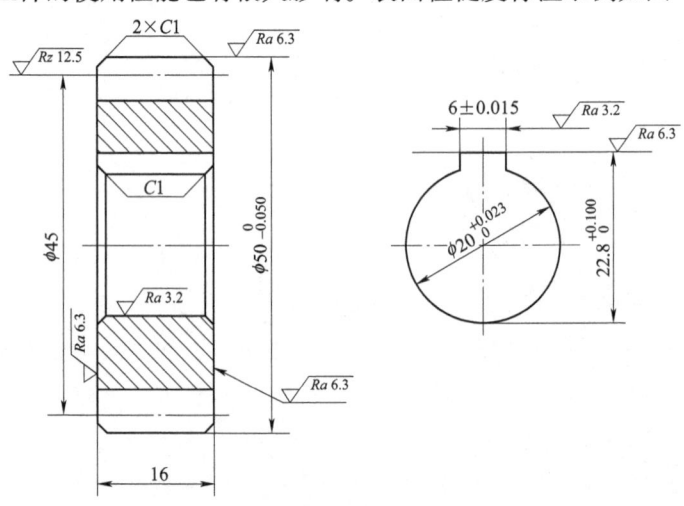

图 5-1 表面粗糙度标注示例

糙度是零件表面质量评定的主要参数，因此要熟练掌握表面粗糙度的相关含义及标注，并能对其进行测量。

5.1 概述

5.1.1 表面粗糙度的概念

在机械加工过程中，由于刀具或砂轮切削后遗留的刀痕、切削过程中切屑分离时的塑性变形，以及机床的振动等原因，被加工零件的表面存在一定的宏观和微观几何形状误差。其中，造成零件表面凹凸不平，形成微观几何形状误差的一系列间距较小（通常波距小于 1mm）的峰谷，称为表面粗糙度。

表面粗糙度与表面宏观几何形状误差、波纹度三者之间通常按波距，或波距与波幅（峰谷高度）的比值来划分。一般波距小于 1mm 为表面粗糙度；波距在 1~10mm 范围内为波纹度；波距大于 10mm 属于宏观几何形状误差。也可认为，波距 λ 和峰谷高度 h 比值小于 40 时属于表面粗糙度；比值在 40~1000 范围内属于波纹度误差；比值大于 1000 时属于宏观几何形状误差。表面结构示意图如图 5-2 所示。

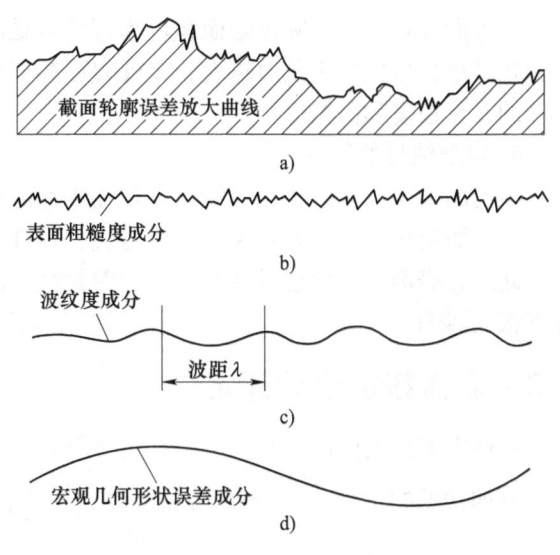

图 5-2 表面结构示意图

5.1.2 表面粗糙度对零件使用性能的影响

表面粗糙度对机械零件使用性能及其寿命影响较大，尤其对高温、高速和高压条件下工作的机械零件影响更大，其影响主要表现在以下五个方面。

1. 对耐磨性的影响

具有一定表面粗糙度的两个零件，当它们接触并产生相对运动时，只是一些峰顶间的接触，从而使实际接触面积减小，比压增大，磨损加剧。零件越粗糙，阻力就越大，零件磨损也越快。但零件表面越光滑，磨损量不一定越小。这是因为零件的耐磨性除受表面粗糙度影响外，还与磨损出来的金属微粒硬度、润滑油被挤出和分子间的吸附作用等因素有关。实践证明，磨损量和表面粗糙度 Ra 值的关系如图 5-3 所示。

2. 对配合性质的影响

表面粗糙度影响配合的可靠性和稳定性。对于间隙配合，相对运动的表面因其粗糙不平而迅速磨损，致使间隙增大；对于过盈配合，表面轮廓峰顶在装配时易被挤平，实际有效过盈量减

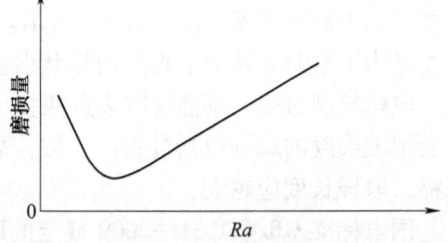

图 5-3 磨损量和表面粗糙度 Ra 值的关系

小，致使连接强度降低。

3. 对疲劳强度的影响

承受疲劳载荷的零件，其破坏多半是因为应力集中产生了疲劳裂纹。零件表面越粗糙，凹痕越深，波谷的曲率半径也越小，对应力集中越敏感。特别是当零件承受交变载荷时，应力集中的影响使疲劳强度降低，导致零件表面产生裂纹而损坏。

4. 对接触刚度的影响

两表面接触时，实际接触面积仅为理想接触面积的一部分。零件表面越粗糙，实际接触面积就越小，单位面积压力越大，零件表面局部变形也必然增大，接触刚度降低，从而影响零件的工作精度和抗振性。

5. 对耐蚀性的影响

粗糙的表面，易使腐蚀性物质存积在表面的微观凹谷处，并渗入到金属内部，致使腐蚀加剧。表面越粗糙，凹谷越深，谷底越尖，零件的耐蚀性越差。

此外，表面粗糙度还对零件结合的密封性、流体流动的阻力、设备外观质量及测量精度等有很大影响。

5.2 表面粗糙度的评定

在评定零件表面质量时，不仅有尺寸公差和几何公差要求，还要有一定的表面粗糙度要求，例如常见的 $\sqrt{Ra\ 6.3}$，该标注的具体含义将在本节内容中进行讲解。

5.2.1 主要术语和定义

1. 实际轮廓（表面轮廓）

实际轮廓是指理想平面与被测提取（实际）表面相交所得的轮廓，可分为横向实际轮廓和纵向实际轮廓，如图5-4所示。

由于加工表面的不均匀性，在评定表面粗糙度时，需要规定取样长度和评定长度等技术参数，以限制和减弱波纹度对表面粗糙度测量结果的影响。

2. 取样长度（lr）

用于判别具有表面粗糙度特征的一段基准线长度，称为取样长度 lr，如图5-5所示。规定取样长度是为了限制和减弱宏观几何形状误差的影响，特别是波纹度对表面粗糙度测量结果的影响。取样长度过短，不能反映表面粗糙度的实际情况；取样长度过长，表面粗糙度的测量值又会把波纹度的成分包括进去。一般，取样长度至少包含5个轮廓峰和5个轮廓谷，表面越粗糙，取样长度应越大。

国家标准GB/T 1031—2009规定的取样长度和评定长度选用值见表5-1。

3. 评定长度（ln）

由于零件表面粗糙度不均匀，为了合理地反映其特征，测量和评定时所规定的一段最小

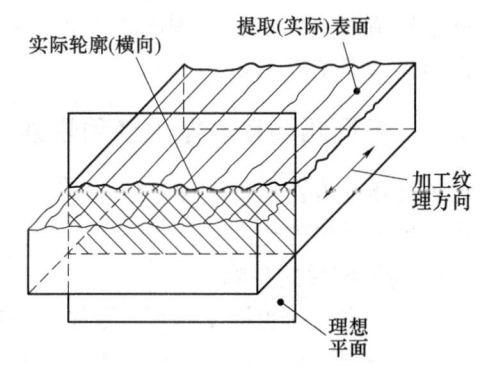

图5-4 实际轮廓

长度称为评定长度（ln）。

一般情况下，取 $ln=5lr$，称为"标准长度"，如图 5-5 所示。如果评定长度取标准长度，则不需在表面粗糙度代号中注明。如果被测表面均匀性较好，测量时可选 $ln<5lr$；若均匀性差，可选 $ln>5lr$，此时需在表面粗糙度代号中注明。

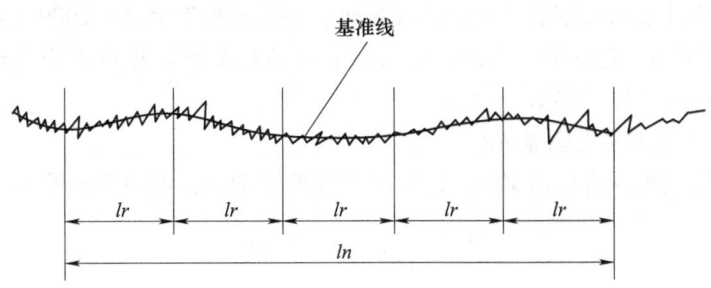

图 5-5　取样长度及评定长度

表 5-1　取样长度和评定长度选用值

Ra/μm	Rz/μm	lr/mm	ln/mm($l_n=5lr$)
≥0.008~0.02	≥0.025~0.10	0.08	0.4
>0.02~0.10	>0.10~0.50	0.25	1.25
>0.10~2.0	>0.50~10.0	0.8	4.0
>2.0~10.0	>10.0~50.0	2.5	12.5
>10.0~80.0	>50.0~320	8.0	40.0

注：Ra、Rz 为表面粗糙度评定参数。

4. 中线（m）

中线是为评定表面粗糙度参数大小所规定的一条参考线，具有几何轮廓形状并划分实际轮廓，在整个取样长度内与实际轮廓走向一致。基准线有如下两种确定方法：

（1）轮廓最小二乘中线　在取样长度内，使轮廓上各点至一条假想线距离的平方和（$\int_0^{lr}[Z_i(x)]^2\mathrm{d}x$）为最小。这条假想线就是轮廓最小二乘中线，如图 5-6 所示。

（2）轮廓算术平均中线　在取样长度内，由一条假想线将实际轮廓分为上、下两部分，使上部分面积之和等于下部分面积之和，即 $\sum_{i=1}^{n}F_i=\sum_{i=1}^{n}F_i'$。这条假想线就是轮廓算术平均中线，如图 5-7 所示。

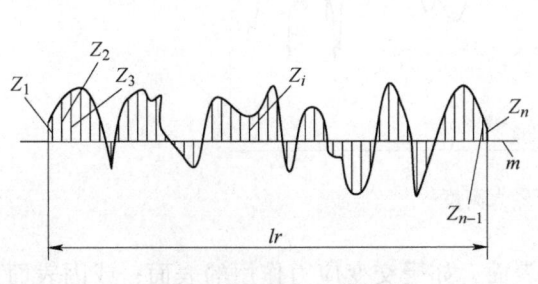

图 5-6　轮廓最小二乘中线

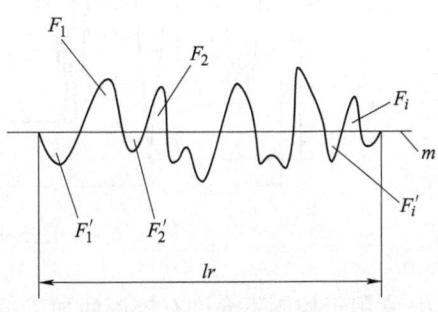

图 5-7　轮廓算数平均中线

用最小二乘法确定的中线是唯一的，但比较困难。算术平均法是一种近似的图解法，较为简便，所以常用它替代最小二乘法应用在生产中。

5.2.2 表面粗糙度的评定参数

为了满足对零件表面规定的不同的功能要求，国标 GB/T 3505—2009《产品几何技术规范（GPS） 表面结构 轮廓法 术语、定义及表面结构参数》根据表面微观几何形状幅度等特征，规定了相应的评定参数。

1. 评定轮廓的算术平均偏差 Ra

在一个取样长度内纵坐标值 $Z(x)$ 绝对值的算术平均值，如图 5-8 所示，即

$$Ra = \frac{1}{lr}\int_0^{lr} |Z(x)| \, dx$$

或近似为

$$Ra = \frac{1}{n}\sum_{i=1}^{n} |Z_i|$$

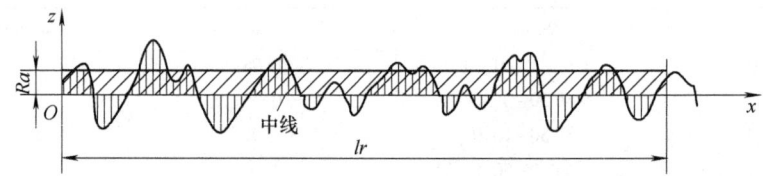

图 5-8 评定轮廓的算术平均偏差

测得的 Ra 值越大，则表面越粗糙。Ra 能客观地反映表面微观几何形状误差，但受到计量器具功能限制，不宜用作过于粗糙或太过光滑表面的评定参数。

2. 轮廓最大高度 Rz

在一个取样长度内，最大轮廓峰高 Zp 和最大轮廓谷深 Zv 之和，如图 5-9 所示，即

$$Rz = Zp + Zv$$

式中，Zp、Zv 都取绝对值。

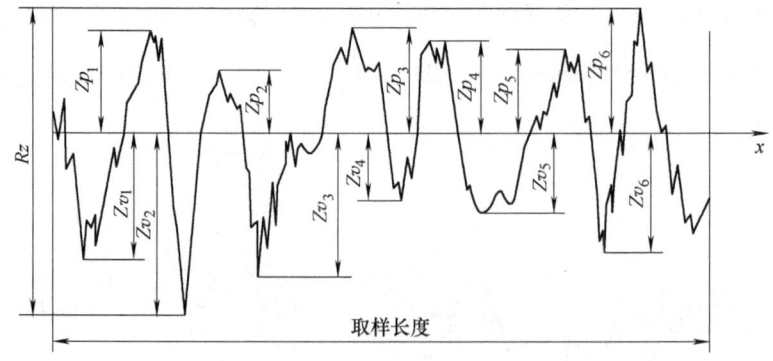

图 5-9 轮廓最大高度

Rz 常用于控制不允许有较深的加工痕迹的表面，如受交变应力作用的表面；或因表面很小不宜采用 Ra 评定的表面。但 Rz 只能反映轮廓的最大高度，不能反映微观几何形状

特征。

在旧国家标准中，"Rz"表示"不平度的十点高度"，而在现行国家标准中，Rz是指"轮廓最大高度"。识读技术文件和图样时必须引起注意。

幅度参数（Ra、Rz）是标准规定必须标注的参数（二者只需选其一），故又称为基本参数。

5.2.3 表面粗糙度的技术要求

1. 表面粗糙度评定参数标准值

在机械零件的精度设计中，通常只给出幅度参数 Ra 或 Rz 的允许值。根据功能需要，也可附加选用间距参数或其他评定参数。

表面粗糙度的评定参数值已经标准化，设计时应根据国家标准规定的参数系列选取。国家标准 GB/T 1031—2009 对参数系列值的规定有基本系列值和补充系列值，要求优先选用基本系列值。Ra、Rz 标准参数系列值见表 5-2、表 5-3。在常用的参数值范围内，优先选用 Ra。

表 5-2 轮廓算术平均偏差 Ra （单位：μm）

系列值	补充系列值	系列值	补充系列值	系列值	补充系列值	系列值	补充系列值
	0.008						
	0.010						
0.012			0.125		1.25	12.5	
	0.016		0.160	1.6			16.0
	0.020	0.20			2.0		20
0.025			0.25		2.5	25	
	0.032		0.32	3.2			32
	0.040	0.40			4.0		40
0.050			0.50		5.0	50	
	0.063		0.63	6.3			63
	0.080				8.0		80
0.100		0.80	1.00		10.0	100	

表 5-3 轮廓最大高度 Rz （单位：μm）

系列值	补充系列值	系列值	补充系列值	系列值	补充系列值	系列值	补充系列值	系列值	补充系列值
			0.125		1.25	12.5			125
			0.160	1.6			16.0		160
		0.20			2.0		20	200	
0.025			0.25		2.5	25			250
	0.032		0.32	3.2			32		320
	0.040	0.40			4.0		40	400	
0.050			0.50		5.0	50			500
	0.063		0.63						630
	0.080	0.8		6.3	8.0		63	800	1000
0.100			1.0		10.0	100	80	1600	1250

2. 表面粗糙度评定参数的选用

零件表面粗糙度的选择直接影响产品的使用性能和零件加工工艺及制造成本。选择表面粗糙度参数的总原则是：首先满足使用性能要求，其次兼顾经济性。即在满足使用要求的前提下，尽可能降低表面粗糙度要求，放大表面粗糙度允许值。

由于表面粗糙度和零件的性能关系复杂，在实际工作中，很难全面而精确地按零件表面性能要求确定表面粗糙度参数值，因此，具体选用时多用类比法来确定表面粗糙度的参数值。

按类比法选择表面粗糙度参数值时，可先根据经验初步选定参数值，然后再对比工作条件进行适当调整，调整时主要考虑以下几点：

1）同一零件，配合表面、工作表面的表面粗糙度值应比非配合表面、非工作表面的小。

2）摩擦表面的表面粗糙度值应比非摩擦表面的小。有相对运动的工作表面，运动速度越高，其表面粗糙度值应越小。

3）配合精度要求高的结合面、尺寸公差和几何公差精度要求高的表面，表面粗糙度值应选小值。对于同一精度等级，小尺寸表面比大尺寸表面粗糙度值小，轴比孔的表面粗糙度值要小。

4）表面粗糙度值应与尺寸公差、几何公差相适应。通常，零件尺寸公差、几何公差要求高时，表面粗糙度值应较小。表 5-4 列出了表面粗糙度值与尺寸公差的关系。

表 5-4 表面粗糙度值与尺寸公差的关系

几何公差 t 占尺寸公差 T 的百分比 $t/T(\%)$	表面粗糙度值占尺寸公差 T 的百分比	
	$Ra/T(\%)$	$Rz/T(\%)$
≈60	≤5	≤20
≈40	≤2.5	≤10
≈25	≤1.25	≤5

5）要求耐蚀的表面，表面粗糙度值应选小值。

6）单位面积压力大或承受交变应力作用的重要零件，其圆角和沟槽的表面粗糙度值应选小值。

7）有关标准已对表面粗糙度要求作出规定的，应按相应标准确定表面粗糙度值。

表 5-5 列出了表面粗糙度参数、加工方法及应用举例，表 5-6 列出了常用零件表面的表面粗糙度推荐值，供选取时参考。

表 5-5 表面粗糙度参数、加工方法及应用举例

$Ra/\mu m$	加工方法	应 用 举 例
12.5~25	粗车、粗铣、粗刨、钻、毛锉、锯断等	半成品粗加工过的表面，粗加工非配合表面。如轴端面、倒角、钻孔、齿轮和带轮侧面、键槽底面、垫圈接触面及不重要的安装支承面
6.3~12.5	车、铣、刨、镗、钻、粗铰等	半精加工表面。如轴上不安装轴承、齿轮等零部件的非配合表面，紧固件的自由装配表面，轴和孔的退刀槽，以及支架、衬套、端盖、螺栓、螺母、齿顶圆、花键非定心表面等

(续)

Ra/μm	加工方法	应用举例
3.2~6.3	车、铣、刨、镗、磨、拉、粗刮、铣齿等	半精加工表面。如箱体、支架、套筒、非传动用梯形螺纹等，及与其他零件结合而无配合要求的表面
1.6~3.2	车、铣、刨、镗、磨、拉、刮等	接近精加工表面。如箱体上安装轴承的孔和定位销的压入孔表面，及齿轮齿条、传动螺纹、键槽、带轮槽的工作面、花键结合面等
0.8~1.6	车、镗、磨、拉、刮、精铰、磨齿、滚压等	有定心及配合要求的表面。如圆柱销、圆锥销的表面、卧式车床导轨面、与P0或P6级滚动轴承配合的表面等
0.4~0.8	精铰、精镗、磨、刮、滚压等	要求配合性质稳定的配合表面及活动支承面。如高精度车床导轨面、高精度活动球状接头表面等
0.2~0.4	精磨、珩磨、研磨、超精加工等	精密机床主轴锥孔、顶尖圆锥面、发动机曲轴和凸轮轴工作表面、高精度齿轮齿面、与P5级滚动轴承配合的表面等
0.1~0.2	精磨、研磨、普通抛光等	精密机床主轴轴颈表面、一般量规工作表面、气缸内表面、阀的工作表面、活塞销表面等
0.025~0.1	超精磨、精抛光、镜面磨削等	精密机床主轴轴颈表面、滚动轴承套圈滚道面、滚珠及滚柱表面、工作量规的测量表面、高压液压泵中的柱塞表面等
0.012~0.025	镜面磨削等	仪器的测量面、高精度量仪等
≤0.012	镜面磨削、超精研等	量块的工作面、光学仪器中的金属镜面等

表 5-6 常用零件表面的表面粗糙度推荐值

表面特征	公差等级	表面	$Ra/\mu m$ ≤	
			公称尺寸/mm	
			≤50	50~500
经常装拆零件的配合表面（如交换齿轮、滚刀等）	IT5	轴	0.2	0.4
		孔	0.4	0.8
	IT6	轴	0.4	0.8
		孔	0.4~0.8	0.8~1.6
	IT7	轴	0.4~0.8	0.8~1.6
		孔	0.8	1.6
	IT8	轴	0.8	1.6
		孔	0.8~1.6	1.6~3.2
	公差等级	表面	公称尺寸/mm		
			≤50	50~120	120~500
a) 过盈配合的配合表面 装配按机械压入法	IT5	轴	0.1~0.2	0.4	0.4
		孔	0.2~0.4	0.8	0.8
	IT6~IT7	轴	0.4	0.8	1.6
		孔	0.8	1.6	1.6
	IT8	轴	0.8	0.8~1.6	1.6~3.2
		孔	1.6	1.6~3.2	1.6~3.2

(续)

表面特征			$Ra/\mu m \leq$					
b) 装配按热装法	—	轴	1.6					
		孔	1.6~3.2					
精密定心用配合的零件表面	表面		径向圆跳动公差/μm					
			2.5	4	6	10	16	25
			$Ra/\mu m \leq$					
	轴		0.05	0.1	0.1	0.2	0.4	0.8
	孔		0.1	0.2	0.2	0.4	0.8	1.6
滑动轴承的配合表面	表面		标准公差等级				液体湿摩擦条件	
			IT6~IT9		IT10~IT12			
			$Ra/\mu m \leq$					
	轴		0.4~0.8		0.8~3.2		0.1~0.4	
	孔		0.8~1.6		1.6~3.2		0.2~0.8	
齿轮传动	直齿、斜齿、人字齿轮	齿轮精度等级	4	5	6	7	8	9	10	11
			0.2~0.4		0.4~0.8		1.6		3.2		6.3	

5.3 表面粗糙度的符号和标注

零件表面粗糙度是一项重要的技术经济指标，表面粗糙度的选择直接影响产品使用性能和零件加工工艺及制造成本，因此图样上通常标注出表面粗糙度要求。图样上给定的表面粗糙度特征代（符）号是对完工后表面的要求。

5.3.1 表面粗糙度的符号和代号

1. 表面粗糙度的图形符号

国家标准 GB/T 131—2006 对表面粗糙度符号、代号及注法都作了规定。表 5-7 列出了表面粗糙度图形符号及其意义和说明。

表 5-7 表面粗糙度图形符号及其意义和说明

图形符号	意义和说明
∨	基本图形符号，表示表面可用任何方法获得（包括镀涂、表面处理、局部热处理等）。当不加注表面粗糙度参数值或有关说明时不能单独使用，仅适用于简化代号标注
∀	去除材料的扩展图形符号，在基本图形符号上加一短横，表示表面是用去除材料的方法获得。例如，冲压、车、铣、钻、磨、剪切、腐蚀、电加工等
∨̇	不去除材料的扩展图形符号，在基本图形符号上加一圆圈，表示表面是用不去除材料的方法获得。例如，铸、锻、冲压变形、热轧、粉末冶金等，或用于保持原供应状况的表面（包括保持上道工序的状况）

(续)

图形符号	意义及说明
![] ![] ![]	完整图形符号，在上述三个符号的长边上加一横线，用于标注有关参数和说明
![] ![] ![]	在上述三个完整图形符号上加一圆圈，表示所有表面具有相同的表面粗糙度要求

2. 表面粗糙度参数及其补充要求的标注

由表面粗糙度图形符号及其他表面特征要求的标注，组成了表面粗糙度代号。表面粗糙度参数及其各项规定在完整图形符号中的注写位置如图 5-10 所示。

图 5-10 所示的表面粗糙度代号中，各位置对应的注写内容如下：

1) 位置 a——注写表面结构的单一要求。

2) 位置 a、b——注写两个或多个表面结构要求。a 注写第一个表面结构要求，b 注写第二个表面结构要求。

3) 位置 c——注写加工方法。

4) 位置 d——注写表面纹理和方向，参见表 5-8。

5) 位置 e——注写加工余量（mm）。

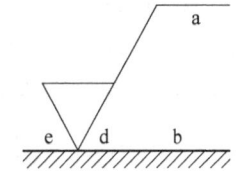

图 5-10 表面粗糙度代号

表 5-8 加工纹理方向符号（摘自 GB/T 131—2006）

符号	示意图	符号	示意图
=	纹理方向 纹理平行于视图所在的投影面	P	纹理呈微粒、凸起、无方向
⊥	纹理方向 纹理垂直于视图所在投影面	M	纹理呈多方向
×	纹理方向 纹理呈两斜向交叉且与视图所在的投影面相交	C	纹理呈近似同心圆且圆心与表面中心无关
		R	纹理呈近似放射状且与表面圆心相关

注：若表中所列符号不能清楚表明所要求的纹理方向，应在图样上用文字说明。

3. 表面粗糙度代号的标注

表面粗糙度代号中标写了具体参数代号及数值。典型表面粗糙度代号的标注示例及其含义见表 5-9。

表 5-9　典型表面粗糙度代号的标注示例及其含义

代 号	含 义	代 号	含 义
$\sqrt{Ra\ 3.2}$	用任何方法获得的表面，Ra 的上限值为 3.2μm	$\sqrt{Ra\ max\ 3.2}$	用任何方法获得的表面，Ra 的最大值为 3.2μm
$\sqrt{L\ Ra\ 3.2}$	用去除材料方法获得的表面，Ra 的下限值为 3.2μm	$\sqrt{\begin{array}{l}U\ Ra\ max\ 3.2\\L\ Ra\ 0.8\end{array}}$	用不去除材料方法获得的表面，双向极限值：Ra 的上限值最大值为 3.2μm 下限值为 Ra 0.8μm
$\sqrt{\begin{array}{l}Ra\ 3.2\\Ra\ 1.6\end{array}}$	用不去除材料方法获得的表面，双向极限值：Ra 的上限值为 3.2μm，Ra 的下限值为 1.6μm	$\sqrt{\begin{array}{l}铣\\Ra\ 6.3\end{array}}$	特别指定用铣削的加工方法获得的表面，Ra 的上限值为 6.3μm
$\sqrt{-0.8/Ra\ 6.3}$	用去除材料方法获得的表面，Ra 的上限值为 6.3μm，取样长度为 0.8μm	$\sqrt[5]{Ra\ 6.3}$	用去除材料的加工方法获得的表面，Ra 的上限值为 6.3μm，加工总余量为 5mm
$\sqrt{\begin{array}{l}Ra\ 6.3\\ \perp\end{array}}$	用去除材料方法获得的表面，Ra 的上限值为 6.3μm，加工纹理垂直于视图所在的投影面	$\sqrt{\begin{array}{l}Ra\ max\ 3.2\\Rz\ max\ 12.5\end{array}}$	用去除材料方法获得的表面，Ra 的最大值为 3.2μm，Rz 的最大值为 12.5μm

当允许表面粗糙度参数的所有实测值中超过规定值的个数不超过总数的 16% 时，应在图样上标注表面粗糙度参数的上限值或下限值。

当要求表面粗糙度参数的所有实测值都不得超过规定值时，应在图样上标注表面粗糙度参数的最大值和最小值，并在参数前加注"max"和"min"。

当只标注参数代号、参数值时，默认为参数的上限值；当参数代号、参数值作为参数的单向下限值标注时，参数代号前应加"L"。在完整符号中表示双向极限时应标注极限代号，上限值在上方用"U"表示，下限值在下方用"L"表示，如果同一参数具有双向极限要求，在不引起歧义的情况下，可以不加"U""L"。

如果对取样长度、加工方法、加工纹理方向、加工余量等参数有附加说明，应在图 5-10 所示的规定处加注。

5.3.2　表面粗糙度在图样上的标注

1. 表面粗糙度基本参数的标注

表面粗糙度要求对每一表面一般只标注一次，并尽可能标注在相应尺寸及其公差的同一视图上。

1) 表面粗糙度标注的总原则是：表面粗糙度符号应标注在可见轮廓线上，数字及其代号的注写和读数方向必须与尺寸数字方向一致，符号的尖端必须从材料外指向被注表面，如图 5-11 所示。

2) 表面粗糙度要求可以直接标注在延长线上，或用带箭头的指引线引出标注，如图 5-12 所示。

3) 在不致引起误解时，表面粗糙度要求可以标注在给定的尺寸线上，如图 5-13 所示。

4) 表面粗糙度要求可标注在几何公差框格的上方，如图 5-14 所示。

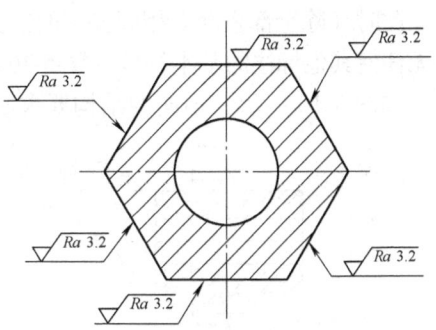

图 5-11 表面粗糙度代号的注写方向

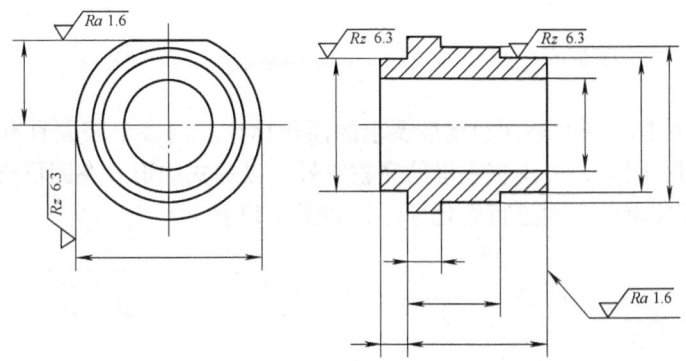

图 5-12 表面粗糙度要求标注在延长线上

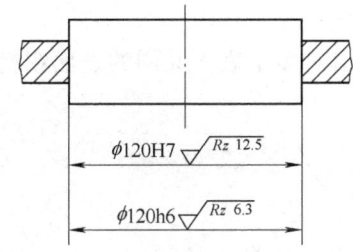

图 5-13 表面粗糙度要求标注在尺寸线上

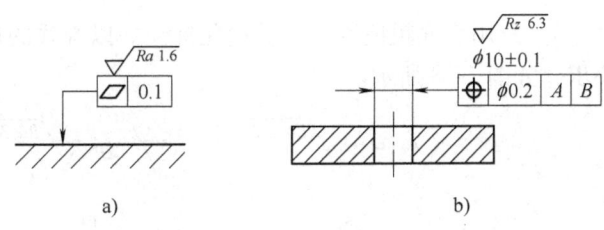

图 5-14 表面粗糙度要求标注在几何公差框格上方

5) 齿轮、渐开线花键、螺纹等零件的工作表面没有画出齿（牙）形时，表面粗糙度代号可按简化标注在节圆线上或螺纹大径上标注，如图 5-15 所示。

2. 表面粗糙度的简化标注

1) 有相同表面粗糙度要求的简化标注。如果工件的多数（包括全部）表面有相同的表面粗糙度要求，则其表面粗糙度要求可统一标注在图样的标题栏附

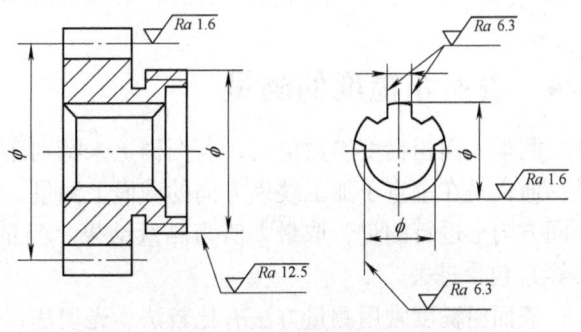

图 5-15 齿轮、花键表面粗糙度要求的标注

近。此时（除全部表面有相同要求的情况外），表面粗糙度要求的符号后面应有：在括号内给出无任何其他标注的基本符号（图 5-16a）；在括号内给出不同的表面结构要求（图 5-16b）。

如图 5-16 所示，不同的结构要求应直接标注在图形中。

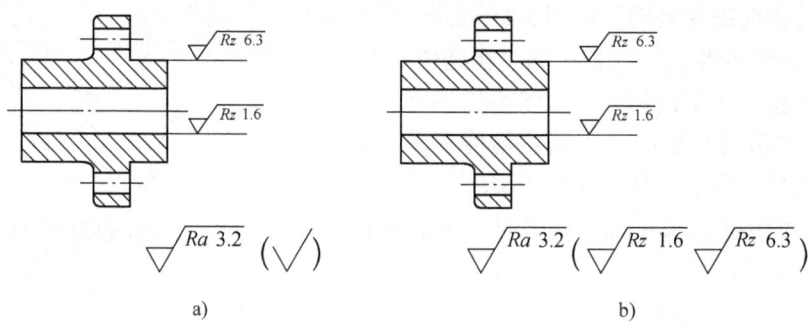

图 5-16　多数表面有相同表面粗糙度要求的简化标注

2) 多个表面具有相同的表面粗糙度要求的简化标注。当多个表面具有相同的表面粗糙度要求或图纸空间有限时，可用带字母的完整符号，以等式的形式在图形或标题栏附近，对有相同表面粗糙度要求的表面进行简化标注，如图 5-17 所示。

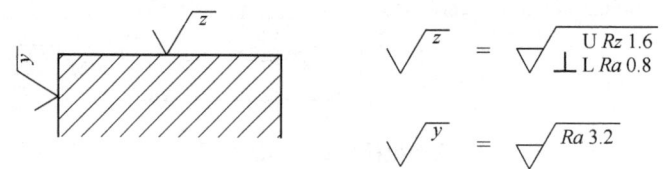

图 5-17　图纸空间有限时的简化标注

3) 只用表面粗糙度符号的简化标注。以等式的形式给出对多个表面共同的表面粗糙度要求，如图 5-18 所示。

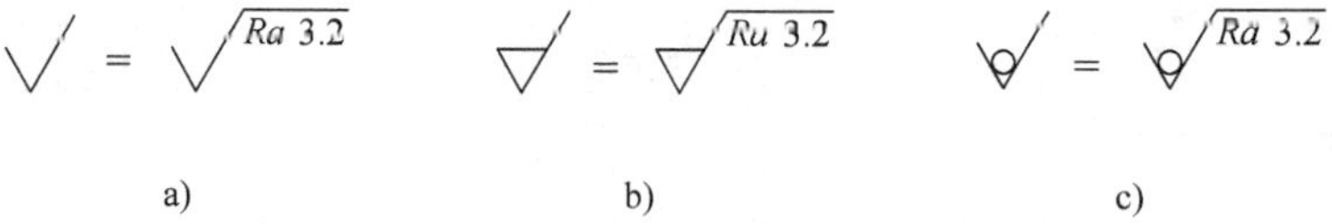

图 5-18　只采用表面粗糙度符号的简化标注
a) 未指定工艺方法　b) 要求去除材料　c) 不允许去除材料

5.4　表面粗糙度的测量

测量表面粗糙度参数值时，若图样上未特别注明测量方向，则应在尺寸最大的方向上测量。通常是在垂直于加工纹理方向的截面上测量。对无固定加工纹理方向的表面，应在几个不同方向上进行测量，取最大值为测量结果。测量时应注意不要把表面缺陷（如气孔、划痕等）包含进去。

表面粗糙度常用测量方法有比较法、光切法、干涉法、针触法和印模法等。根据表面粗糙度参数要求及实际工作环境选择合适的方法进行测量。

5.4.1 测量方法介绍

1. 比较法

比较法是将被测表面与表面粗糙度标准样板相比较,通过视觉、触感或其他方法进行比较后,对被测表面粗糙度作出评定的方法。比较时,可用肉眼观察、手动触摸,也可以借助显微镜、放大镜等工具。

此法简单易行,适于在车间使用。其缺点是评定结果的可靠性很大程度上取决于检测人员的经验。所以比较法仅适用于评定表面粗糙度要求不高的工件。表面粗糙度标准样板如图5-19所示。

图 5-19　表面粗糙度标准样板

2. 光切法

光切法是指利用光切原理来测量表面粗糙度的一种方法。光切法主要用于测量工件表面的微观不平度 Rz 值。常用的测量仪器是光切显微镜,又称双管显微镜。其测量范围取决于选用的物镜的放大倍数,通常适用于测量 $Rz=0.8\sim80\mu m$ 的表面粗糙度(有时也可用来测量零件刻线的槽),其外形如图 5-20 所示。

光切显微镜测量原理如图 5-21 所示。测量时,光源发出的光线经聚光镜穿过狭缝后形成带状光束;光束经物镜以 45°角投射到被测物体表面,在粗糙不平的波峰 s 和波谷 s' 处产生反射;s 和 s' 经观察管的物镜后分别成像于分划板的 a 和 a'。设被测表面微观不平度高度为 h,a 和 a' 之间的距离 h' 是 ss' 经物镜后的放大像,则可求出表面微观不平度高度 h 为

图 5-20　光切显微镜

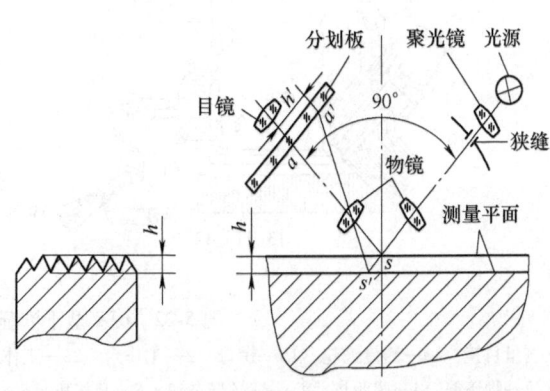

图 5-21　光切显微镜测量原理

$$h = ss'\cos 45° = \frac{h'}{K}\cos 45°$$

式中 K——物镜的放大倍数。

测量时,先将目镜测量器中分划板上十字线的横线与波峰对准,记录下第一个读数;然后移动十字线,使其横线对准波谷,记录下第二个读数。由于分划板十字线与分划板移动成 45°角,故两次读数的差值 H 与 h' 的关系为

$$h' = H\cos 45°$$

即

$$h = \frac{H\cos 45°}{K}\cos 45° = \frac{H}{2K}$$

E 为仪器的分度值,大小与物镜放大倍数有关,一般由仪器说明书给出,示例值见表 5-10。

表 5-10 光切显微镜相关参数示例

物镜放大倍数 K	7×	14×	30×	60×
视场直径/mm	2.5	1.3	0.6	0.3
测量范围 Rz/μm	21~80	6.3~20	1.6~6.3	0.8~1.6
系数 E/(μm/格)	1.20	0.63	0.294	0.145

3. 干涉法

干涉法是指利用光波干涉原理来测量表面粗糙度的一种方法。常用的仪器是干涉显微镜。干涉显微镜是干涉仪和显微镜的组合,由于表面粗糙度是微观不平度,所以用显微镜进行高倍放大,以便观察和测量。干涉显微镜一般用于测量表面粗糙度的 Rz 值,其测量范围通常为 $0.03 \sim 1\mu m$。

图 5-22 所示是国产 6JA 型干涉显微镜的外形图,其光学系统如图 5-23 所示。光源 1 发

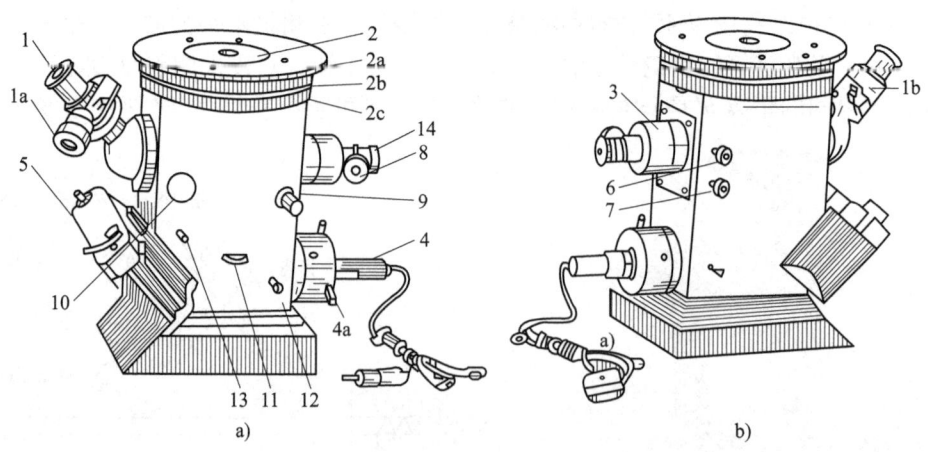

图 5-22 6JA 型干涉显微镜外形图

1—测量目镜 1a—测量鼓轮 1b—螺母 2—工作台 2a—工作台移动滚滑轮 2b—工作台升降滚滑轮 2c—滚滑轮 3—物镜筒 4—照明灯 4a—灯丝调节钮 5—照相机 6—遮光板手轮 7—手轮 8—干涉带位置调节手轮 9—干涉带方向调节手轮 10—目视与摄影转换手轮 11—光阑调节手轮 12—滤光片手轮 13—照相机紧固螺钉 14—干涉带调节手轮

出的光线通过聚光镜 2、4、5（3 是滤色片），经分光镜 6 分成两束。其中一束经补偿板 7、物镜 8 至被测表面 9，再经原光路返回至分光镜 6，反射至目镜 13。另一光束由分光镜 6 反射（遮光板 10 移出），经物镜 11 射至参考镜 12 上，再经原光路返回，并透过分光镜 6，也反射向目镜 13，两路光束相遇叠加，产生干涉，最终通过目镜 13 来观察。由于被测表面粗糙不平，所以这两条光束相遇后可形成与其相应的起伏不平的干涉条纹，如图 5-24 所示。

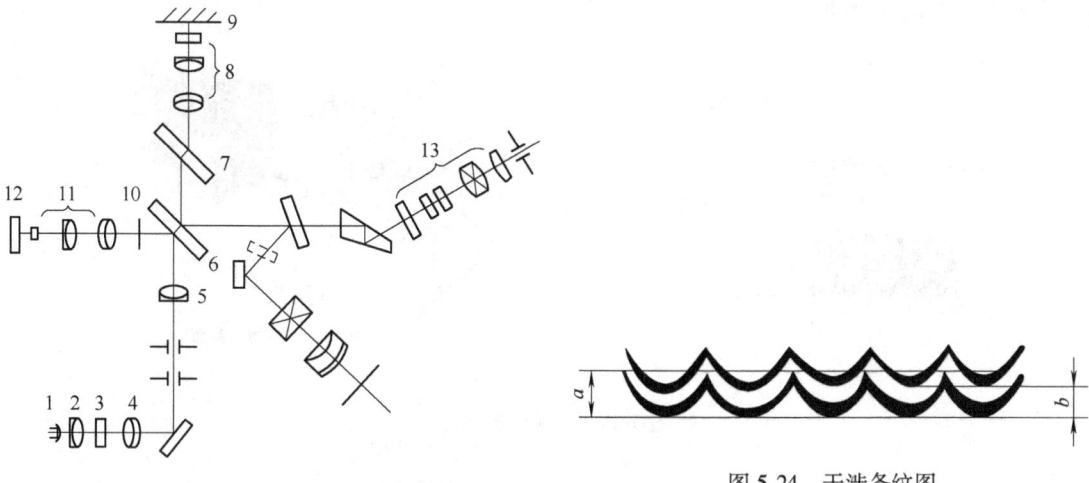

图 5-23　6JA 型干涉显微镜光学系统
1—光源　2、4、5—聚光镜　3—滤色片　6—分光镜
7—补偿板　8、11—物镜　9—被测表面
10—遮光板　12—参考镜　13—目镜

图 5-24　干涉条纹图

通过微测目镜测量干涉条纹的弯曲量（即峰谷读数差）及两相邻条纹之间的距离，即可算出相应的峰谷高度差 h。

$$h = \frac{a\lambda}{2b}$$

式中　a——干涉条纹的弯曲量；
　　　b——相邻干涉条纹的间距；
　　　λ——光波波长。

4. 针触法

针触法是使仪器的触针与被测表面相接触，并使触针沿被测表面轻轻滑动来测量表面粗糙度的一种方法，又称为轮廓法。针触法工作原理如图 5-25 所示，其最大优点是能够直接读出 Ra 数值，但受触针接触测量形式的影响，针触法测量表面粗糙度的范围为 $0.01\sim5\mu m$。常用的测量仪器为电动轮廓仪，如图 5-26 所示。

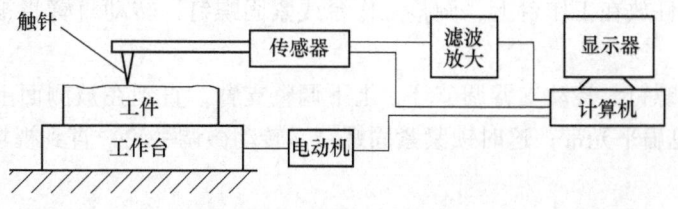

图 5-25　针触法工作原理图

其测量步骤是：将被测工件放在工作台的定位块上，调整工件倾斜度，使工件被测表面平行于传感器的滑行方向；调整传感器及触针的高度，使触针与被测表面适当接触；起动电动机，使传感器带动触针在工件被测表面滑行。由于被测表面有微小的峰谷，触针在滑行的同时具有沿轮廓垂直方向的上下运动。触针的运动情况反映了被测表面轮廓的情况，因此，将触针的运动变化信息通过传感器转换成电信号，经计算和处理，便可由指示表直接显示出 Ra 的大小，如图 5-26 所示。

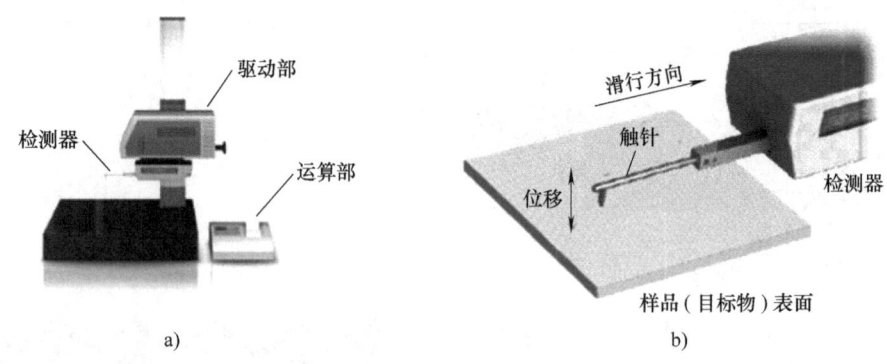

图 5-26 针触法测量图

5. 印模法

印模法是采用一些无流动性和弹性的塑料材料，贴合在被测表面上，将被测表面的轮廓复制成模，然后测量印模，从而间接评定被测表面的表面粗糙度。常用的印模材料有川蜡、石蜡、赛璐珞和低熔点合金等。由于印模材料不可能完全填满被测表面的谷底，取下印模时又会使波峰被削平，因此印模的高度参数值通常比被测表面的实际高度参数值小，应根据实验结果进行修正。

印模法适用于内表面粗糙度的测量，尤其适用于那些既不能用仪器直接测量，也不便用样板对比测量的表面，如深孔、不通孔、凹槽、内螺纹等。

5.4.2 表面粗糙度测量实验

【实验名称】 用光切显微镜测量表面粗糙度

1. 测量步骤

1）以被测工件的表面粗糙度范围为依据，查表 5-10 选择合适的物镜组，安装物镜时，应先按下安装手柄，插入所需物镜后，放松手柄即可。

2）参照表面粗糙度数值范围查表 5-1 求其取样长度 lr 与评定长度 ln。

3）接通显微镜电源。

4）将被测工件放在工作台上，调整工作台或紧固螺钉，转动直臂将被测工件放于物镜正下方。

5）松开紧固螺钉，转动支臂调节环，上下调整支臂，直到在被测面上能看到与表面加工痕迹垂直的绿色扁平光带；这时锁紧紧固螺钉，转动微调手轮，直到视场中出现最清晰的亮带为止。

6）按取样长度 lr 移动工作台千分尺，从目镜中读取取样长度的峰谷数目。旋松测微目镜的紧固螺钉,转动测微目镜,使目镜中十字线的水平线与光带轮廓中线(估计方向)平行,锁紧螺钉,然后转动测微目镜测微器上的刻度套筒,使十字线的水平线处在光带最清晰的一边。在取样长度范围内,找出5个最高峰点和5个最低谷点,并分别使十字线的水平线与之相切,如图5-27所示。读出10个读数a_1、a_2、a_3、$\cdots$、a_{10},测量位置示

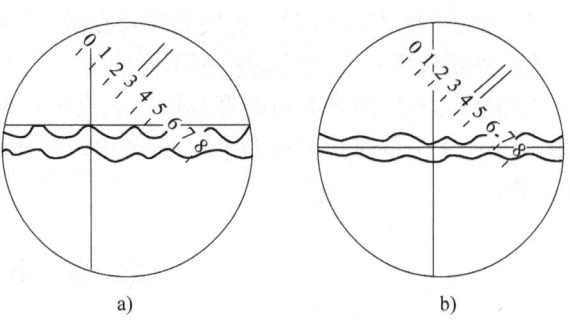

图5-27 十字线移动轨迹

意图如图5-28所示,将所读数值填入表5-11中,并按下式计算出10点平均高度 Rz 值:

$$Rz = \frac{1}{5}(\sum a_{峰} - \sum a_{谷})E$$

式中,读数 a 的单位为套筒格数,目镜视场内刻度每变化一格,套筒转过一周(一般为100格)。

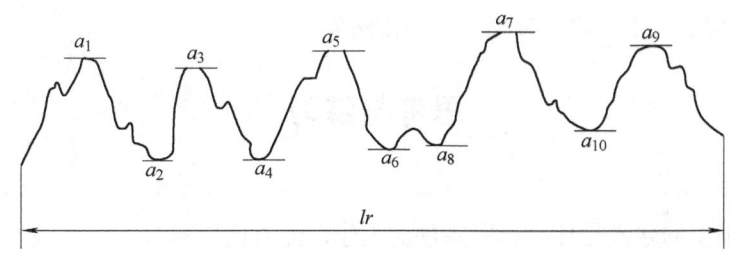

图5-28 测量位置示意图

7)由于零件加工表面的表面粗糙度不一定均匀一致,为了充分反映表面粗糙度的特性,需在评定长度范围内取几个取样长度进行测量并取其平均值。

8)根据计算结果,确定工件表面粗糙度是否符合标准。

表5-11 用光切显微镜测量表面粗糙度数据记寻表

取样长度序号	峰值读数	a_1	a_3	a_5	a_7	a_9	$\sum a$	实测 Rz 值 /μm
	谷值读数	a_2	a_4	a_6	a_8	a_{10}		
1	峰							
	谷							
2	峰							
	谷							
3	峰							
	谷							
...	...	...	...	...	...	...	...	...

2. 注意事项

1)小心调整仪器,防止镜头表面接触被测工件。

2）测量圆柱体工件时，应使光带落在最高素线上，才能获得最清晰的条纹。

3）评定长度 ln 的大小应根据不同的加工方法和相应的取样长度 lr 来确定，在一般情况下，中等均匀程度的表面粗糙度其取样长度值可从表 5-1 中选取；对均匀性比较好的表面，可选用小于 5 个取样长度的 ln 值，而对均匀性比较差的表面，则可选用大于 5 个取样长度的 ln 值。

本 章 小 结

1. 表面粗糙度的相关规定

表面粗糙度是零件被加工表面上的微观几何不平度，表面粗糙度影响零件的使用性能。根据国家标准，表面粗糙度评定的基本参数有轮廓算术平均偏差 Ra 和轮廓最大高度 Rz，表面粗糙度评定参数的值已经标准化，并对表面粗糙度代号及其标注作了规定。

2. 表面粗糙度的选择原则

满足使用性能的前提下兼顾经济性，在选用表面粗糙度数值时常采用类比法。

3. 测量表面粗糙度的方法

比较法、光切法、干涉法、针触法和印模法等。

思考与练习

1. 简答题

1）表面粗糙度的含义是什么？对零件的工作性能有何影响？

2）为什么要规定取样长度和评定长度？两者之间有何关系？

3）表面粗糙度的基本评定参数有哪些？各个评定参数的定义是什么？

4）测量表面粗糙度有哪些方法？其应用范围是什么？

2. 根据相关知识完成表 5-12

表 5-12 题 2 表

代号	意 义
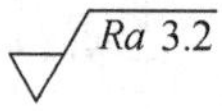 $\sqrt{Ra\ 3.2}$	
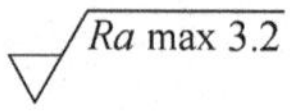 $\sqrt{Ra\ \max\ 3.2}$	
	用不去除材料方法获得的表面，Ra 的上限值为 $3.2\mu m$，Rz 的上限值为 $12.5\mu m$
	用去除材料方法获得的表面，Ra 的最大值为 $3.2\mu m$，最小值为 $1.6\mu m$

3. 综合题

将下列表面粗糙度的要求标注在图 5-29 中。

1）ϕD_1 孔的表面粗糙度参数 Ra 的最大值为 $3.2\mu m$。

2) ϕD_2 孔的表面粗糙度参数 Ra 的上、下限值分别为 $6.3\mu m$ 和 $3.2\mu m$。

3) 凸缘右端面采用铣削加工,表面粗糙度参数 Rz 的上限值为 $12.5\mu m$,加工纹理呈近似放射形。

4) ϕd_1 和 ϕd_2 圆柱面表面粗糙度参数 Rz 的最大值均为 $25\mu m$。

5) 其余表面的表面粗糙度参数 Rz 的最大值均为 $12.5\mu m$。

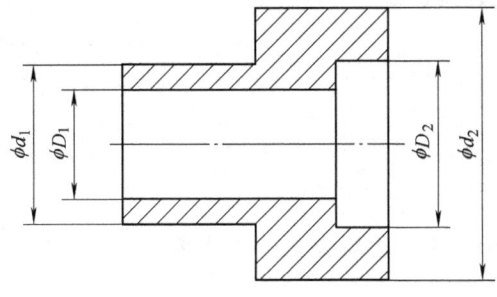

图 5-29　题图 5-1

第 6 章
光滑极限量规

学习重点：

光滑极限量规的用途和分类；量规公差带的计算。

学习难点：

量规公差带的计算；工作量规的设计。

学习目标：

1）了解光滑极限量规的作用、种类。
2）掌握工作量规公差带的计算。
3）理解泰勒原则的含义，掌握符合泰勒原则的量规应具有的要求。
4）掌握工作量规的设计方法。

光滑极限量规是指被检验工件为光滑孔或光滑轴时所用极限量规的总称，简称量规。量规是一种没有刻度的专用检验工具，不能确定工件的实际尺寸，只能确定工件尺寸是否处于规定的极限尺寸范围内。量规结构简单，制造容易，使用方便，因此广泛应用于成批、大量生产中。

6.1 概述

6.1.1 量规的作用

量规的形状与被检验工件的形状相反，其中，孔用量规称为塞规，轴用量规称为卡规和环规，如图 6-1 所示。塞规和卡规都有通规和止规之分，且它们成对使用。检验零件时，若

a) 环规

b) 卡规

c) 塞规

图 6-1 量规实物图

通规通过，止规不通过，则被测件合格，否则为不合格。

塞规是孔用量规，其通规是根据被检验孔的下极限尺寸设计的，作用是防止孔的实际尺寸小于孔的下极限尺寸；止规是根据被检验孔的上极限尺寸设计的，作用是防止孔的实际尺寸大于孔的上极限尺寸，如图 6-2a 所示。

卡规是轴用量规，其通规是根据被检验轴的上极限尺寸设计的，作用是防止轴的实际尺寸大于轴的上极限尺寸；止规是根据被检验轴的下极限尺寸设计的，作用是防止轴的实际尺寸小于轴的下极限尺寸，如图 6-2b 所示。

综上所述，通规的公称尺寸应等于工件的最大实体尺寸（MMS）；止规的公称尺寸应等于工件的最小实体尺寸（LMS）。

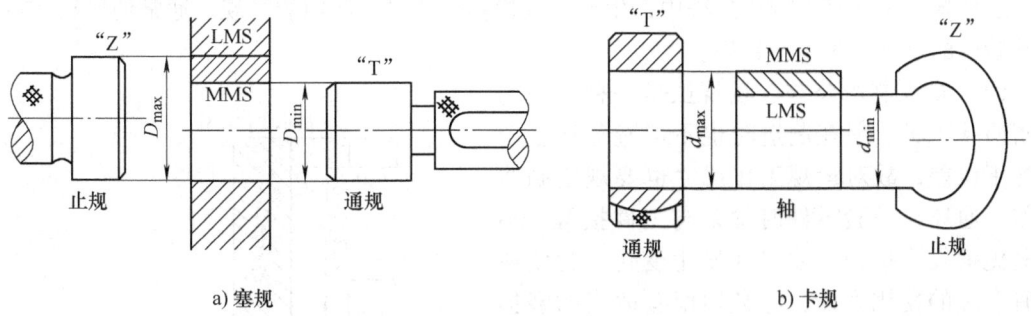

图 6-2 量规的尺寸

6.1.2 量规的种类

量规按其用途不同分为工作量规、验收量规和校对量规三种。

1. 工作量规

工作量规是生产过程中操作者检验工件时所使用的量规。通规用代号"T"表示，止规用代号"Z"表示。

2. 验收量规

验收量规是验收工件时，检验人员或用户代表所使用的量规。验收量规一般不需要另行制造，它的通规是从磨损较多、但未超过磨损极限的工作量规中挑选出来的，验收量规的止规应接近工件的最小实体尺寸。这样，操作者用工作量规自检合格的工件，当检验人员用验收量规验收时一般也会判定合格。

3. 校对量规

校对量规是检验工作量规的量规。由于孔用工作量规便于用精密仪器测量检验，所以国标未规定相应的校对量规，只对轴用工作量规规定了校对量规。

校对量规分为三种，其名称、代号、用途等见表 6-1。

表 6-1 校对量规

量规形状	检验对象	量规名称	量规代号	功能	判断合格的标志
塞规	轴用工作量规	通规	校通—通	TT	防止通规制造时尺寸过小	通过
		止规	校止—通	ZT	防止止规制造时尺寸过小	通过
		通规	校通—损	TS	防止通规使用时磨损过大	不通过

6.2 量规的设计

量规是专用量具,它的制造精度要求比被检验工件更高,但无法将量规工作尺寸正好加工到某一规定值,故对量规工作尺寸也要规定制造公差。

6.2.1 量规公差带的设计

量规有工作量规、验收量规和校对量规三种类型。下面分别介绍各类量规的公差带设计。

1. 工作量规的公差带

工作量规是在零件制作过程中,生产工人检验工件时所使用的量规。通常使用新的或者磨损较少的量规作为工作量规。

(1) 量规制造公差 量规虽是一种专用的精密检验工具,但在制造时也不可避免地会产生加工误差,故对量规工作尺寸也要规定制造公差。通规在检验零件时常常与工件接触,不可避免地发生磨损,使尺寸发生变化,为使通规有合理的使用寿命,还必须留有适当的磨损量。因此,通规公差由制造公差(T_1)和磨损公差两部分组成。止规由于不经常通过零件,磨损量小,所以只规定了制造公差。

国家标准 GB/T 1957—2006 规定量规的公差带不得超越工件的公差带。通规尺寸公差带中心到工件最大实体尺寸之间的距离 Z_1(公差带位置要素)体现了通规的平均使用寿命。通规的制造公差带对称于 Z_1 值,其允许磨损量以工件的最大实体尺寸为极限;止规的制造公差带是从工件最小实体尺寸算起,分布在尺寸公差带之内。其公差带分布如图 6-3 所示。

制造公差 T_1 和通规公差带位置要素 Z_1 综合考虑了量规加工工艺和使用寿命,按工件公称尺寸、公差等级给出。由图 6-3 可知,若量规公差 T_1 和位置要素 Z_1 数值大,对工件的加工不利;但 T_1 值越小,量规制造越困难,Z_1 值越小则量规使用寿命越短。因此,根据我国目前量规制造的工艺水平,国家标准合理规定了量规公差,具体数值见表 6-2。

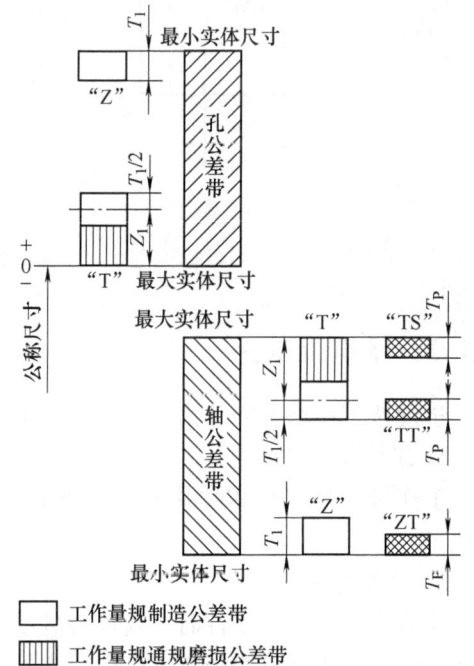

图 6-3 量规公差带分布

国家标准 GB/T 1957—2006 规定工作量规的几何误差应在其尺寸公差范围内,其几何公差为量规尺寸公差的 50%。当量规尺寸公差不大于 0.002mm 时,其几何公差为 0.001mm。

(2) 量规磨损极限偏差 通规的磨损极限尺寸就是零件的最大实体尺寸。由图 6-3 所示的几何关系,可得工作量规上、下极限偏差的计算公式,见表 6-3。

表 6-2 工作量规的尺寸公差和位置要素值（部分） （单位：μm）

工件公称尺寸/mm	IT6 孔或轴的公差值	T_1	Z_1	IT7 孔或轴的公差值	T_1	Z_1	IT8 孔或轴的公差值	T_1	Z_1	IT9 孔或轴的公差值	T_1	Z_1	IT10 孔或轴的公差值	T_1	Z_1	IT11 孔或轴的公差值	T_1	Z_1	IT12 孔或轴的公差值	T_1	Z_1
~3	6	1	1	10	1.2	1.6	14	1.6	2	25	2	3	40	2.4	4	60	3	6	100	4	9
3~6	8	1.2	1.4	12	1.4	2	18	2	2.6	30	2.4	4	48	3	5	75	4	8	120	5	11
6~10	9	1.4	1.6	15	1.8	2.4	22	2.4	3.2	36	2.8	5	58	3.6	6	90	5	9	150	6	13
10~18	11	1.6	2	18	2	2.8	27	2.8	4	43	3.4	6	70	4	8	110	6	11	180	7	15
18~30	13	2	2.4	21	2.4	3.4	33	3.4	5	52	4	7	84	5	9	130	7	13	210	8	18
30~50	16	2.4	2.8	25	3	4	39	4	6	62	5	9	100	6	11	160	8	16	250	10	22
50~80	19	2.8	3.4	30	3.6	4.6	46	4.6	7	74	6	9	120	7	13	190	9	19	300	12	26
80~120	22	3.2	3.8	35	4.2	5.4	54	5.4	8	87	7	10	140	8	15	220	10	22	350	14	30
120~180	25	3.8	4.4	40	4.8	6	63	6	9	100	8	12	160	9	18	250	12	25	400	16	35
180~250	29	4.4	5	46	5.4	7	72	7	10	115	9	14	185	10	20	290	14	29	460	18	40
250~315	32	4.8	5.6	52	6	8	81	8	11	130	10	16	210	12	22	320	16	32	520	20	45
315~400	36	5.4	6.2	57	7	9	89	9	12	140	11	18	230	14	25	360	18	36	570	22	50
400~500	40	6	7	63	8	10	97	10	14	155	12	20	250	16	28	400	20	40	630	24	55

表 6-3 工作量规极限偏差的计算

极限偏差	孔用塞规	轴用卡规
通端上极限偏差	$T_s = EI + Z_1 + \dfrac{T_1}{2}$	$T_{sd} = es - Z_1 + \dfrac{T_1}{2}$
通端下极限偏差	$T_i = EI + Z_1 - \dfrac{T_1}{2}$	$T_{id} = es - Z_1 - \dfrac{T_1}{2}$
止端上极限偏差	$Z_s = ES$	$Z_{sd} = ei + T_1$
止端下极限偏差	$Z_i = ES - T_1$	$Z_{id} = ei$

因此，对于通规，孔用塞规通规的磨损公差带上极限偏差为通端下极限偏差 T_i，下极限偏差为 EI。轴用卡规通规的磨损公差带上极限偏差为 es，下极限偏差为通端上极限偏差 T_{sd}。

2. 验收量规的公差带

验收量规是检验人员或用户代表验收产品时使用的量规。验收量规一般不需要另行制造，在光滑极限量规的相关国家标准中，也没有单独规定验收量规公差带，但规定了检验部门应使用磨损较多的量规，用户代表应使用接近工件最大实体尺寸的通规以及接近工件最小实体尺寸的止规。

3. 校对量规的公差带

校对量规是校对轴用工作量规的量规，以检验其是否符合制造公差及在使用中是否达到磨损极限。由于孔用工作量规可使用通用计量器具检验，所以不需要校对量规。校对量规的公差带如图 6-3 所示。其尺寸公差带完全位于被校对量规的制造公差和磨损极限内，校对量

规的尺寸公差 T_p 为被校对工作量规尺寸公差 T_1 的一半，几何公差应控制在尺寸公差内。

6.2.2 量规设计原则及其结构设计

1. 泰勒原则

设计量规应遵守泰勒原则（极限尺寸判断原则），泰勒原则是指遵守包容要求的单一要素（孔或轴）实际尺寸和几何误差综合形成的体外作用尺寸不允许超越最大实体尺寸，任何位置上的实际尺寸不允许超越最小实体尺寸。

符合泰勒原则的量规如下：

1）量规的设计尺寸。通规的公称尺寸应等于工件的最大实体尺寸（MMS）；止规的公称尺寸应等于工件的最小实体尺寸（LMS）。

2）量规的形状要求。通规用来控制工件的体外作用尺寸，它的测量面应为与孔（或轴）形状相对应的完整表面（即全形量规），且测量长度等于配合长度。止规用来控制工件的实际尺寸，它的测量面应是点状的（即不全形量规），且测量长度应尽可能短些，止规表面与工件是点接触。

用符合泰勒原则的量规检验工件时，若通规能通过并且止规不能通过，则表示工件合格；否则即为不合格。

如图 6-4 所示，孔的实际轮廓已超出尺寸公差带，应为不合格品。用全形通规检验时，不能通过；而用点状不全形止规检验，虽然沿 x 方向不能通过，但沿 y 方向却能通过。于是，该孔被正确地判断为废品。反之，若用两点状不全形通规检验，则可能沿 y 轴方向能通过；用全形止规检验，则不能通过。这样一来，由于量规的测量面形状不符合泰勒原则，导致把该孔误判为合格。

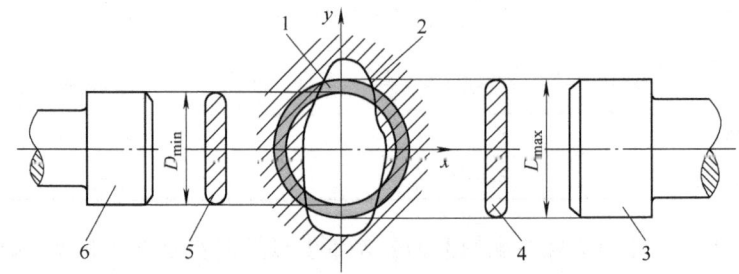

图 6-4 量规形状对检验结果的影响

1—孔公差带　2—工件实际轮廓　3—全形塞规的止规　4—不全形塞规的止规
5—不全形塞规的通规　6—全形塞规的通规

在量规的实际应用中，由于量规制造和使用等方面的原因，要求量规形状完全符合泰勒原则是有一定困难的。因此，国家标准规定，在被检验工件的形状误差不影响配合性质的条件下，允许使用偏离泰勒原则的量规。例如，对于尺寸大于 100mm 的孔，为了不让量规过于笨重，通规很少制成全形轮廓。同样，为了提高检验效率，检验大尺寸轴的通规也很少制成全形环规。此外，全形环规不能检验已装夹在顶尖上的被加工零件及曲轴等零件。当采用不符合泰勒原则的量规检验工件时，应在工件的多个方位上做多次检验，并从工艺上采取措施以限制工件的形状误差。

2. 量规的结构设计

选用量规结构形式时，必须考虑工件的结构、大小、产量和验收率等。图 6-5 所示为不同尺寸范围下通规、止规的形式及应用范围。光滑极限量规的结构形式很多，图 6-6、图 6-7 分别给出了几种常用的轴用量规和孔用量规的结构形式。

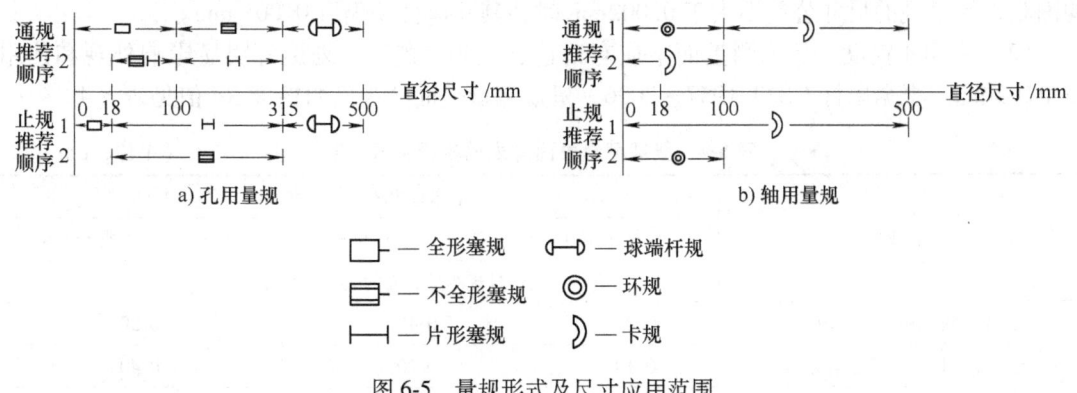

图 6-5 量规形式及尺寸应用范围

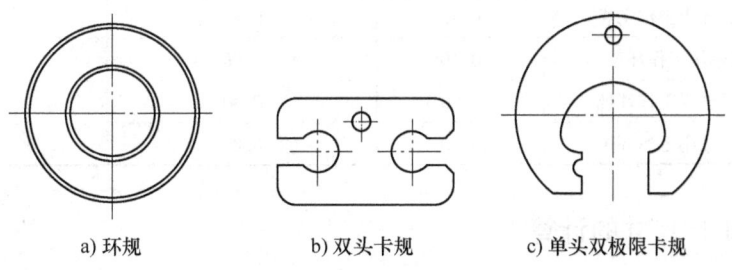

图 6-6 轴用量规的结构形式

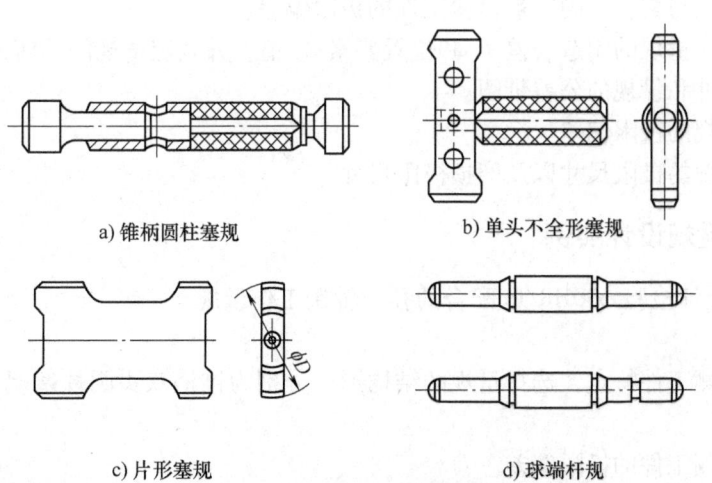

图 6-7 孔用量规的结构形式

3. 量规的技术要求

（1）量规材料 量规测量面的材料与硬度对量规使用寿命有一定影响。量规可用合金工具钢（如 CrMn、CrWMn、CrMoV）、碳素工具钢（如 T10A、T12A）、渗碳钢（如 15 钢、

20钢）及其他耐磨材料（如硬质合金）制造。量规测量面硬度一般为58～65 HRC，并应经过稳定性处理。量规手柄一般用Q235钢、LY11铝等材料制造。

（2）几何公差　国家标准GB/T 1957—2006规定了工件孔或轴的公差等级IT6～IT16对应的量规公差。并规定，量规的几何公差一般为量规尺寸公差的50%。考虑到制造和测量的困难，当量规的尺寸公差不大于0.002mm时，其几何公差仍取0.001 mm。

（3）表面粗糙度　量规测量面不应有锈迹、毛刺、黑斑、划痕等明显影响外观和使用质量的缺陷。根据国标GB/T 1957—2006，量规测量表面的表面粗糙度Ra值见表6-4。

表6-4　量规测量表面的表面粗糙度Ra值　　　（单位：μm）

工作量规	工作量规的公称尺寸/mm		
	小于或等于120	大于120、小于或等于315	大于315、小于或等于500
	工作量规测量表面的表面粗糙度Ra值/μm		
IT6级孔用工作塞规	0.05	0.10	0.20
IT7级～IT9级孔用工作塞规	0.10	0.20	0.40
IT10级～IT12级孔用工作塞规	0.20	0.40	0.80
IT13级～IT16级孔用工作塞规	0.40	0.80	0.80
IT6级～IT9级轴用工作环规	0.10	0.20	0.40
IT10级～IT12级轴用工作环规	0.20	0.40	0.80
IT13级～IT16级轴用工作环规	0.40	0.80	0.80

6.2.3　量规工作尺寸的计算

光滑极限量规工作尺寸计算的一般步骤如下：
1）按照公差与配合，确定被检验工件的极限偏差。
2）查出工作量规的制造公差T_1和位置要素Z_1值，并确定量规的几何公差。
3）画出工件和量规的公差带图。
4）计算量规的极限偏差。
5）计算量规的极限尺寸以及磨损极限尺寸。

6.2.4　工作量规设计实例

【案例】　设计检验$\phi 30H8/f8$配合的孔、轴用工作量规。

解

1）根据被测工件特点，选择量规的结构形式分别为锥柄双头圆柱塞规和单头双极限圆形片状卡规。

2）确定被测工件的极限偏差。

查表2-3～表2-5，得$\phi 30H8$孔的极限偏差为：ES=+0.033mm，EI=0mm；$\phi 30f8$轴的极限偏差为：es=-0.020mm，ei=-0.053mm。

3）确定工作量规的制造公差T_1和位置要素Z_1值。由表6-2查得：
$$T_1=0.0034\text{mm}，Z_1=0.005\text{mm}，T_1/2=0.0017\text{mm}。$$

4）计算量规的极限偏差。由表6-3计算得：

孔用塞规通端（T）：

$$上极限偏差 = EI + Z_1 + T_1/2 = (0 + 0.005 + 0.0017)\text{mm} = +0.0067\text{mm}$$
$$下极限偏差 = EI + Z_1 - T_1/2 = (0 + 0.005 - 0.0017)\text{mm} = +0.0033\text{mm}$$
$$磨损下极限偏差 = EI = 0\text{mm}$$

孔用塞规止端（Z）：

$$上极限偏差 = ES = +0.033\text{mm}$$
$$下极限偏差 = ES - T_1 = (+0.033 - 0.0034)\text{mm} = +0.0296\text{mm}$$

轴用卡规通端（T）：

$$上极限偏差 = es - Z_1 + T_1/2 = (-0.020 - 0.005 + 0.0017)\text{mm} = -0.0233\text{mm}$$
$$下极限偏差 = es - Z_1 - T_1/2 = (-0.020 - 0.005 - 0.0017)\text{mm} = -0.0267\text{mm}$$

磨损上极限偏差 = es = -0.020mm

轴用卡规止规（Z）：

上极限偏差 = $ei + T_1 = (-0.053 + 0.0034)$mm
= -0.0496mm

下极限偏差 = ei = -0.053mm

5）绘制工作量规公差带图，如图6-8所示。

6）计算量规的极限尺寸和磨损极限尺寸。

孔用塞规通端（T）：

上极限尺寸 = (30 + 0.0067)mm = 30.0067mm

下极限尺寸 = (30 + 0.0033)mm = 30.0033mm

磨损极限尺寸 = 30mm

孔用塞规止端（Z）：

上极限尺寸 = (30 + 0.033)mm = 30.033mm

下极限尺寸 = (30 + 0.0296)mm = 30.0296mm

轴用卡规通端（T）：

上极限尺寸 = (30 - 0.0233)mm = 29.9767mm

下极限尺寸 = (30 - 0.0267)mm = 29.9733mm

磨损极限尺寸 = 29.98mm

轴用卡规止端（Z）：

上极限尺寸 = (30 - 0.0496)mm = 29.9504mm

下极限尺寸 = (30 - 0.053)mm = 29.947mm

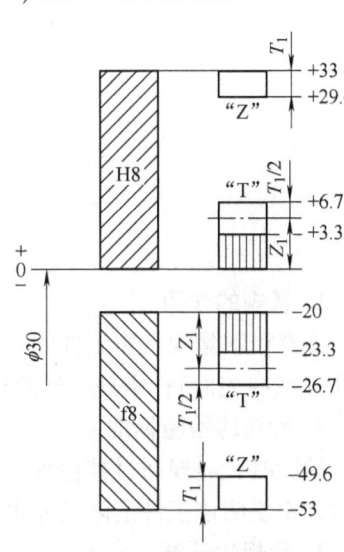

图6-8 孔、轴工作量规公差带图

7）按选定的量规形式绘制量规图样并标注工作尺寸。

根据上述计算及相应的技术要求，对于 $\phi30$H8/f8 配合，孔用塞规结构如图6-9所示，轴用卡规结构如图6-10所示。

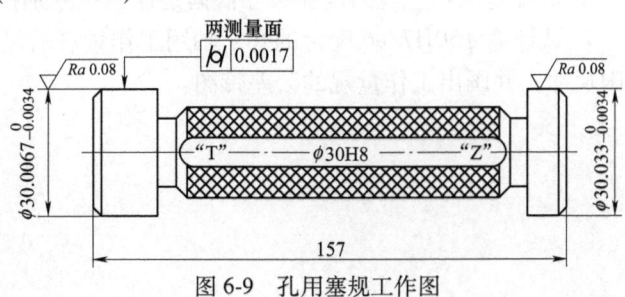

图6-9 孔用塞规工作图

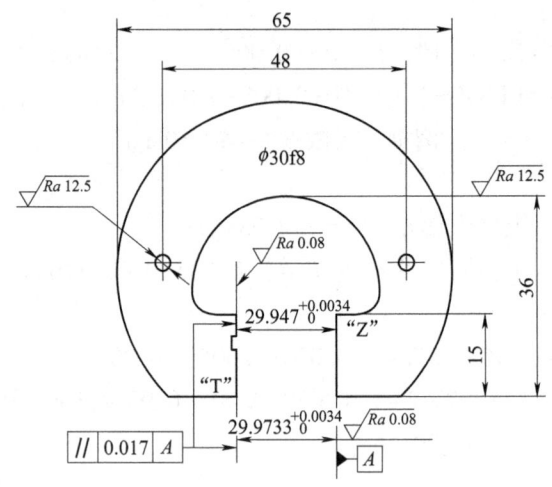

图 6-10 轴用卡规工作图

本 章 小 结

1. 量规的作用

光滑极限量规是按工件的不同尺寸及精度等级设计制造的无刻线专用量具。塞规用于检测孔（或内表面）；卡规、环规用于检测轴（或外表面），均由通规与止规组成。

2. 量规的检验标准

检验时，通规通过被检轴、孔，表示工件的作用尺寸没有超出最大实体边界；而止规不通过，则说明该工件实际尺寸也正好没有超越最小实体尺寸，此时零件合格。

3. 量规的分类

根据用途不同，量规分为工作量规、验收量规和校对量规三种。工作通规的公差带由制造公差和磨损公差两部分组成。工作止规公差带只有制造公差。

思考与练习

1. 如何使用光滑极限量规判断零件的合格性？
2. 简述光滑极限量规的分类及应用场合。
3. 量规通规和止规的设计尺寸依据是什么？分别控制工件的什么尺寸？
4. 试计算 $\phi 50H7/e6$ 配合的孔、轴用工作量规的尺寸，上、下极限偏差以及通规的磨损极限尺寸，并画出工作量规的公差带图。

第 7 章
滚动轴承的公差与配合

学习重点：

滚动轴承的公差等级；滚动轴承内、外径公差带及其特点。

学习难点：

滚动轴承公差等级的应用；滚动轴承与轴和轴承座孔公差配合的选择；几何公差和表面粗糙度的选择。

学习目标：

1) 掌握滚动轴承互换性的概念和滚动轴承公差等级的规定及应用。
2) 掌握滚动轴承内、外径公差带的特点，以及相配轴颈、轴承座孔的公差带选择。
3) 熟练掌握滚动轴承公差等级的规定、滚动轴承公差带的特点及选用。

滚动轴承作为标准部件，是机器上广泛使用的支承件，由专业的滚动轴承制造商生产。滚动轴承的公差与配合设计是指正确确定滚动轴承内圈与轴径的配合、外圈与轴承座孔的配合，以及正确确定轴径和轴承座孔的尺寸公差带、几何公差和表面粗糙度参数值，以保证滚动轴承的工作性能和使用寿命。

7.1 滚动轴承的互换性和公差等级

7.1.1 滚动轴承的互换性

滚动轴承是一种标准部件，通常由内圈、外圈、滚动体和保持架四部分组成，如图 7-1a 所示。按照滚动体形状的不同，滚动轴承可分为球轴承和滚子轴承；按受载荷作用方向的不同，则可分为向心轴承、推力轴承、向心推力轴承，如图 7-1 所示。

按公称接触角的不同，向心轴承又分为径向接触轴承和角接触轴承（图 7-1c）。通常，滚动轴承内圈装在传动轴的轴颈上，随轴一起旋转，以传递转矩；外圈固定于机体孔中，起支承作用。

轴承内圈内孔和外圈外圆柱面应具有完全互换性，以便于轴承安装和更换。此外，考虑技术性和经济性，轴承装配中某些零件的特定部位采用不完全互换。

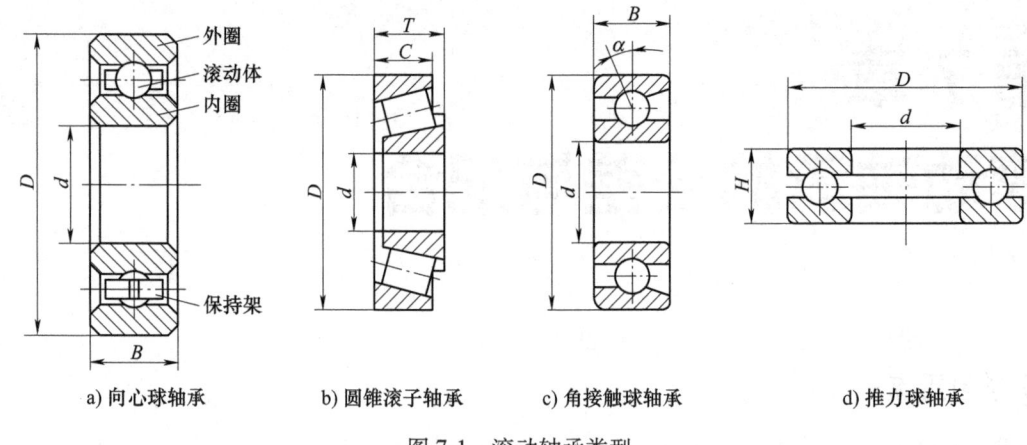

a) 向心球轴承　　b) 圆锥滚子轴承　　c) 角接触球轴承　　d) 推力球轴承

图 7-1　滚动轴承类型

7.1.2　滚动轴承的公差等级及其应用

1. 滚动轴承的公差等级

轴承的尺寸精度指轴承内径、外径和宽度的尺寸公差；轴承的旋转精度指轴承内、外圈的径向圆跳动、端面对滚道的圆跳动、端面对内孔的圆跳动等。GB/T 272—2017 规定，滚动轴承公差等级按精度等级由低至高为 PN（普通级）、P6、P6X、P5、P4、P2。不同种类的滚动轴承公差等级稍有不同，GB/T 307.1—2017 和 GB/T 307.4—2017 对各类滚动轴承公差等级的规定情况如下：

圆锥滚子轴承：P0（普通级）、P6X、P5、P4 和 P2。

向心轴承（圆锥滚子轴承除外）：P0（普通级）、P6、P5、P4 和 P2。

推力轴承：P0、P6、P5 和 P4。

2. 滚动轴承各级精度的应用

（1）P0 级（普通精度级）　在机械制造业中应用最广，主要用在中等负荷、中等转速和旋转精度要求不高的一般机构中。如普通机床的变速机构、汽车和拖拉机的变速机构用轴承。

（2）P6、P6X 级（中等精度级）　应用于旋转精度和转速较高的旋转机构中，如普通机床的主轴后轴承和比较精密的仪器旋转机构中的轴承。

（3）P5、P4 级（高精度级）　应用于旋转精度高和转速高的旋转机构中，如精密机床的主轴轴承、精密仪器和机械使用的轴承。

（4）P2 级（超高精度级）　应用于旋转精度和转速很高的旋转机构中，如精密坐标镗床的主轴轴承、高精度仪器和高转速机构中使用的轴承。

高精度轴承在金属切削机床上的应用实例见表 7-1。

表 7-1　高精度轴承应用实例

设备类型	轴承公差等级				
	深沟球轴承	圆柱滚子轴承	角接触轴承	圆锥滚子轴承	推力与角接触球轴承
普通车床主轴		P5、P4	P5	P5	P5、P4
精密车床主轴		P4	P5、P4	P5、P4	P5、P4

(续)

设备类型	轴承公差等级				
	深沟球轴承	圆柱滚子轴承	角接触轴承	圆锥滚子轴承	推力与角接触球轴承
铣床主轴		P5、P4	P5	P5	P5、P4
镗床主轴		P5、P4	P5、P4	P5、P4	P5、P4
坐标镗床主轴		P4、P2	P4、P2	P4	P4
机械磨头			P5、P4	P4	P5
高速磨头			P4	P2	
精密仪表	P5、P4		P5、P4		

7.2 滚动轴承的公差带及其选择

7.2.1 滚动轴承公差带及其特点

1. 配合基准制

滚动轴承是标准部件,根据配合基准制的选用原则,轴承内圈与轴颈采用基孔制配合,轴承外圈与轴承座孔采用基轴制配合,以实现完全互换。

2. 公差带的特点

通常情况下,轴承内圈随传动轴一起转动,且不允许轴、孔之间有相对运动,所以两者的配合应具有一定的过盈;但由于内圈是薄壁零件,又常需维修拆换,过盈量不宜过大。而一般的基准孔,其公差带在零线上侧,若选用过盈配合,则其过盈量太大;如果选用过渡配合,又可能出现间隙,使内圈与轴在工作时发生相对滑动,导致结合面磨损。

所以国家标准规定:滚动轴承内圈基准孔的公差带位于以公称内径 d 为零线的下方,且上极限偏差为零,如图7-2所示。因此,在采用相同轴公差带的前提下,滚动轴承内圈与轴颈所得到的配合比 GB/T 1801—2009 中规定的同名基孔制的相应配合要紧些。当其与 k6、m6、n6 等轴构成配合时,将获得比一般基孔制过渡配合规定的过盈量稍大的过盈配合;当与 g6、h6 等轴构成配合时,不再是间隙配合,而成为过渡配合。

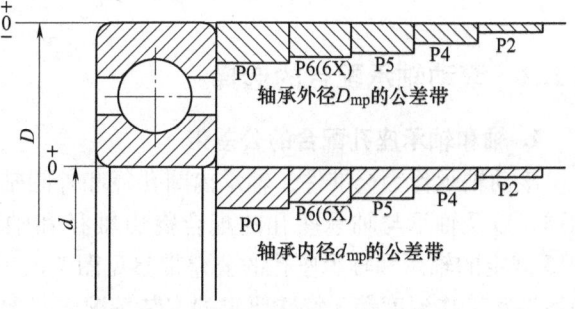

图 7-2 滚动轴承与轴颈、轴承座孔配合的公差带图

通常,滚动轴承的外圈安装在轴承座孔中且不旋转,国家标准规定:滚动轴承外圈基准轴的公差带位于以公称外径 D 为零线的下方,且上极限偏差为零,如图7-2所示。它与一般圆柱结合的基轴制配合中的孔公差带相同,但公差带的大小不同,所以其公差带也是特殊的。其配合基本上保持 GB/T 1801—2009 中规定的同名配合的配合性质。

国家标准 GB/T 275—2015 规定的 P0 级滚动轴承与轴和轴承座孔配合的常用公差如图7-3所示。

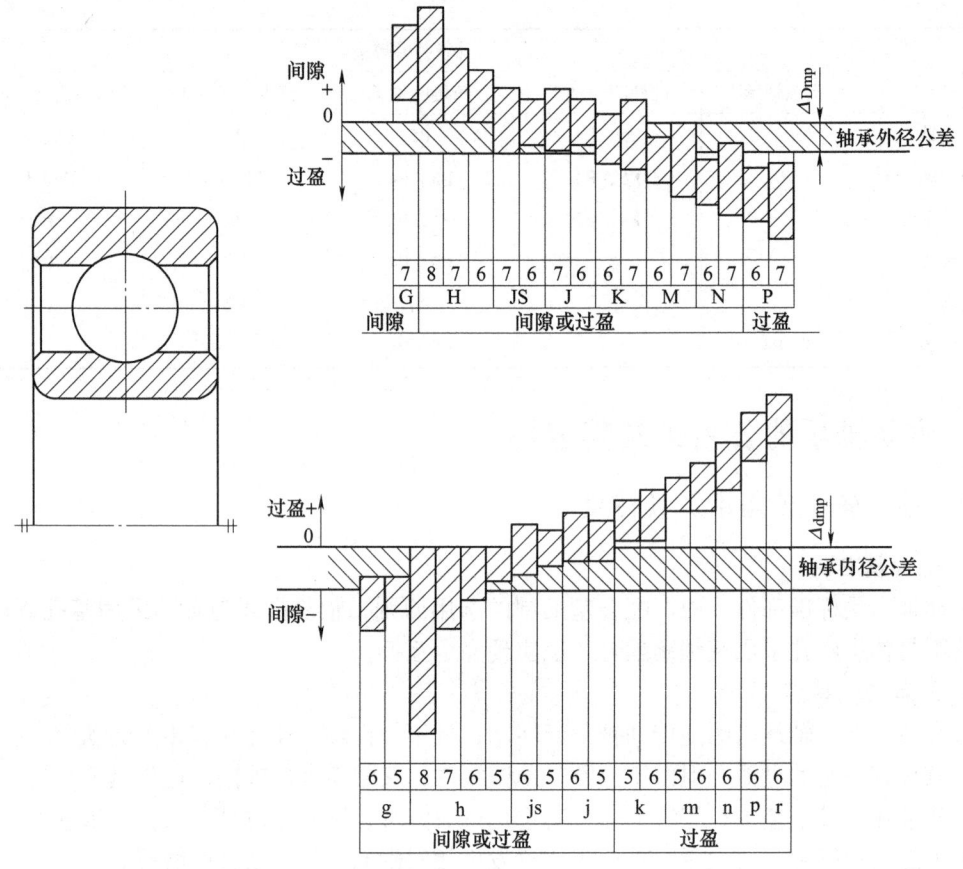

图 7-3 滚动轴承与轴和轴承座孔的配合

7.2.2 滚动轴承配合的选择

1. 轴和轴承座孔配合的公差带

滚动轴承作为标准件，轴承内圈孔径和外圈轴径公差带在制造时已确定，因此，轴承与轴颈，以及轴承与轴承座孔的配合需由轴径和轴承座孔的公差带决定。国标 GB/T 275—2015 规定的轴颈和轴承座孔的公差带参见图 7-3。该标准只适用于对轴承的旋转精度、运转平稳性和工作温度等无特殊要求的安装情况。且要求轴为实心或厚壁钢制轴，轴承座为铸钢或铸铁制件。

2. 轴承与轴颈、轴承座孔配合的选择

正确选用滚动轴承与轴和轴承座孔的配合，对保证机器正常运转、提高轴承的使用寿命、充分发挥轴承的承载能力有很大影响，选择轴承配合时应综合考虑其所受载荷的种类、大小、轴承的工作环境等各方面因素。

（1）载荷的类型　根据作用于轴承上的合成径向载荷相对套圈的旋转情况，可将所受载荷分为局部载荷、循环载荷和摆动载荷三类。

1）局部载荷。作用于轴承上的合成径向载荷与套圈相对静止，即作用方向始终不变地作用在套圈滚道的局部区域上，该套圈所承受的这种载荷，称为局部载荷。例如轴承承受某一个方向不变的径向载荷 R_g，此时，固定不转的套圈所承受的载荷类型即为局部载荷，或称固定载荷，如图 7-4a 中的外圈和图 7-4b 中的内圈所示。承受这类载荷的套圈，局部滚道始终受力，磨损集中，其配合应松些，即选较松的过渡配合或具有极小间隙的间隙配合，以便使套圈滚道间的摩擦力矩可带动套圈偶尔转位、受力均匀、延长使用寿命；但配合也不能过松，否则会引起套圈在相配件上滑动而使结合面磨损。

2) 循环载荷。作用于轴承上的合成径向载荷与套圈相对旋转，即合成径向载荷顺次地作用在套圈滚道的整个圆周上，该套圈所承受的这种载荷，称为循环载荷。例如轴承承受某一个方向不变的径向载荷 R_g，旋转套圈所承受的载荷性质即为循环载荷，如图 7-4a 中的内圈和图 7-4b 中的外圈所示。承受这类载荷的特点是：载荷与套圈相对转动，不会导致滚道局部磨损，但此时要防止套圈相对于轴颈或轴承座孔转动引起配合面的磨损、发热。因此，其配合通常应选紧些，即选较紧的过渡配合或过盈量较小的过盈配合，其过盈量的大小以不使套圈与轴或轴承座孔在配合表面间产生"爬行现象"为原则。

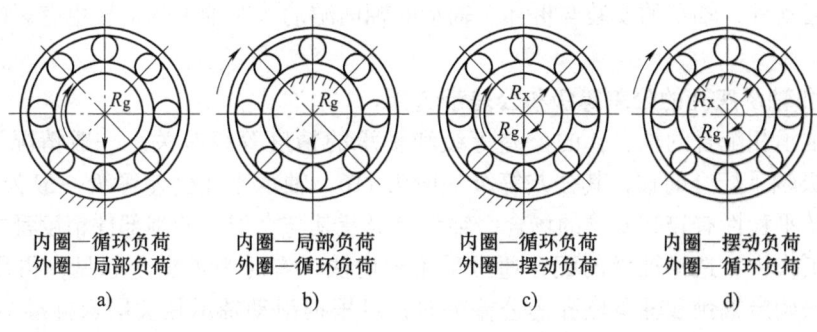

图 7-4 轴承套圈承受载荷的类型

3) 摆动载荷。作用于轴承上的合成径向载荷与受载套圈在一定区域内相对摆动，即合成径向载荷经常变动地作用在套圈滚道的局部圆周上，该套圈所承受的载荷，称为摆动载荷。例如轴承承受某一个方向不变的径向负荷 R_g，和一个较小的旋转径向负荷 R_x，两者的合成径向负荷 R 的大小与方向都在变动，但仅在非旋转套圈的一段滚道内摆动，如图 7-5 所示，该套圈所承受的载荷，即为摆动载荷，如图 7-4c 中的外圈和图 7-4d 中的内圈所示。

(2) 载荷的大小　载荷的大小可用当量径向动载荷 F_r 与轴承径向额定动载荷 C_r 的比值来区分，一般规定：当 $F_r \leq 0.07C_r$ 时，为轻载荷；当 $0.07C_r < F_r \leq 0.15C_r$ 时，为正常载荷；当 $F_r > 0.15C_r$ 时，为重载荷。

选择滚动轴承与轴和轴承座孔的配合与载荷大小有关。载荷越大，过盈量应选得越大，因为在重载荷作用下，轴承套圈容易变形，使配合面受力不均匀，会引起配合松动。因此，承受轻载荷、正常载荷、重载荷的轴承与轴颈和轴承座孔配合的紧密程度应依次增大。

(3) 工作温度的影响　轴承运转时，因为摩擦发热和其他热源的影响，轴承套圈的温度会高于相配合零件的温度。因此，轴承内圈会因热膨胀导致与轴颈配合的松动，而轴承外圈则因热膨胀与轴承座孔配合变紧，从而影

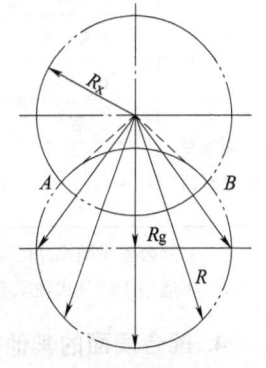

图 7-5 摆动载荷

响轴承的轴向游动。若轴承工作温度高于100℃，选择轴承的配合时必须考虑温度的影响。

（4）轴承尺寸的大小　轴承工作时变形量的大小与公称尺寸有关，因此，轴承尺寸越大，选择的过盈配合的过盈量应越大，间隙配合的间隙量也应越大。

（5）旋转精度和速度的影响　对于载荷较大、有较高旋转精度要求的轴承，为了消除弹性变形和振动的影响，应避免采用间隙配合，但过盈配合也不宜太紧。但轴承的旋转速度越高，配合应越紧。对于精密机床的轻载荷轴承，为避免孔与轴的形状误差对轴承精度产生影响，常采用较小的间隙配合。

（6）轴承座（或轴）结构和材料的影响　轴承套圈与其部件的配合，不应因轴或轴承座孔相配表面的几何误差而导致轴承内、外圈的不正常变形。对于开式的轴承座，与轴承外圈的配合宜采用较松的配合，以免过盈量大而将轴承外圈夹扁、甚至将轴卡住，但也不应使外圈在轴承座孔内转动。为保证轴承有足够的连接强度，当轴承安装于薄壁轴承座、轻合金轴承座或空心轴上时，应采用比配合厚壁轴承座、铸铁轴承座或实心轴更紧的配合。

除上述因素外，轴承的安装与拆卸、轴承的轴向游动等对轴承的运转也有影响，应当做全面的分析。

3. 轴颈和轴承座孔的公差等级和公差带选择

与滚动轴承相配合的轴、孔的公差等级和轴承的精度等级有关。一般情况下，与P0、P6（P6X）级轴承配合的轴，其公差等级一般为IT6，轴承座孔公差等级一般为IT7。对旋转精度和运转平稳性有较高要求的场合，轴承等级及其与之配合的零部件精度都相应提高。

在设计工作中，选择轴承的配合通常采用类比法，有时为了安全起见，再用计算法校核。用类比法确定轴颈和轴承座孔的公差带时，可根据滚动轴承相关国家标准 GB/T 275—2015 推荐的资料进行选取，见表 7-2~表 7-5。

表 7-2　向心轴承和轴承座孔的配合——孔公差带

载荷情况		举例	其他状况	公差带[1]	
				球轴承	滚子轴承
外圈承受固定载荷	轻、正常、重	一般机械、铁路机车车辆轴箱	轴向易移动，可采用剖分式轴承座	H7、G7[2]	
	冲击		轴向能移动，可采用整体或剖分式轴承座	J7、JS7	
方向不定载荷	轻、正常	电机、泵、曲轴主轴承		K7	
	正常、重				
	重、冲击	牵引电机		M7	
外圈承受旋转载荷	轻	皮带张紧轮	轴向不移动，采用整体式轴承座	J7	K7
	正常	轮毂轴承		M7	N7
	重			—	N7、P7

[1] 并列公差带随尺寸的增大从左至右选择。对旋转精度有较高要求时，可相应提高一个公差等级。

[2] 不适用于剖分式轴承座。

4. 配合表面的其他技术要求

为了保证轴承的工作质量及使用寿命，除选定轴和轴承座孔的公差带之外，国标 GB/T 275—2015 规定了与轴承配合的轴颈和轴承座孔表面的圆柱度公差、轴肩及轴承座孔端面的轴向圆跳动公差、各表面的表面粗糙度要求等，见表 7-6、表 7-7。

表 7-3 向心轴承和轴的配合——轴公差带

圆柱孔轴承					
载荷情况		举例	深沟球轴承、调心球轴承和角接触球轴承	圆柱滚子轴承和圆锥滚子轴承	调心滚子轴承	公差带
			轴承公称内径/mm			
内圈承受旋转载荷或方向不定载荷	轻载荷	输送机、轻载齿轮箱	≤18 >18~100 >100~200 —	— ≤40 >40~140 >140~200	— ≤40 >40~100 >100~200	h5 j6① k6① m6①
	正常载荷	一般通用机械、电动机、泵、内燃机、正齿轮传动装置	≤18 >18~100 >100~140 >140~200 >200~280 — —	— ≤40 >40~100 >100~140 >140~200 >200~400 —	— ≤40 >40~65 >65~100 >100~140 >140~280 >280~500	j5 js5 k5② m5② m6 n6 p6 r6
	重载荷	铁路机车车辆轴箱、牵引电机、破碎机等	— — — —	>50~140 >140~200 >200 —	>50~100 >100~140 >140~200 >200	n6③ p6③ r6③ r7③
内圈承受固定载荷	所有载荷	内圈需在轴向易移动	非旋转轴上的各种轮子	所有尺寸		f6 g6
		内圈不需在轴向易移动	张紧轮、绳轮			h6 j6
仅有轴向载荷			所有尺寸			j6、js6
圆锥孔轴承						
所的载荷		铁路机车车辆轴箱	装在退卸套上	所有尺寸		h8（IT6）④,⑤
		一般机械传动	装在紧定套上	所有尺寸		h9（IT7）④,⑤

① 凡精度要求较高的场合，应用 j5、k5、m5 代替 j6、k6、m6。
② 圆锥滚子轴承、角接触球轴承配合对游隙影响不大，可用 k6、m6 代替 k5、m5。
③ 重载荷下轴承游隙应选大于 N 组。
④ 凡精度要求较高或转速要求较高的场合，应选用 h7（IT5）代替 h8（IT6）等。
⑤ IT6、IT7 表示圆柱度公差数值。

表 7-4 推力轴承和轴承座孔的配合——孔公差带

载荷情况	轴承类型	公差带
仅有轴向载荷	推力球轴承	H8
	推力圆柱、圆锥滚子轴承	H7
	推力调心滚子轴承	—①

载荷情况		轴承类型	公差带
径向和轴向联合载荷	座圈承受固定载荷	推力角接触球轴承、推力调心滚心轴承、推力圆锥滚子轴承	H7
	座圈承受旋转载荷或方向不定载荷		K7[②]
			M7[③]

① 轴承座孔与座圈间间隙为 $0.001D$（D 为轴承公称外径）。
② 一般工作条件。
③ 有较大径向载荷时。

表 7-5 推力轴承和轴的配合——轴公差带

载荷情况		轴承类型	轴承公称内径/mm	公差带
仅有轴向载荷		推力球和推力圆柱滚子轴承	所有尺寸	j6、js6
径向和轴向联合载荷	轴圈承受固定载荷	推力调心滚子轴承、推力角接触球轴承、推力圆锥滚子轴承	≤250	j6
			>250	js6
	轴圈承受旋转载荷或方向不定载荷		≤200	k6[①]
			>200~400	m6
			>400	n6

① 要求较小过盈时，可分别用 j6、k6、m6 代替 k6、m6、n6。

表 7-6 常用轴颈和轴承座孔的几何公差值（部分）

公称尺寸/mm	圆柱度/μm				轴向圆跳动/μm			
	轴颈		轴承座孔		轴肩		轴承座孔肩	
	轴承公差等级							
	0	6 (6X)	0	6 (6X)	0	6 (6X)	0	6 (6X)
	公差值/μm							
18~30	4	2.5	6	4	10	6	15	10
30~50	4	2.5	7	4	12	8	20	12
50~80	5	3	8	5	15	10	25	15
80~120	6	4	10	6	15	10	25	15
120~180	8	5	12	8	20	12	30	20
180~250	10	7	14	10	20	12	30	20

表 7-7 配合表面及端面的表面粗糙度

轴颈或轴承座孔的直径/mm	轴颈或轴承座孔配合表面直径公差等级					
	IT7		IT6		IT5	
	表面粗糙度 Ra 值/μm					
	磨	车	磨	车	磨	车
≤80	1.6	3.2	0.8	1.6	0.4	0.8
80~500	1.6	3.2	1.6	3.2	0.8	1.6
端面	3.2	6.3	3.2	6.3	1.6	3.2

第 7 章　滚动轴承的公差与配合

【案例】 已知减速器的功率为 5kW，从动轴转速为 83r/min，其两端的轴承为 6211 深沟球轴承（$d=55$mm，$D=100$mm），轴上安装的齿轮的模数为 3mm，齿数为 79。试确定轴颈和轴承座孔的公差带、几何公差值和表面粗糙度参数值，并标注在图样上（$P_r=0.01C_r$）。

解 1）减速器属于一般机械，转速不高，选 P0 级轴承。

2）齿轮传动时，轴承外圈相对于载荷方向静止，承受局部载荷，应选较松配合；内圈与轴一起旋转，因承受循环载荷，应选较紧配合；已知 $P_r=0.01C_r$，小于 $0.07C_r$，故轴承承受轻载荷。查表 7-2、表 7-3，选轴颈公差带为 j6，轴承座孔公差带为 H7。

3）查表 7-6，轴颈的圆柱度公差为 0.005mm，轴肩轴向圆跳动公差为 0.015mm，轴承座孔圆柱度公差为 0.01mm，孔肩轴向跳动公差为 0.025mm。

4）查表 7-7 中的表面粗糙度参数值，轴承座孔取 $Ra\leq 3.2\mu m$，轴颈取 $Ra\leq 1.6\mu m$，轴肩端面 $Ra\leq 3.2\mu m$，轴承座孔肩端面 $Ra\leq 3.2\mu m$。

5）标注如图 7-6 所示，因滚动轴承是标准件，装配图上只需注出轴颈和轴承座孔的公差带代号即可。

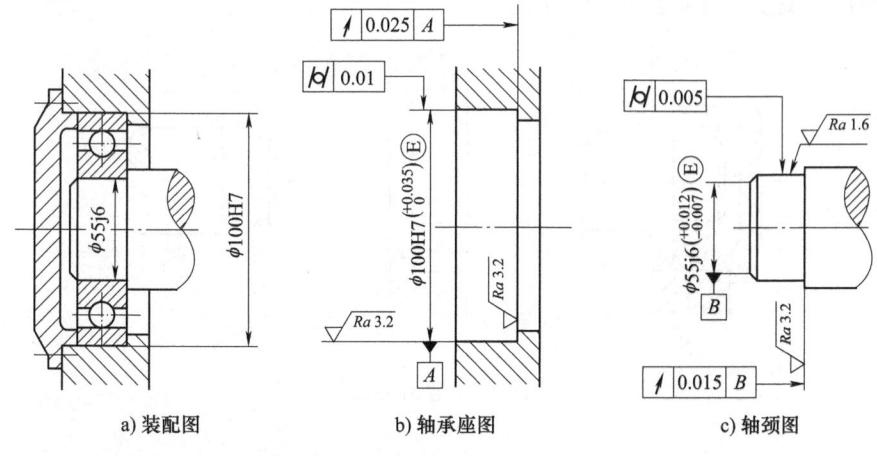

图 7-6　减速器轴承公差与配合图解

本　章　小　结

1. 滚动轴承的公差等级

滚动轴承的公差等级：向心轴承的公差等级由低到高依次为 P0、P6、P5、P4、P2；圆锥滚子轴承的公差等级为 P0、P6X、P5、P4、P2；推力轴承的公差等级为 P0、P6、P5、P4。其中，0 级精度最低，称为普通级，应用最广。

2. 滚动轴承的配合

滚动轴承内圈与轴颈的配合采用基孔制，外圈与轴承座孔的配合采用基轴制。滚动轴承内、外圈分别与轴颈和壳体孔配合的公称尺寸，它们的公差带均在零线下方，且上极限偏差均为零。所以与轴配合较紧，与轴承座孔配合较松，从而保证内、外圈正常工作。

滚动轴承配合的选用主要依据载荷的类型和大小。轴承承受载荷分为局部载荷、循环载荷、摆动载荷三种类型。根据国家相关标准 GB/T 275—2015 确定配合轴颈和轴承座孔的公差带、几何公差和表面粗糙度。

思考与练习

1. 简答题

1）不同轴承的精度有哪几个公差等级？哪个等级应用最广泛？

2）滚动轴承与轴、轴承座孔配合，采用何种基准制？其配合与一般圆柱体的同名配合有何不同？

3）选择滚动轴承与轴、轴承座孔的配合时主要考虑哪些因素？

4）滚动轴承承受载荷的类型与配合的选择有何关系？

2. 综合题

有一成批生产的开式直齿轮减速器，转轴上安装 6290/P0 深沟（向心）球轴承，承受的当量径向动载荷为 1500N，工作温度 $t<100℃$。试选择与轴、轴承座孔配合的公差带、几何公差及表面粗糙度，并标注在图 7-7 上。

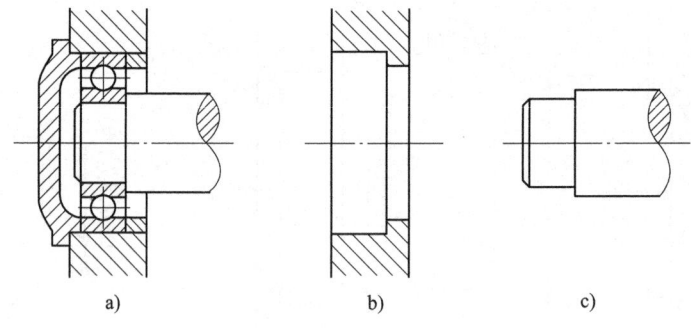

图 7-7　题图 7-1

第 8 章
键与花键的公差与配合

📖 学习重点：
普通平键的公差与配合；花键的公差与配合。

📖 学习难点：
矩形花键的测量方法。

📖 学习目标：

1) 掌握平键联接及矩形花键联接的公差与配合，掌握几何公差和表面粗糙度的选用与标注。

2) 了解平键与矩形花键联接采用的基准制和测量方法。

键与花键用于联接轴和轴上零件（如齿轮、带轮、联轴器等），以达到周向固定、传递转矩的目的。键联接可拆卸，在机械传动中用途十分广泛，根据需要，键联接可以有轴向的相对移动。

键的类型可分为单键和花键。单键包括平键、半圆键、楔键和切向键，如图 8-1 所示。平键和半圆键应用最广。

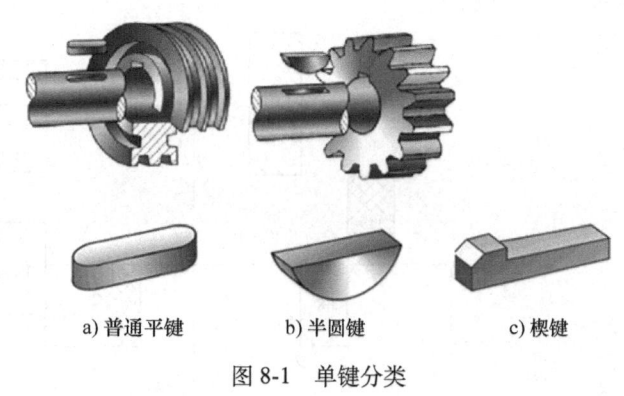

a) 普通平键　　b) 半圆键　　c) 楔键

图 8-1　单键分类

8.1　单键联接

键是标准件，平键按用途分为普通平键、导向平键。普通平键用于固定联接，导向平键用于移动联接。

单键联接由键、轴槽和轮毂槽（孔槽）三部分组成，键的侧面分别与轴槽、轮毂槽的侧面接触以传递动力和转矩，键的上表面和轮毂槽底面留有一定的间隙。键和轴槽的侧面应有足够大的实际有效接触面积来承受载荷，并且键嵌入轴槽时要牢固可靠，防止松动脱落。

平键联接及主要结构参数如图 8-2 所示。键宽和键槽宽 b 是决定配合性质和配合精度的主要参数,为主要配合尺寸,其公差等级要求高;而键长 L、键高 h、轴槽深 t_1 和轮毂槽深 t_2 为非配合尺寸,其精度要求较低。

8.1.1 平键联接的公差与配合

平键是通过侧面与轴槽和轮毂槽的相互挤压来传递转矩的,因此键联接的主要参数是键宽 b。平键配合相当于轴与不同基本偏差代号的孔配合,故采用基轴制。

为了保证键与键槽侧面接触良好又便于拆装,轴槽和轮毂槽可以采用不同的公差带,

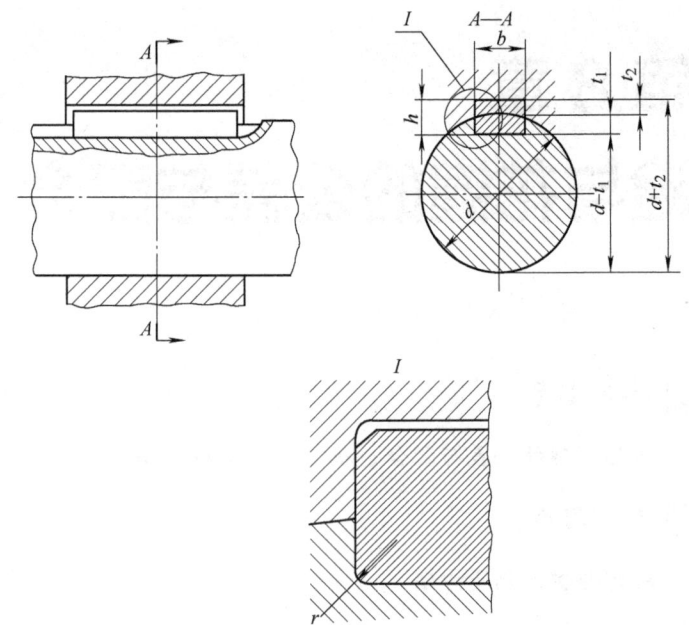

图 8-2 平键联接及主要结构参数

达到配合松紧程度不同的效果。GB/T 1095—2003《平键 键槽的剖面尺寸》对普通平键规定了三种基本联接类型,即松联接、正常联接、紧密联接,对轴和轮毂的键槽宽各规定了三种公差带;GB/T 1096—2003《普通型 平键》对键宽规定了一种公差带 h8。三种联接的公差带如图 8-3 所示。

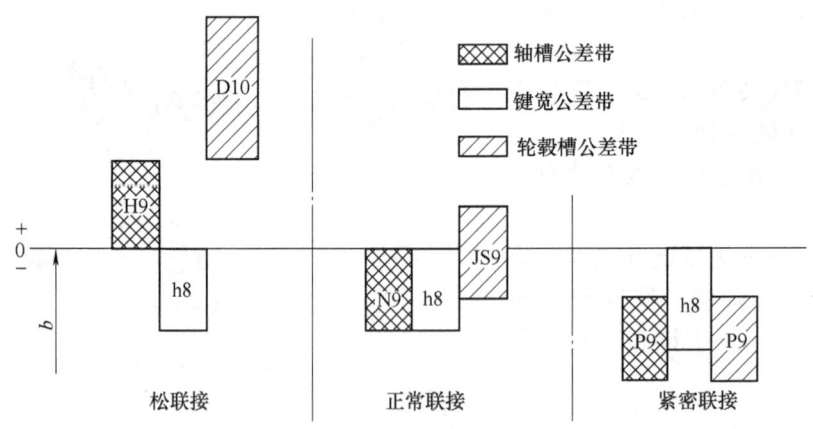

图 8-3 平键联接公差带图

键与键槽采用过渡配合或小间隙配合;键与轴槽的配合应较紧;键与轮毂槽的配合可较松。对于导向平键,要求键与轮毂槽之间做轴向相对移动,要有较好的导向性,因此宜采用具有适当间隙的间隙配合。平键联接的三种配合类型及应用见表 8-1。

根据国标文件 GB/T 1095—2003,普通平键键槽的尺寸与公差、平键联接的非配合尺寸轴槽深 t_1 和轮毂槽深 t_2 的公差见表 8-2。此外,对于键高 h,矩形公差带为 h11,方形公差带为 h8;对于键长 L,公差带为 h14;轴槽长度的公差带为 H14。

表 8-1 平键联接的三种配合类型及应用

配合种类	宽度 b 的公差带			应用
	键	轴槽	轮毂槽	
松联接	h8	H9	D10	键在轴上及轮毂中均能滑动，主要用于导向平键，轮毂可在轴上移动
正常联接		N9	JS9	键在轴槽中和轮毂槽中均固定，用于载荷不大的场合
紧密联接		P9	P9	键在轴槽中和轮毂槽中均牢固地固定，比正常联接配合更紧。用于载荷较大、有冲击和双向传递转矩的场合

表 8-2 普通平键键槽的尺寸与公差（部分） （单位：mm）

轴	键	键槽										
		宽度 b					深度				半径 r	
			极限偏差				轴 t_1		毂 t_2			
公称直径 d	键尺寸 b×h	公称尺寸 b	松联接		正常联接		紧密联接	公称尺寸	极限偏差	公称尺寸	极限偏差		
			轴 H9	毂 D10	轴 N9	毂 JS9	轴和毂 P9					min	max
6~8	2×2	2	+0.025 0	+0.060 +0.020	−0.004 −0.029	±0.0125	−0.006 −0.031	1.2	+0.1 0	1.0	+0.1 0	0.08	0.16
8~10	3×3	3						1.8		1.4			
10~12	4×4	4	+0.030 0	+0.078 +0.030	0 −0.030	±0.015	−0.012 −0.042	2.5		1.8			
12~17	5×5	5						3.0		2.3			
17~22	6×6	6						3.5		2.8		0.16	0.25
22~30	8×7	8	+0.036 0	+0.098 +0.040	0 −0.036	±0.018	−0.015 −0.051	4.0		3.3			
30~38	10×8	10						5.0		3.3			
38~44	12×8	12	+0.043 0	+0.120 +0.050	0 −0.043	±0.0215	−0.018 −0.061	5.0	+0.2 0	3.3	+0.2 0	0.25	0.40
44~50	14×9	14						5.5		3.8			
50~58	16×10	16						6.0		4.3			
58~65	18×11	18						7.0		4.4			
65~75	20×12	20	+0.052 0	+0.149 +0.065	0 −0.052	±0.026	−0.022 −0.074	7.5		4.9		0.40	0.60
75~85	22×14	22						9.0		5.4			
85~95	25×14	25						9.0		5.4			
95~110	28×16	28						10.0		6.4			

注：1. $(d-t_1)$ 和 $(d+t_2)$ 两个组合尺寸的偏差按相应的 t_1 和 t_2 的偏差选取，但 $(d-t_1)$ 偏差值应取负号。

2. 在 2003 年的标准文件中，已取消对轴的公称直径 d 的规定，此处仅作参考。

8.1.2 键槽的几何公差和表面粗糙度

键与键槽配合的松紧程度不仅取决于其配合尺寸的公差带，还与配合表面的几何误差有关。为保证键与键槽侧面具有足够的接触面积，避免装配困难，国家标准对键和键槽的几何公差作了如下规定：

1) 轴槽对轴线、轮毂槽对孔轴线的对称度，根据不同要求和宽度 b，按 GB/T 1184—1996 中的对称度公差 7~9 级选取；

2) 当键长 L 与键宽 b 之比大于等于 8 时，键槽两侧面对轴线的平行度要求，应符合 GB/T 1184—1996 的规定：当 $b \leqslant 6$mm 时，公差等级取 7 级；当 b 为 8~36mm 时，公差等级取 6 级；当 $b \geqslant 40$mm 时，公差等级取 5 级。

对于表面粗糙度，国标推荐键侧面表面粗糙度 Ra 值为 1.6μm，轴槽及轮毂槽侧面表面粗糙度 Ra 值为 1.6~3.2μm，键与键槽非配合表面的表面粗糙度 Ra 值为 6.3μm。

8.1.3 平键相关参数标注

轴槽、轮毂槽的剖面尺寸、几何公差及表面粗糙度在图样上的标注示例如图 8-4 所示。

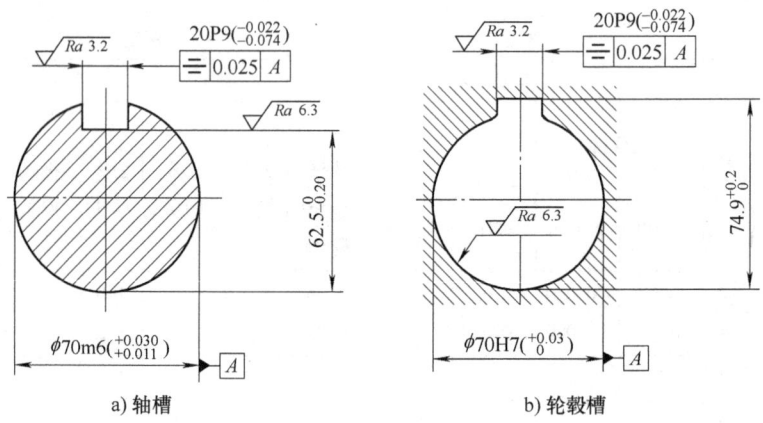

图 8-4 键槽尺寸和公差标注示例

8.2 花键联接

花键联接的两个联接件分别称为内花键和外花键。该联接可用作固定联接，也可用作滑动联接。与单键联接相比，花键联接有如下优点：

1) 载荷分布均匀，强度高，可传递更大的转矩。
2) 导向性好。
3) 定心精度高，满足了高精度场合的使用要求。

花键按其截面形状不同，可分为矩形花键、渐开线花键、三角形花键等多种，其中，矩形花键应用最广。

8.2.1 矩形花键的主要尺寸及定心方式

矩形花键的主要尺寸为大径 D、小径 d、键（槽）宽 B，如图 8-5 所示。为便于加工和测量，矩形花键键数 N 规定为偶数，有 6、8、10 三种。

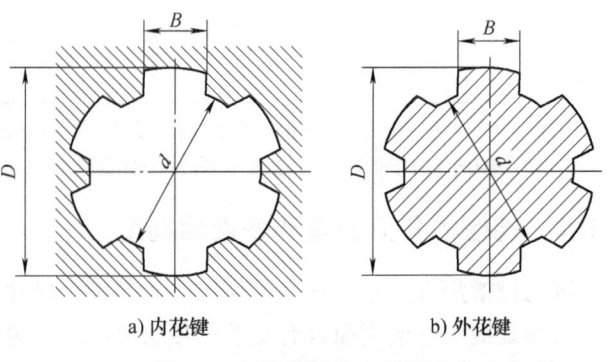

图 8-5 矩形花键的主要尺寸

根据承载能力的大小，矩形花键公称尺寸分为轻系列和中系列两种规格，同一小径的轻系列和中系列的键数相同、键宽（键槽宽）也相同，仅大径不相同。中系列的键高尺寸较大，承载能力强；轻系列的键高尺寸较小，承载能力较弱。矩形花键的公称尺寸系列见表8-3。

表 8-3 矩形花键公称尺寸（摘自 GB/T 1144—2001）　　　　　（单位：mm）

小径	轻系列				中系列			
	规格 N×d×D×B	键数 N	大径 D	键宽 B	规格 N×d×D×B	键数 N	大径 D	键宽 B
11					6×11×14×3	6	14	3
13					6×13×16×3.5		16	3.5
16	—				6×16×20×4		20	4
18					6×18×22×5		22	5
21					6×21×25×5		25	5
23	6×23×26×6	6	26	6	6×23×28×6		28	6
26	6×26×30×6		30	6	6×26×32×6		32	6
28	6×28×32×7		32	7	6×28×34×7		34	7
32	6×32×36×6		36	6	8×32×38×6	8	38	6
36	8×36×40×7	8	40	7	8×36×42×7		42	7
42	8×42×46×8		46	8	8×42×48×8		48	8
46	8×46×50×9		50	9	8×46×54×9		54	9
52	8×52×58×10		58	10	8×52×60×10		60	10
56	8×56×62×10		62	10	8×56×65×10		65	10
62	8×62×68×12		68	12	8×62×72×12		72	12
72	10×72×78×12	10	78	12	10×72×82×12	10	82	12
82	10×82×88×12		88	12	10×82×92×12		92	12
92	10×92×98×14		98	14	10×92×102×14		102	14
102	10×102×108×16		108	16	10×102×112×16		112	16
112	10×112×120×18		120	18	10×112×125×18		125	18

花键联接主要保证内、外花键联接后具有较高的同轴度，并能传递转矩。花键有大径 D、小径 d 和键（槽）宽 B 三个主要尺寸参数，若要求这三个尺寸同时起配合定心作用以保证内、外花键同轴度是很困难的，而且也没有必要。为了改善其加工工艺性，只需将其中一个参数加工得较准确，使其起配合定心作用即可，该表面称为定心表面。理论上每个接合面都可以作为定心表面，即定心方式可分为大径定心、小径定心和键宽定心三种，如图8-6所示。

矩形花键相关国家标准 GB/T 1144—2001 的规定，矩形花键用小径定心。采用小径定心时，热处理后的变形可通过内圆磨修复，而且内圆磨可达到更高的尺寸精度和更高的表面粗糙度要求。同时，外花键小径精度可使用成形磨削保证。所以，小径定心能保证定心精度高、定心稳定性好，且使用寿命长，工艺措施利于保证，有利于产品质量的提高。

8.2.2 矩形花键联接的公差与配合

1. 矩形花键的尺寸公差

为减少专用刀具和量具的数量，花键联接采用基孔制配合，即内花键 d、D 和 B 的基本

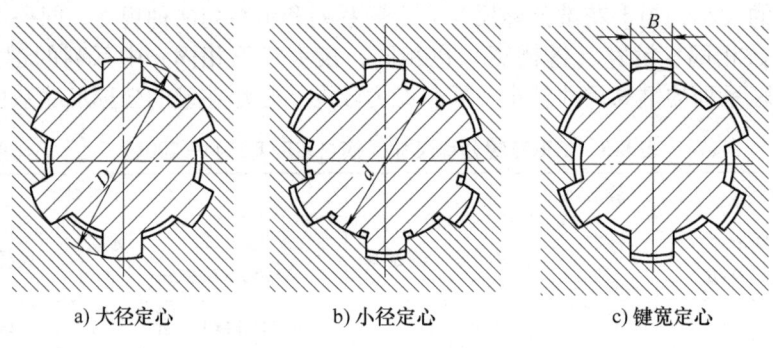

图 8-6　花键的定心方式

偏差不变,依靠改变外花键的 d、D 和 B 的基本偏差获得不同松紧程度的配合。

2. 矩形花键公差与配合的选择

内、外花键的尺寸公差带见表 8-4,分为一般用公差带和精密传动用公差带。

矩形花键公差与配合选用的关键是确定联接精度和装配精度。根据定心精度要求和传递转矩大小选用联接精度。若传递转矩大或定心精度要求高,应选用精密传动用的尺寸公差带。否则,可选用一般用的尺寸公差带。

国家标准 GB/T 1144—2001 规定,内、外花键的装配形式(即配合)分为滑动、紧滑动和固定三种。其中,滑动联接的间隙较大;紧滑动联接的间隙次之;固定联接的间隙最小。当内、外花键联接只传递转矩而无相对轴向移动时,应选用配合间隙最小的固定联接;当内、外花键联接既要传递转矩,又要有相对轴向移动时,应选用滑动联接或紧滑动联接;而当要求移动频繁,移动距离长时,则应选用配合间隙较大的滑动联接,以保证运动灵活,而

表 8-4　矩形内、外花键的尺寸公差带（摘自 GB/T 1144—2001）

内花键				外花键			装配形式
小径 d	大径 D	键（槽）宽 B		小径 d	大径 D	键（槽）宽 B	
		拉削后不热处理	拉削后热处理				
一般用							
H7	H10	H9	H11	f7	a11	d10	滑动
				g7		f9	紧滑动
				h7		h10	固定
精密传动用							
H5	H10	H7、H9		f5	a11	d8	滑动
				g5		f7	紧滑动
				h5		h8	固定
H6				f6		d8	滑动
				g6		f7	紧滑动
				h6		h8	固定

注：1. 精密传动用的内花键,当需要控制键侧配合间隙时,槽宽可选 H7,一般情况下可选 H9。
　　2. d 为 H6 和 H7 的内花键,允许与高一级的外花键配合。

且确保配合面间有足够的润滑油层。

3. 矩形花键的几何公差和表面粗糙度

（1）矩形花键的几何公差　为保证定心表面的配合性质，应对矩形花键几何公差及表面粗糙度进行控制。除控制内、外花键定心直径的尺寸公差与几何公差应遵守包容原则外，还应控制花键（或花键槽）在圆周上分布的均匀性（即分度误差）；当花键较长时，还可根据产品性能要求进一步控制各个键或键槽侧面对定心表面轴线的平行度。

为保证花键（或花键槽）在圆周上分布的均匀性，应规定位置度公差，并采用相关要求。在图样上的相关标注如图8-7所示，位置度的公差值见表8-5。

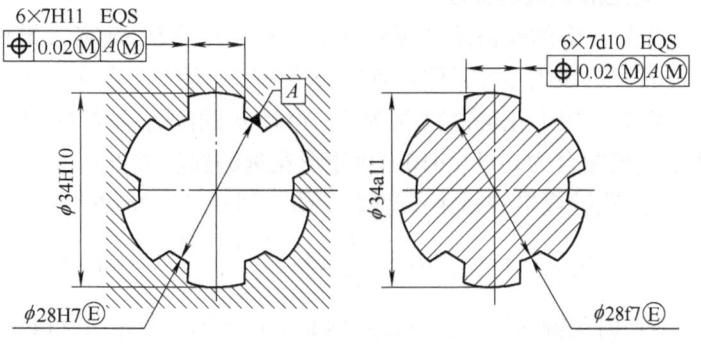

图 8-7　花键位置度公差标注

表 8-5　矩形花键位置度公差（摘自 GB/T 1144—2001）　　（单位：mm）

键槽宽或键宽 B			3	3.5~6	7~10	12~18
t_1	键槽宽		0.010	0.015	0.020	0.025
	键宽	滑动、固定	0.010	0.015	0.020	0.025
		紧滑动	0.006	0.010	0.013	0.016

在单件、小批量生产时，应规定键（槽）两侧面的中心平面对定心表面轴线的对称度和花键等分度公差。在图样上的相关标注如图8-8所示，花键的对称度公差值见表8-6。

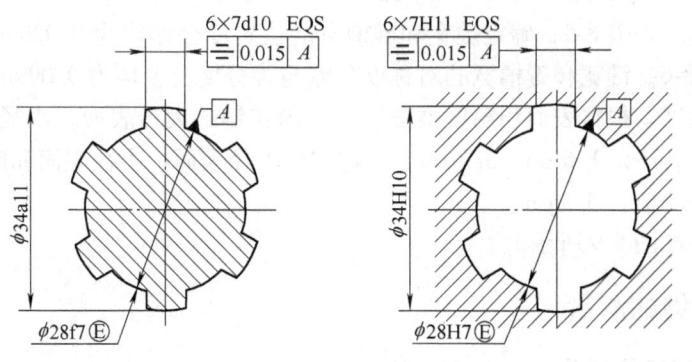

图 8-8　花键对称度公差标注

表 8-6　矩形花键对称度公差（摘自 GB/T 1144—2001）　　（单位：mm）

键槽宽或键宽 B		3	3.5~6	7~10	12~18
t_2	一般用	0.010	0.012	0.015	0.018
	精密传动用	0.006	0.008	0.009	0.011

（2）矩形花键的表面粗糙度 Ra 值

1）内花键：小径表面不大于 $0.8\mu m$，键槽侧面不大于 $3.2\mu m$，大径表面不大于 $6.3\mu m$。

2）外花键：小径表面不大于 $0.8\mu m$，键槽侧面不大于 $1.6\mu m$，大径表面不大于 $3.2\mu m$。

4. 矩形花键的标注

矩形花键的规格按"键数 $N×$小径 $d×$大径 $D×$键宽（键槽宽）B"的方法进行标注，其各自的公差带代号可标注在各自公称尺寸之后。

例如：矩形花键键数 N 为 6，小径 d 的配合为 23H7/f7，大径 D 的配合为 26H10/a11，键宽 B 的配合为 6H11/d10，该矩形花键的标注如下：

1）花键规格的标注：$N×d×D×B$，即 $6×23×26×6$

2）花键副的标注：$6×23\frac{H7}{f7}×26\frac{H10}{a11}×6\frac{H11}{d10}$ GB/T 1144—2001

3）内花键的标注：$6×23H7×26H10×6H11$ GB/T 1144—2001

4）外花键的标注：$6×23f7×26a11×6d10$ GB/T 1144—2001

【案例】 一机床变速箱内传动用矩形外花键与齿轮相结合。要求传递转矩一般，但有较高的定心精度，齿轮在轴上有较频繁的滑动。已知花键规格为 $8×46×50×9$。试确定内、外花键的公差与配合、标记、几何公差及表面粗糙度，并将它们标注在图样上。

解 1）公差与配合。按题意，内、外花键的装配形式选为精密传动用滑动联接。查表 8-4 取 d 的配合为 $46\frac{H6}{f6}$；D 的配合为 $50\frac{H10}{a11}$；B 的配合为 $9\frac{H9}{d8}$。相应标记如下：

花键副：$8×46\frac{H6}{f6}×50\frac{H10}{a11}×9\frac{H9}{d8}$ GB/T 1144—2001

内花键：$8×46H6×50H10×9H9$ GB/T 1144—2001

外花键：$8×46f6×50a11×9d8$ GB/T 1144—2001

2）几何公差。查表 8-5，确定键宽和键槽宽的位置度公差均为 $0.020mm$。如需进行单项检验，则查表 8-6，键宽和键槽宽的对称度公差与等分度公差均为 $0.009mm$。

3）表面粗糙度。根据表面粗糙度推荐数值，内花键的大径表面、小径表面、槽宽表面的 Ra 值分别为 $6.3\mu m$、$1.6\mu m$、$3.2\mu m$。外花键的大径表面、小径表面和键宽表面的 Ra 值分别为 $3.2\mu m$、$0.8\mu m$、$1.6\mu m$。

4）图样标注如图 8-9 所示。

8.2.3 矩形花键的测量

1. 单键及其键槽的测量

单键和键槽尺寸的检测比较简单，在单件小批量生产中，键的宽度、高度和键槽宽度、深度等尺寸一般用游标卡尺、千分尺等通用计量器具来测量。

在成批生产中，可用专用极限量规检测，如图 8-10 所示。

2. 花键的测量

花键的检测与生产批量有关。对单件小批量生产的内、外花键，可用通用量具按独立原则对定心小径、键宽、大径进行检验；对键（键槽）的对称度及等分度分别进行几何误差

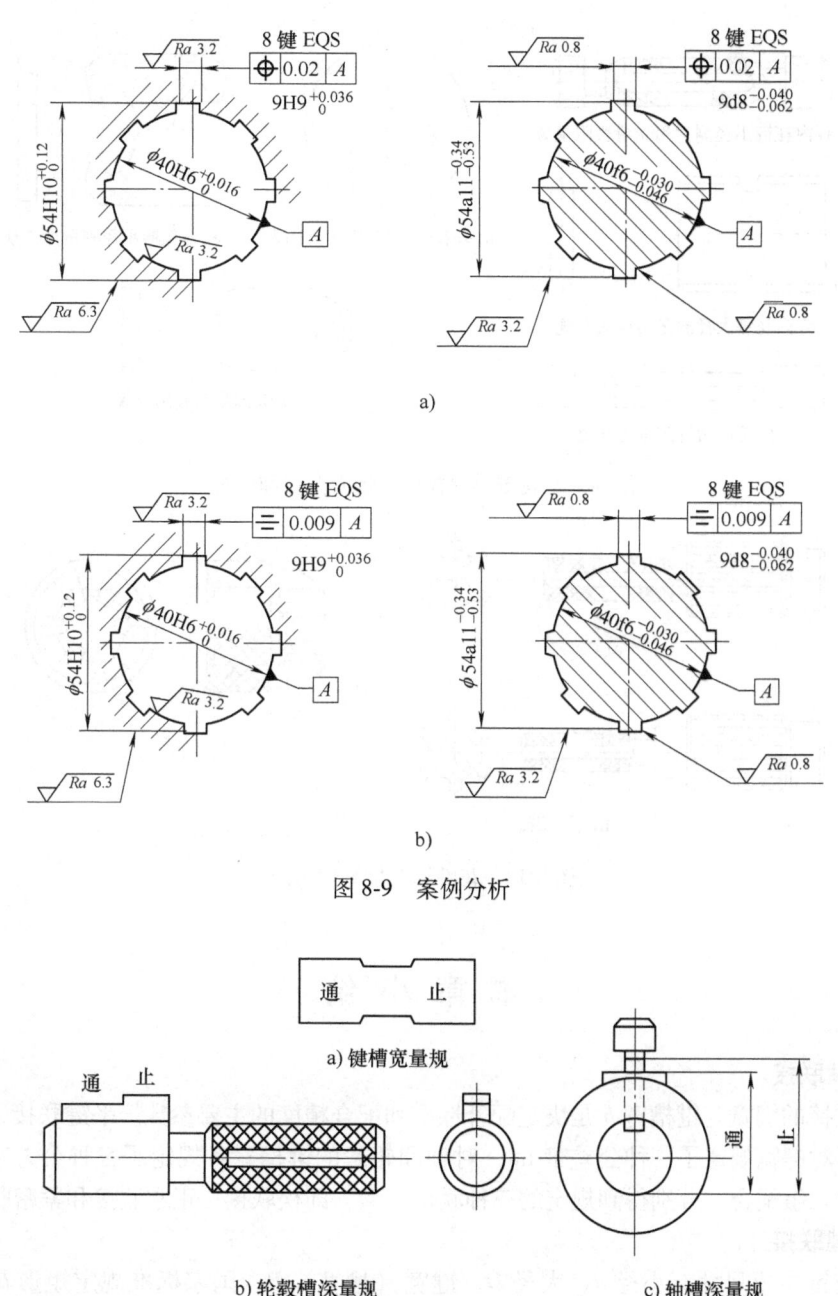

图 8-9 案例分析

图 8-10 花键尺寸检测的极限量规

测量。在成批生产时,花键的单项测量用专项极限量规检验,如图 8-11 所示。

对大批量生产的内、外花键可采用综合通规测量,以保证配合要求和安装要求。

内花键用综合塞规、外花键用综合环规如图 8-12 所示,可对内、外花键的小径、大径、键宽与槽宽、大径对小径的同轴度、键与槽的位置度(等分度、对称度)进行综合检验。综合量规只有通端(综合通规),故还需用单项止端塞规分别检验各参数是否超过各自的最小实体尺寸。检测时,综合通规通过,单项止规不通过,则工件合格,反之为不合格。

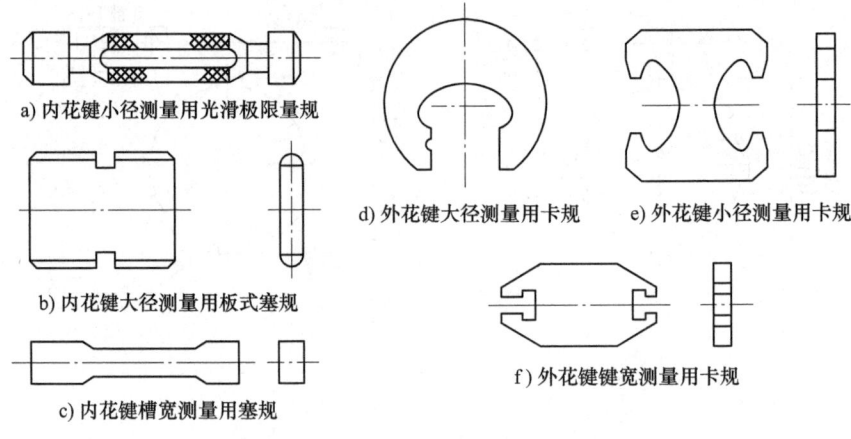

图 8-11　花键单项检测用极限塞规和卡规

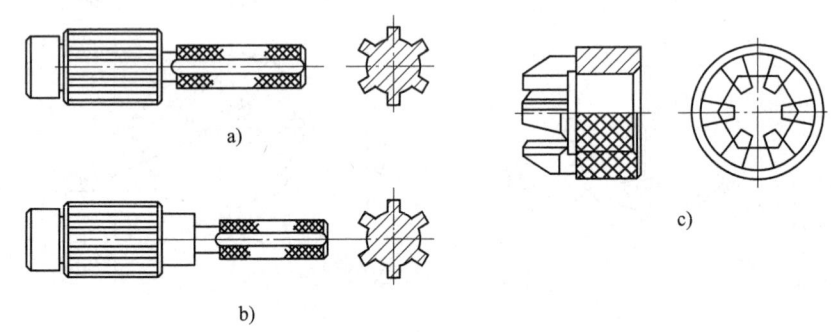

图 8-12　花键综合检测用量规

本 章 小 结

1. 单键联接

平键联接的键宽与键槽宽 b 是决定配合性质和配合精度的主要参数。平键联接采用基轴制配合。国标对键宽规定了一种公差带 h8，对轴和轮毂的键槽宽各规定了三种公差带；由这些公差带构成三组配合，分别得到规定的三种联接类型，即松联接、正常联接和紧密联接。

2. 花键联接

矩形花键主要尺寸有小径 d、大径 D、键宽（槽宽）B，国家标准规定矩形花键采用小径定心，小径为主要参数。矩形花键配合采用基孔制，与轴槽或轮毂槽形成滑动、紧滑动、固定三种装配形式。矩形花键按 "$N \times d \times D \times B$" 的方式标注，另需加上配合或公差带代号。

思 考 与 练 习

1. 简答题

1）平键联接的特点是什么？主要几何参数有哪些？

2）平键联接的配合种类有哪些？它们分别适用于什么场合？

3）平键联接采用何种基准制配合？花键联接采用何种基准制配合？
4）何为矩形花键的定心？有哪几种定心方式？国标为什么规定采用小径定心？
5）矩形花键联接的配合种类有哪些？各适用于什么场合？
6）影响花键联接配合性质的因素有哪些？

2. 综合题

1）某矩形花键联接的标记代号为：$6\times 26\dfrac{H7}{g6}\times 30\dfrac{H10}{a11}\times 6\dfrac{H11}{f9}$，试说明该标注的全部含义，并确定内、外花键主要尺寸的极限偏差及极限尺寸。

2）某机床变速箱中有 6 级精度齿轮的内花键与外花键联接，花键规格为 6×26×30×6，内花键长 30mm，外花键长 75mm，齿轮内花键经常需要相对外花键做轴向移动，要求定心精度较高。试确定齿轮内花键和外花键的公差与配合，计算小径、大径、键（槽）宽的极限尺寸，确定表面粗糙度，并分别写出在装配图上和零件图上的标记。

第 9 章
螺纹的公差配合及测量

学习重点：

普通螺纹的分类及特点；普通螺纹的公差与配合；螺纹的测量方法。

学习难点：

普通螺纹的几何参数误差对互换性的影响；螺纹公差与配合的选用。

学习目标：

1) 了解螺纹的作用、分类及使用要求，掌握普通螺纹的主要几何参数。
2) 了解普通螺纹几何参数误差对螺纹互换性的影响，保证螺纹互换性的条件。
3) 掌握普通螺纹公差与配合的选用，以及螺纹标记的技术含义。
4) 掌握普通螺纹的测量方法。

螺纹主要用于紧固联接、密封、传递动力和运动等，其互换性高、几何参数较多，国家标准对螺纹的牙型、公差与配合等都作了规定，以保证螺纹联接的精度。螺纹由相互配合的内、外螺纹组成，通过相互旋合及牙侧面的接触来实现零部件间的联接、紧固和相对位移等功能。

9.1 概述

9.1.1 螺纹的分类及使用要求

螺纹的种类繁多，按螺纹结合性质和使用要求可分为以下三类。

1. 普通螺纹

普通螺纹又称为紧固螺纹或联接螺纹。其作用是将零件相互联接或紧固成一体，并可拆卸。如螺栓与螺母联接、螺钉与机体联接、管道联接。这类螺纹多用三角形基本牙型，主要要求是可旋合性和联接可靠性。可旋合性是指相同规格的螺纹易于旋入或拧出，以便装配或拆卸；联接可靠性是指螺纹有足够的联接强度，接触均匀，不易松脱。

2. 传动螺纹

传动螺纹用于传递运动、动力和位移。主要要求是传递动力的可靠性，传动比要稳定，有一定的间隙，以便传动和储存润滑油。传动螺纹的基本牙型常用梯形、锯齿形、矩形和三角形。

3. 密封螺纹

密封螺纹主要用于气体和液体的密封。如管螺纹的联接，要求结合紧密，不漏水、不漏气、不漏油。这类螺纹要求具有良好的可旋合性和密封性。

9.1.2 普通螺纹的主要几何参数

根据国家标准 GB/T 192—2003，普通螺纹的基本牙型是在螺纹轴向剖面上，将高度为 H 的原始等边三角形的顶部截去 $H/8$、底部截去 $H/4$ 后所形成的内、外螺纹共有的理论牙型，如图 9-1 所示。它是确定螺纹设计牙型的基础。

普通螺纹的主要几何参数有：

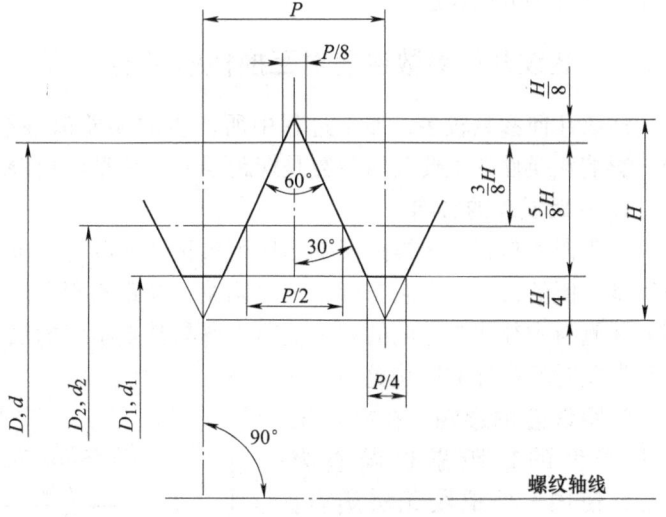

图 9-1 普通螺纹基本牙型

（1）原始三角形高度（H）　原始三角形高度是指原始三角形底边到与此底边相对的原始三角形顶点间的径向距离。

（2）大径（D 或 d）　大径是指与外螺纹牙顶或内螺纹牙底相切的假想圆柱体的直径。国家标准规定，普通螺纹大径的公称尺寸为螺纹的公称直径。

（3）小径（D_1 或 d_1）　小径是指与外螺纹牙底或内螺纹牙顶相切的假想圆柱体的直径。

注意，外螺纹的大径和内螺纹的小径统称为顶径，外螺纹的小径和内螺纹的大径统称为底径。

（4）中径（D_2 或 d_2）　中径是一个假想圆柱的直径，该圆柱的母线通过牙型上沟槽宽度和凸起宽度相等的地方。

（5）单一中径（D_{2s} 或 d_{2s}）　单一中径是一个假想圆柱的直径，该圆柱的母线通过牙型上沟槽宽度等于基本螺距一半的地方。当螺距无误差时，螺纹的中径就是螺纹的单一中径；当螺距有误差时，单一中径与中径是不相等的单一中径示意图如图 9-2 所示。

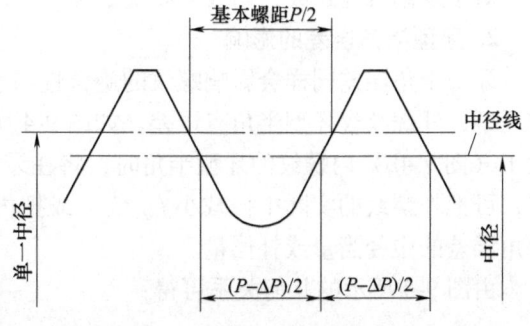

图 9-2 螺纹的中径和单一中径

（6）螺距（P）与导程（P_h）　螺距是指相邻两牙在中径线上对应两点间的轴向距离；导程是指在同一条螺旋线上相邻两牙在中径线上对应两点间的轴向距离。单线螺纹的导程和螺距相等；多线螺纹的导程等于螺距与螺纹线数（n）的乘积，即 $P_h=nP$。

（7）牙型角（α）和牙型半角（$\alpha/2$） 牙型角是指在螺纹牙型上，两相邻牙侧间的夹角；牙型半角是牙型角的一半，是指牙侧与螺纹轴线垂线间的夹角。米制普通螺纹，$\alpha=60°$，$\alpha/2=30°$。

（8）螺纹旋合长度（L） 螺纹旋合长度是指两个相互旋合的内外螺纹，沿螺纹轴线方向相互旋合部分的长度。

9.1.3 螺纹几何参数误差对互换性的影响

螺纹几何参数较多，加工过程中所产生的误差都将不同程度地影响螺纹的互换性。其中，影响互换性的主要几何参数是螺距误差、牙型半角误差和中径误差。

1. 螺距误差的影响

螺距误差包括单个螺距误差和螺距累积误差两种。单个螺距误差是指单个螺距的实际值与其基本值的代数差，它与旋合长度无关。螺距累积误差是指在规定的螺纹长度内，任意两同名牙侧与中径线交点间的实际轴向距离与其基本值的最大差值，它与旋合长度有关。螺距累积误差对互换性的影响更为明显。

螺距误差的影响，在旋合长度上产生的螺距累积误差为 ΔP_Σ，使内、外螺纹无法旋合。如图9-3所示，假设内螺纹具有基本牙型，仅与存在螺距误差的外螺纹结合。误差 ΔP_Σ 相当于使外螺纹中径增大了一个 f_p 值，为了使具有螺距累积误差的外螺纹仍能够和内螺纹正常旋合，应将外螺纹中径减小一个 f_p 值。f_p 称为螺距误差的中径当量或补偿值。由图9-3所示的几何关系可得：

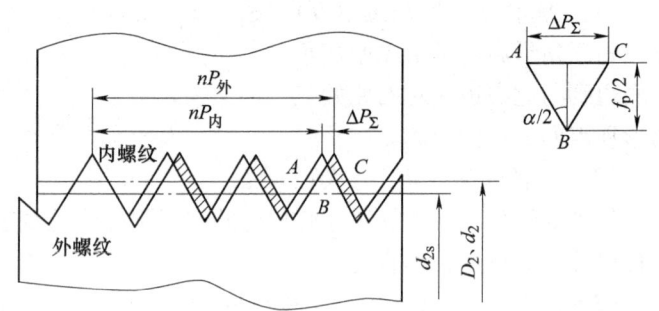

图 9-3 螺距误差的影响

$$f_p = |\Delta P_\Sigma| \cot \frac{\alpha}{2}$$

对于米制普通螺纹，当 $\alpha=60°$ 时，则 $f_p=1.732|\Delta P_\Sigma|$。

2. 牙型半角误差的影响

牙型半角误差同样会影响螺纹的旋合性与联接强度。为便于分析，假设内螺纹具有理想的牙型，外螺纹仅牙型半角有误差。如图9-4所示，当外螺纹的牙型半角小于（图9-4a）或大于（图9-4b）内螺纹的牙型半角时，将在牙侧处产生干涉（阴影线部分）。为避免产生干涉，可把外螺纹的实际中径减小 $f_{\alpha/2}$ 值，或把内螺纹的实际中径增加 $f_{\alpha/2}$ 值。$f_{\alpha/2}$ 值称为牙型半角误差的中径当量或补偿量。

由图9-4所示的几何关系可得：

$$f_{\alpha/2} = 0.073P\left(K_1\left|\Delta\frac{\alpha_1}{2}\right| + K_2\left|\Delta\frac{\alpha_2}{2}\right|\right)$$

式中　　$f_{\alpha/2}$——半角偏差的中径当量（mm）；

$\Delta\frac{\alpha_1}{2}$、$\Delta\frac{\alpha_2}{2}$——分别为左、右牙型半角误差（'）；

K_1、K_2——分别为左、右牙型半角误差系数。对外螺纹，当半角误差为正时，取 2；为负时，取 3；内螺纹的取值正好与此相反。

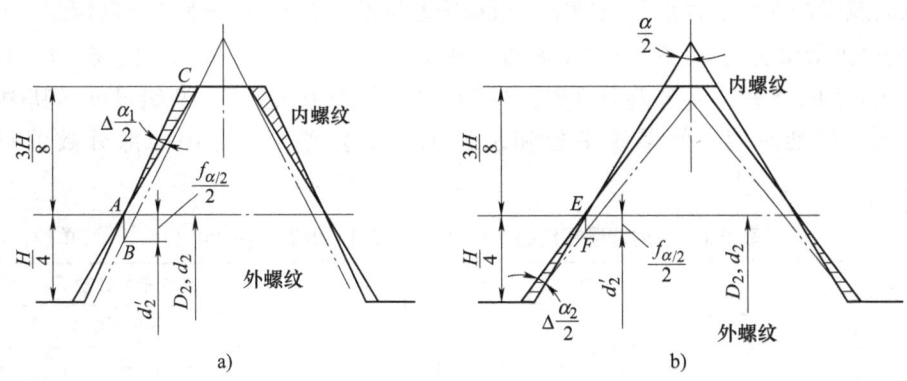

图 9-4 牙型半角误差的影响

3. 中径误差的影响

螺纹配合是牙侧面接触，中径的大小直接影响牙侧相对轴线的径向位置。外螺纹中径大于内螺纹中径时，影响旋合性；但如果外螺纹的中径过小，会削弱其联接强度。因此，必须对内、外螺纹中径误差加以控制。

4. 螺纹中径合格性的判断原则

实际情况下，螺纹往往同时存在中径、螺距和牙型半角误差，三者对旋合性均有影响。内、外螺纹旋合时，实际起作用的中径称为作用中径（D_{2m}、d_{2m}）。如前所述，螺距和牙型半角误差对旋合性的影响，对外螺纹，其效果相当于中径增大了；对内螺纹，其效果相当于中径减小了。这个增大或减小的假想螺纹中径称为螺纹的作用中径，其值为

$$d_{2m} = d_{2s} + (f_p + f_{\alpha/2})$$
$$D_{2m} = D_{2s} - (f_p + f_{\alpha/2})$$

国家标准规定螺纹中径合格性的判断仍然遵守泰勒原则，即实际螺纹的作用中径不能超出最大实体牙型的中径，且实际螺纹上任何部位的单一中径不能超出最小实体牙型的中径。

对于外螺纹： 作用中径 $d_{2m} \leq$ 外螺纹最大实体牙型中径 d_{2max}

单一中径 $d_{2s} \geq$ 外螺纹最小实体牙型中径 d_{2min}

对于内螺纹： 作用中径 $D_{2m} \geq$ 内螺纹最大实体牙型中径 D_{2min}

单一中径 $D_{2s} \leq$ 内螺纹最小实体牙型中径 D_{2max}

所谓最大（最小）实体牙型，是指在螺纹中径的公差范围内，螺纹含材料量最多（最少），且与基本牙型一致的螺纹牙型。

9.2 普通螺纹的公差与配合

螺纹公差带与尺寸公差带一样，也是由公差带大小（公差等级）和其相对于基本牙型的位置（基本偏差）所组成，再与螺纹的旋合长度共同组成了螺纹的精度。国家标准 GB/T

197—2018 对公差等级和基本偏差进行了标准化，从而形成了比较完整的螺纹公差体系。

9.2.1 普通螺纹的公差带

1. 公差等级

螺纹公差带的大小由标准公差确定。根据国家标准 GB/T 197—2018，内螺纹中径 D_2 和小径 D_1 的公差等级分为 4、5、6、7、8 级；外螺纹中径 d_2 分为 3、4、5、6、7、8、9 级，大径 d 分为 4、6、8 级。各公差等级中，3 级最高，等级依次降低，9 级最低，其中 6 级为基本级。国家标准对内、外螺纹中径和顶径规定了公差值，常用的部分数值见表 9-1 和表 9-2。

表 9-1 常用普通螺纹的中径公差（摘自 GB/T 197—2018）　　（单位：μm）

公称直径 D、d/mm		螺距 P/mm	内螺纹中径公差 T_{D2}					外螺纹中径公差 T_{d2}						
			公差等级					公差等级						
>	≤		4	5	6	7	8	3	4	5	6	7	8	9
5.6	11.2	0.75	85	106	132	170	—	50	63	80	100	125	—	—
		1	95	118	150	190	236	56	71	90	112	140	180	224
		1.25	100	125	160	200	250	60	75	95	118	150	190	236
		1.5	112	140	180	224	280	67	85	106	132	170	212	265
11.2	22.4	1	100	125	160	200	250	60	75	95	118	150	190	236
		1.25	112	140	180	224	280	67	85	106	132	170	212	265
		1.5	118	150	190	236	300	71	90	112	140	180	224	280
		1.75	125	160	200	250	315	75	95	118	150	190	236	300
		2	132	170	212	265	335	80	100	125	160	200	250	315
		2.5	140	180	224	280	355	85	106	132	170	212	265	335
22.4	45	1	106	132	170	212	—	63	80	100	125	160	200	250
		1.5	125	160	200	250	315	75	95	118	150	190	236	300
		2	140	180	224	280	355	85	106	132	170	212	265	335
		3	170	212	265	335	425	100	125	160	200	250	315	400
		3.5	180	224	280	355	450	106	132	170	212	265	335	425
		4	190	236	300	375	415	112	140	180	224	280	355	450
		4.5	200	250	315	400	500	118	150	190	236	300	375	475

同一公差等级的内螺纹中径公差比外螺纹中径公差大 32% 左右，原因是内螺纹加工比较困难。对外螺纹的小径和内螺纹的大径不规定具体的公差数值，而只规定内、外螺纹牙底实际轮廓上的任何点均不得超越基本偏差所确定的最大实体牙型。

2. 基本偏差

螺纹公差带相对于基本牙型的位置由基本偏差确定。基本偏差为公差带两极限偏差中靠近零线的那个偏差。对于外螺纹，其基本偏差是上极限偏差 es；对于内螺纹，其基本偏差是下极限偏差 EI。

表 9-2　常用普通螺纹的基本偏差和顶径公差（摘自 GB/T 197—2018）（单位：μm）

螺距 P/mm	内螺纹的基本偏差 EI		外螺纹的基本偏差 es								内螺纹小径公差 T_{D1}					外螺纹大径公差 T_d		
	G	H	a	b	c	d	e	f	g	h	4	5	6	7	8	4	6	8
1	+26		−290	−200	−130	−85	−60	−40	−26		150	190	236	300	375	112	180	280
1.25	+28		−295	−205	−135	−90	−63	−42	−28		170	212	265	335	425	132	212	335
1.5	+32		−300	−212	−140	−95	−67	−45	−32		190	236	300	375	475	150	236	375
1.75	+34		−310	−220	−145	−100	−71	−48	−34		212	265	335	425	530	170	265	425
2	+38	0	−315	−225	−150	−105	−71	−52	−38	0	236	300	375	475	600	180	280	450
2.5	+42		−325	−235	−160	−110	−80	−58	−42		280	355	450	560	710	212	335	530
3	+48		−335	−245	−170	−115	−85	−63	−48		315	400	500	630	800	236	375	600
3.5	+53		−345	−255	−180	−125	−90	−70	−53		355	450	560	710	900	265	425	670
4	+60		−355	−265	−190	−130	−95	−75	−60		375	475	600	750	950	300	475	750

国家标准 GB/T 197—2018 对内螺纹规定了两种基本偏差，代号分别为 G、H，由这两种基本偏差所确定的内螺纹公差带均在基本牙型之上，如图 9-5 所示。

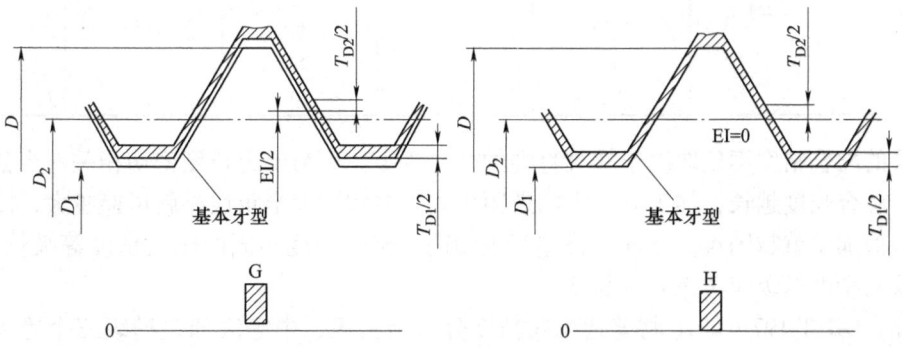

图 9-5　内螺纹基本偏差

国标对外螺纹规定了八种基本偏差，代号分别为 a、b、c、d、e、f、g、h，由这八种基本偏差所确定的外螺纹公差带均在基本牙型之下，如图 9-6 所示。

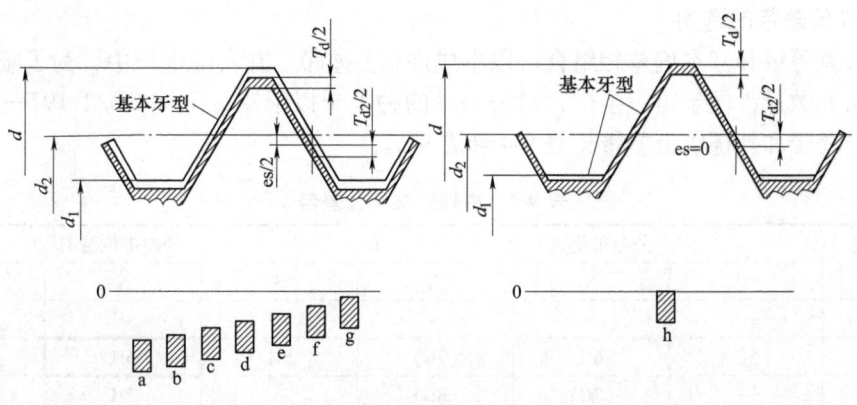

图 9-6　外螺纹的基本偏差

内、外螺纹基本偏差的含义和代号与国家标准中相对应的孔和轴的规定一样，常用普通螺纹的基本偏差值见表 9-2。

3. 旋合长度与精度等级

国家标准 GB/T 197—2018 规定，螺纹的旋合长度分为三组，分别为短组，中等组，和长组，并分别用代号 S、N、L 表示，常用螺纹旋合长度数值见表 9-3。一般采用中等旋合长度组。

表 9-3　常用螺纹旋合长度（摘自 GB/T 197—2018）　　　　（单位：mm）

公称直径 D, d		螺距 P	旋合长度			
>	≤		S	N		L
			≤	>	≤	>
5.6	11.2	0.75	2.4	2.4	7.1	7.1
		1	3	3	9	9
		1.25	4	4	12	12
		1.5	5	5	15	15
11.2	22.4	1	3.8	3.8	11	11
		1.25	4.5	4.5	13	13
		1.5	5.6	5.6	16	16
		1.75	6	6	18	18
		2	8	8	24	24
		2.5	10	10	30	30

螺纹的配合精度不仅取决于螺纹直径的公差等级，还与旋合长度密切相关。当公差等级一定时，旋合长度越长，加工时产生的螺距积累误差和牙型半角误差就可能越大，以同样的中径公差值加工就越困难。因此，公差等级相同而旋合长度不同的螺纹精度等级就不相同，衡量螺纹的精度等级应考虑旋合长度。

为此，GB/T 197—2018 将普通螺纹精度分为精密级、中等级和粗糙级三个等级。精密级用于配合性质要求稳定且需要保证定位精度的场合；中等级用于中等精度和一般用途的螺纹联接；粗糙级用于精度要求不高或制造较困难的螺纹，也用于工作环境恶劣的场合。

9.2.2　普通螺纹公差与配合的选用

1. 螺纹公差带的选用

螺纹公差等级和基本偏差相组合可以生成许多公差带。在实际生产中，为了减少刀具及量具的规格和数量，便于组织生产，对公差带的种类予以限制，国标 GB/T 197—2018 推荐的内螺纹公差带和外螺纹公差带见表 9-4 和表 9-5。

表 9-4　内螺纹推荐公差带

公差精度	公差带位置 G			公差带位置 H		
	S	N	L	S	N	L
精密	—	—	—	4H	5H	6H
中等	(5G)	6G	(7G)	5H	6H	7H
粗糙	—	(7G)	(8G)	—	7H	8H

表 9-5 外螺纹推荐公差带

公差精度	公差带位置 e			公差带位置 f			公差带位置 g			公差带位置 h		
	S	N	L	S	N	L	S	N	L	S	N	L
精密	—	—	—	—	—	—	—	(4g)	(5g4g)	(3h4h)	4h	(5h4h)
中等	—	6e	(7c6e)	—	6f	—	(5g6g)	6g	(7g6g)	(5h6h)	6h	(7h6h)
粗糙	—	(8e)	(9e8e)	—	—	—	—	8g	(9g8g)	—	—	—

注：大量生产的精制紧固件螺纹，推荐采用粗黑框中的粗字体公差带；表 9-4 和表 9-5 中公差带的选用原则为：粗字体公差带优先选用，其次选用一般字体公差带，加括号的公差带尽量不用。

2. 配合的选用

螺纹配合主要根据使用要求选用。为保证内、外螺纹间有足够的接触高度，国家标准推荐完工后的螺纹零件优先组成 H/g、H/h 或 G/h 配合。

为了保证螺母、螺栓旋合后的同轴度及强度，一般选用间隙为零的配合（H/h）。为了装拆方便及改善螺纹的疲劳强度，可选用小间隙配合（H/g 或 G/h）。对于需要涂镀保护层的螺纹，其间隙大小决定于镀层的厚度。镀层厚度为 5μm 左右时，一般选 6H/6g，镀层厚度为 10μm 左右时，则选 6H/6e；若内、外螺纹均涂镀，则选 6G/6e。在高温下工作的螺纹，可根据装配和工作温度的差别来选定适宜的间隙配合。

3. 普通螺纹标记

完整螺纹标记由螺纹特征代号、尺寸代号、公差带代号及其他有必要做进一步说明的个别信息组成。

（1）单线螺纹的标记　粗牙螺纹螺距可省略标注，细牙螺纹需要标注出螺距。当螺纹为右旋螺纹时，旋向代号省略标注；当螺纹为左旋螺纹时，在螺纹代号后加注"LH"。中径和顶径公差带代号两者相同时，可只标一个代号；两者代号不同时，应分别注出，前者表示中径公差带代号，后者表示顶径公差带代号。当螺纹旋合长度为中等时，省略标注旋合长度代号 N。

标记示例

1）M20×2-5g6g-LH

各代号含义：M——普通螺纹代号；

　　　　　　20——公称直径为 20mm；

　　　　　　2——细牙螺纹螺距为 2mm；

　　　　　　5g——螺纹中径公差带代号，字母小写表示外螺纹；

　　　　　　6g——螺纹顶径公差带代号，字母小写表示外螺纹；

　　　　　　LH——左旋螺纹。

2）M20-5H-L

各代号含义：M——普通螺纹代号；

　　　　　　20——公称直径为 20mm（粗牙螺纹）；

　　　　　　5H——螺纹中径和顶径公差带代号都为 5H，字母大写表示内螺纹；

　　　　　　L——长组旋合长度代号。

（2）多线螺纹的标记　多线螺纹的尺寸代号为"公称直径×Ph 导程 P 螺距"，如果要进一步表明螺纹的线数，可在螺距后面增加括号说明（使用英语进行说明）。

标记示例：M16×Ph3P1.5（two starts）

各代号含义：M16——公称直径为 16mm 的普通螺纹；

Ph3——导程为 3mm；

P1.5——螺距为 1.5mm；

two starts——双线螺纹。

（3）螺纹配合的标记　标注螺纹配合时，内、外螺纹的公差带代号用斜线分开，内螺纹公差带代号在前，外螺纹公差带代号在后。

标记示例：M20×2-5H/5g6g

各代号含义：M20×2——公称直径为 20mm，螺距为 2mm 的细牙普通螺纹；

5H/5g6g——中径和顶径公差带都为 5H 的内螺纹，与中径和顶径公差带分别为 5g、6g 的外螺纹配合。

【案例】　对于 M20×2-6H/5g6g 的螺纹配合，试查表求出内、外螺纹的中径、小径和大径的极限偏差，并计算内、外螺纹的中径、小径和大径的极限尺寸。

解　1）确定内、外螺纹中径、小径和大径的公称尺寸。

根据标记可得公称直径为螺纹大径的公称尺寸，即大径 $D=d=20$mm。

由图 9-1 所示尺寸关系可得普通螺纹各参数的关系，则有

小径：$D_1(d_1) = D(d) - 2 \times \frac{5}{8}H = D(d) - 1.0825P = 17.835$mm。

中径：$D_2(d_2) = D(d) - 2 \times \frac{3}{8}H = D(d) - 0.6495P = 18.701$mm。

2）确定内、外螺纹的极限偏差。查表 9-1 和表 9-2，整理数据见表 9-6。

表 9-6　极限偏差数值　　　　　　　　　　　（单位：mm）

项目		ES/es	EI/ei
内螺纹	大径	不规定	0
	中径	0.212	0
	小径	0.375	0
外螺纹	大径	-0.038	-0.318
	中径	-0.038	-0.163
	小径	-0.038	不规定

3）计算内、外螺纹的极限尺寸。由内、外螺纹的各公称尺寸和极限偏差得极限尺寸，见表 9-7。

表 9-7　极限尺寸数值　　　　　　　　　　　（单位：mm）

项目		上极限尺寸	下极限尺寸
内螺纹	大径	不超过实体牙型	20
	中径	18.913	18.701
	小径	18.210	17.835

(续)

项目		上极限尺寸	下极限尺寸
外螺纹	大径	19.962	19.682
	中径	18.663	18.538
	小径	17.797	不超过实体牙型

9.3 螺纹测量

螺纹测量分为单项测量和综合测量两类。单项测量是指用相关仪器测量螺纹的实际值，且每次只测量螺纹的一项几何参数，判断螺纹的合格性。综合测量是指一次同时检验螺纹的多个参数，通过综合误差来判断螺纹的合格性。单项测量精度高，主要用于精密螺纹、螺纹刀具及螺纹量规的测量，或在生产中分析形成各参数误差的原因时使用。综合测量生产效率高，适用于成批生产中测量精度要求不高的螺纹件。

9.3.1 单项测量

螺纹的单项测量指分别测量螺纹的各项几何参数，主要是中径、螺距和牙型半角。这里介绍常用的单项测量螺纹中径的方法。

1. 计量器具及测量原理

螺纹千分尺是测量低精度外螺纹中径的常用量具。它的结构及读数原理与外径千分尺基本相同，如图9-7所示，不同之处是要选用专用测头。螺纹千分尺在固定测砧和活动测量头上装有按理论牙型角做成的特殊测头，可直接测量外螺纹中径。测头角度是按理论牙型角制造的，所以测量时被测螺纹的半角误差对中径测量将产生较大影响。每对测头只能测量一定螺距范围内的螺纹，使用时根据被测量螺纹的螺距大小来选择测头。

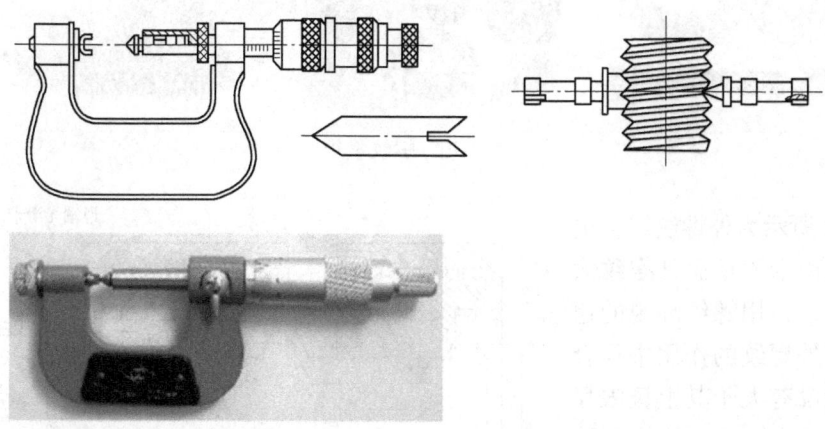

图9-7 螺纹千分尺外形结构

螺纹千分尺的测量范围为0~25mm；25~50mm；50~75mm；75~100mm；100~125mm；125~150mm。螺纹千分尺的分度值为0.01mm。

2. 测量步骤

1）用螺距规（图9-8）确定被测螺纹的螺距，根据被测螺纹螺距选择一对合适的测头。

2）将圆锥型测头嵌入测量螺杆孔内，V形测头嵌入固定测量砧内，将螺纹千分尺调零。

3）任取一截面，按与螺纹轴线垂直的方向进行测量，如图9-9所示，记下读数。

4）任意选取其他两个截面进行测量，取测量值的平均值作为螺纹的实际中径。填写检验报告，并判定被测外螺纹中径是否合格。

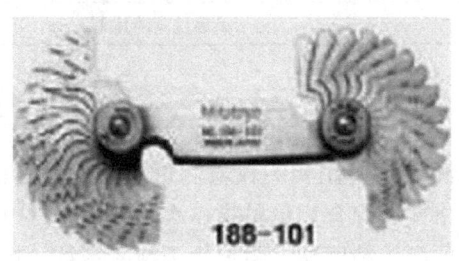
图9-8　螺距规

图9-9　螺纹千分尺测量螺纹中径

9.3.2　综合测量

用螺纹量规测量螺纹属于综合测量。在成批生产中，普通螺纹均采用综合测量法。综合测量根据螺纹中径合格性的准则（泰勒原则），使用螺纹量规进行测量。

螺纹量规分为螺纹塞规（用于内螺纹测量）和螺纹卡规、环规（用于外螺纹测量），两种量规均由通规和止规组成。检验时，通规能顺利与工件旋合，止规不能旋合或不能完全旋合，则螺纹为合格。反之，通规不能旋合，则说明螺母过小或螺栓过大，螺纹应返修；若止规能完全旋合，则表明螺母过大或螺栓过小，螺纹也是不合格品。螺纹量规如图9-10所示。

  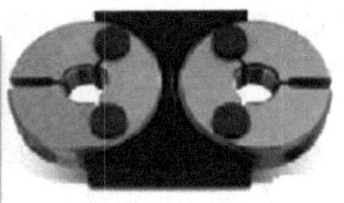

图9-10　螺纹量规

图9-11所示为外螺纹综合测量示例。先用卡规检验外螺纹大径的合格性，再用螺纹环规的通端检验，若外螺纹的作用中径合格，且小径没有大于其上极限尺寸，通端应能在旋合长度内与被检螺纹旋合。若被检外螺纹的单一中径合格，螺纹环规的止端应不能通过被检螺纹，但允许旋进2~3牙。

图9-12所示为内螺纹综合测

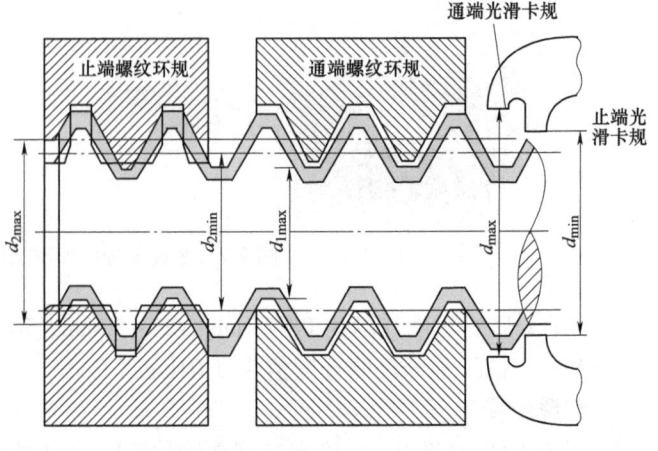

图9-11　外螺纹综合测量示例

量示例。先用光滑极限量规检验内螺纹小径的合格性，再用螺纹塞规通端检验内螺纹的作用中径和底径，若作用中径合格且内螺纹的大径不小于其下极限尺寸，通规应能在旋合长度内与内螺纹旋合。若被检内螺纹的单一中径合格，螺纹塞规的止端就不能通过，但允许旋进2~3牙。

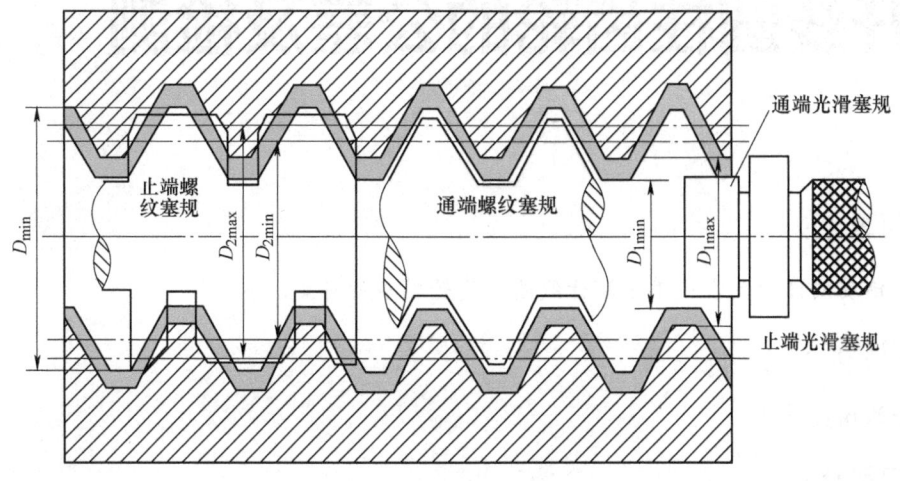

图 9-12　内螺纹综合测量示例

本 章 小 结

本章介绍了普通螺纹的几何参数及主要参数误差对螺纹互换性的影响；给出了普通螺纹公差等级，即规定了 d_1、d_2 和 D_1、D_2 的公差。介绍了外螺纹与内螺纹的基本偏差；螺纹的旋合长度分为短、中、长三种，分别用代号 S、N 和 L 表示，螺纹按公差等级和旋合长度规定了三种精度等级：精密级、中等级、粗糙级。介绍了利用螺纹量规测量螺纹的综合测量法和利用螺纹千分尺测量螺纹中径的单项测量法。

思考与练习

1. 简答题
1）中径的合格性判断方法是什么？
2）简述外螺纹中径、单一中径和作用中径之间的关系。

2. 综合题
1）解释下列螺纹标记的含义：
a) M30-6H；　b) M10×1-LH；　c) M20×2-5g6g-S；
d) M20×Ph3P1.5（two starts）-6H-L-LH；　e) M30×2-6H/5g6g-L
2）查表求出 M20×2-5g6g 螺纹的基本偏差、中径和大径公差，并计算中径和大径的极限尺寸。

第 10 章
渐开线圆柱齿轮的公差及检测

学习重点：

齿轮传动的使用要求；单个渐开线圆柱齿轮精度的评定。

学习难点：

齿轮的精度设计。

学习目标：

1) 了解具有互换性的齿轮和齿轮副必须满足的四项使用要求。
2) 通过分析各种加工误差对齿轮传动使用要求的影响，理解渐开线圆柱齿轮精度标准所规定的各项公差项目的定义和作用。
3) 初步掌握齿轮精度等级和检验项目的选用，以及确定齿轮副侧隙大小的方法。
4) 初步掌握齿轮的检测方法。

齿轮传动是一种重要的传动方式，广泛应用于各种机器和仪表的传动装置中，常用来传递运动和动力。齿轮传动的质量对机械产品的工作性能、承载能力、工作精度及使用寿命等都有很大的影响。齿轮传动装置是指齿轮、轴、轴承、箱体等零部件的总和。齿轮传动的质量不仅与各个组成零部件的制造质量有关，而且与整个齿轮装置的装配精度有关。其中，齿轮的制造精度和装配精度是主要影响因素。

10.1 概述

10.1.1 齿轮传动的使用要求

齿轮传动的类型很多，应用极为广泛，因此对齿轮传动的使用要求也是多方面的。归纳起来主要有以下四方面。

1. 传递运动的准确性

传递运动的准确性是指齿轮在一转范围内，最大转角误差不超过一定的限度。齿轮一转过程中产生的最大转角误差用 $\Delta\varphi_\Sigma$ 来表示，如图 10-1 所示，一对啮合传动齿轮，若主动齿轮的齿距没有误差，而从动齿轮的齿距不均匀时，则从动齿轮一转过程中将出现最大转角误差 $\Delta\varphi_\Sigma$，从而使速比相应产生最大变动量，导致传递运动不准确。

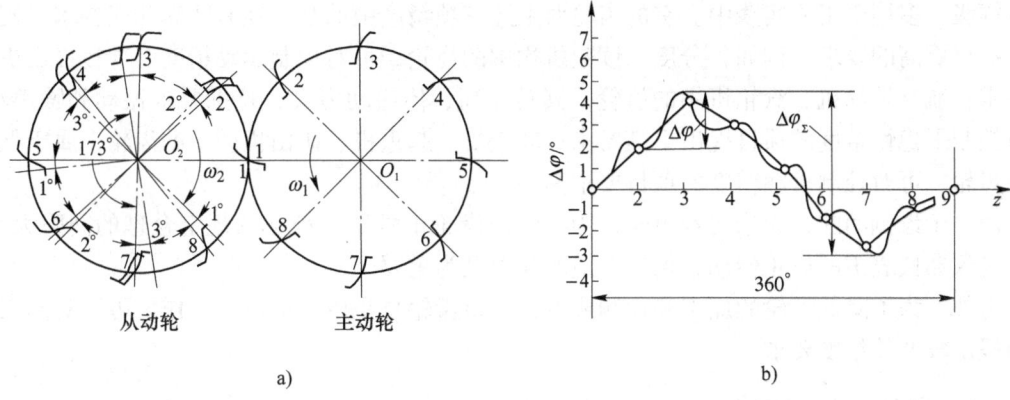

图 10-1 转角误差示意图

2. 传递运动的平稳性

要求齿轮在转一齿的范围内，瞬时传动比的变化不超过一定的范围，因为这种变动将会引起冲击、振动和噪声。它可以用齿轮转一齿过程中的最大转角误差 $\Delta\varphi$ 表示。如图 10-1b 所示，与传递运动精度相比，它等于转角误差曲线上多次重复的小波纹的最大幅度值。

3. 载荷分布的均匀性

要求一对齿轮啮合时，工作齿面要保证接触良好，避免应力集中，减少齿面磨损，提高齿面强度和寿命。这项要求可在沿齿长和齿高方向上保证一定的接触区域来实现，如图 10-2 所示，齿轮的此项精度要求又称为接触精度要求。

4. 传动侧隙的合理性

一对齿轮啮合时，要求在非工作齿面间存在一定的间隙，这个间隙称为传动侧隙。如图 10-3 所示，法向侧隙 j_{bn} 是使齿轮传动灵活，用以储存润滑油、补偿齿轮的制造与安装误差以及热变形等所需的侧隙，否则齿轮在传动过程中会出现卡死或烧伤。在圆周方向测得的传动侧隙为圆周侧隙 j_{wt}。

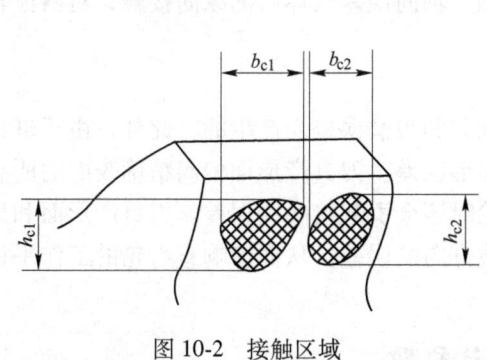

图 10-2 接触区域

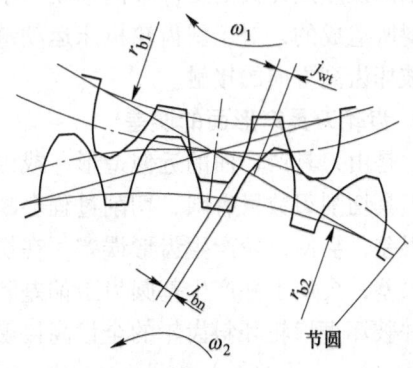

图 10-3 传动侧隙

上述前三项要求为齿轮本身的精度要求，第四项是对齿轮副的要求，而且对不同用途的齿轮，具体要求也不一样。

对于机械制造业中常用的齿轮，如机床、通用减速器、汽车、拖拉机、内燃机等机器用的齿轮，对上述三项精度要求通常基本一致，对用于齿轮精度评定的各个项目可要求同样的精度等级，多用于工程实践中。有的齿轮对上述三项精度中的某一项有特殊功能要求，则可对其提出更高的要求。例如，分度、读数机构中的齿轮，可对控制运动精度的项目提出更高的要求；航空发动机、汽轮机中的齿轮，其转速高、传递动力大，特别要求振动和噪声小，应对控制平稳性精度的项目提出更高要求；轧钢机、起重机、矿山机械中的齿轮，属于低速动力齿轮，可对控制接触精度的项目要求高些。

而对于齿侧间隙，无论何种齿轮，为了保证齿轮正常运转都必须规定合理的间隙大小，尤其是仪器仪表中的齿轮传动，保证合适的间隙尤为重要。

另外，为了降低齿轮的加工和检测成本，如果齿轮总是用一侧齿面工作，可以对非工作齿面提出较低的精度要求。

10.1.2 齿轮的加工误差

产生齿轮加工误差的原因很多，主要来源于加工齿轮的机床、刀具、夹具和齿坯本身的误差，及其安装、调整误差。齿轮加工误差主要有下述四种形式，如图10-4所示。

1. 径向误差

径向误差是刀具与被切齿轮之间径向距离的偏差。它是由齿坯在机床上的定位误差、刀具的径向圆跳动、齿坯轴或刀具轴位置的周期性变动引起的。

2. 切向误差

切向误差是刀具与工件的展成运动遭到破坏或分度不准确而产生的加工误差。机床运动链中各构件的误差，主要是最终端分度蜗杆副的误差，以及机床分度盘和展成运动链中进给丝杠的误差，是产生切向误差的根源。

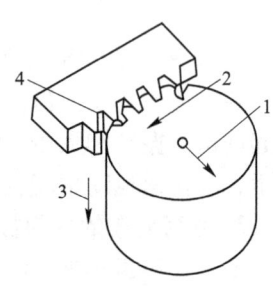

图10-4 齿轮加工误差
1—径向误差 2—切向误差
3—轴向误差
4—刀具产形面的误差

3. 轴向误差

轴向误差是刀具沿工件轴向移动产生的误差。它主要是由机床导轨的不精确、齿坯轴线的歪斜所造成的，对于斜齿轮机床运动链也有影响。轴向误差破坏齿的纵向接触，对斜齿轮还会破坏齿高方向的接触。

4. 齿轮刀具产形面的误差

它是由刀具产形面的近似造形，或由其制造误差和刃磨误差而产生的。此外，由于进给量和刀具切削刃数目有限，切削过程会断续产生齿形误差。刀具产形面偏离精确表面的所有形状误差，会使齿轮产生齿形误差，在切削斜齿轮时还会引起接触线误差。刀具产形面和压力角误差，会使工件产生基圆齿距偏差和沿接触线方向的误差，从而影响直齿轮的工作平稳性，并破坏直齿轮和斜齿轮的全齿高接触。

10.2 单个渐开线圆柱齿轮精度的评定参数

国标文件GB/T 10095.1—2008《圆柱齿轮 精度制 第1部分：轮齿同侧齿面偏差的定义和允许值》和GB/T 10095.2—2008《圆柱齿轮 精度制 第2部分：径向综合偏差与径向跳动的定义和允许值》将单个渐开线圆柱齿轮精度的评定参数规定为轮齿同侧齿面偏差、径向综合偏差和径向跳动三个方面。

10.2.1 轮齿同侧齿面偏差

1. 齿距偏差

（1）单个齿距偏差（f_{pt}） 在端平面上，在接近齿高中部的一个与齿轮轴线同心的圆上，实际齿距与理论齿距的代数差。如图10-5a所示，图中f_{pt}为第1个齿距的齿距偏差。

若齿轮存在齿距偏差，会造成一对齿啮合完而另一对齿进入啮合时，主动齿与被动齿发生碰撞，影响齿轮传动的平稳性精度。

（2）齿距累积偏差（F_{pk}） 任意k个齿距的实际弧长与理论弧长的代数差，如图10-5所示，理论上它等于k个齿距的各单个齿距偏差的代数和。一般，偏差F_{pk}的允许值适用于齿距数k为$2\sim z/8$的弧段内，通常，F_{pk}取$k\approx z/8$就足够了。

F_{pk}实际上是控制在圆周上的齿距累积偏差，如果此项偏差过大，将产生振动和噪声，影响传动的平稳性精度。

（3）齿距累积总偏差（F_p） 齿轮同侧齿面任意弧段（$k=1\sim k=z$）内的最大齿距累积偏差。它表现为齿距累积偏差曲线的总幅值，如图10-5b所示。

齿距累积总偏差可反映齿轮在转一转过程中传动比的变化，因此它会影响齿轮的运动精度。

以上三项参数均可在齿距比较仪或万能测齿仪上测量。齿距累积偏差和齿距累积总偏差通常采用相对法进行测量，即首先以被测齿轮上任一实际齿距作为基准，将仪器指示表调零，然后沿整个齿圈依次测出其他实际齿距与基准齿距的差值，经过数据处理求出目标参数，同时也可得到单个齿距偏差。单个齿距偏差需对每个轮齿的两侧都进行测量。

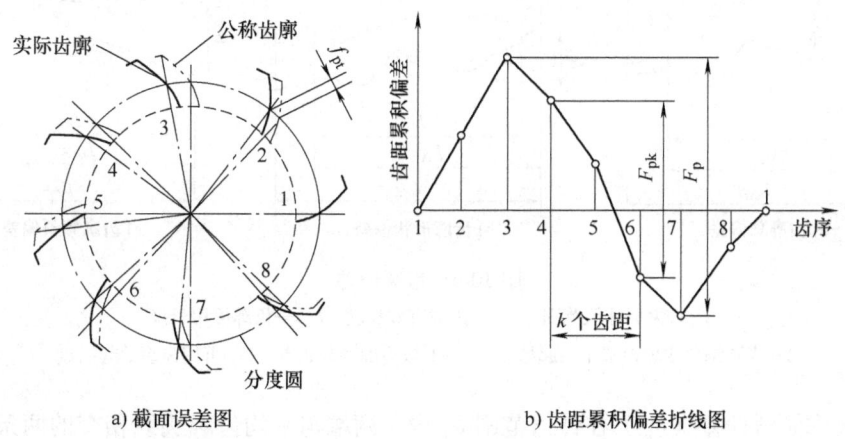

a）截面误差图　　　　b）齿距累积偏差折线图

图10-5　齿距累积偏差

2. 齿廓偏差

齿廓偏差是实际齿廓偏离设计齿廓的量，在端平面内且垂直于渐开线齿廓的方向计值。

（1）齿廓总偏差（F_α） 在计值范围L_α内，包容实际齿廓迹线的两条设计齿廓迹线间的距离，如图10-6a所示。齿廓总偏差F_α主要影响齿轮传动的平稳性精度。

（2）齿廓形状偏差（$f_{f\alpha}$） 在计值范围L_α内，包容实际齿廓迹线的，与平均齿廓迹线完全相同的两条曲线间的距离，且两条曲线与平均齿廓迹线的距离为常数。

如图 10-6b 所示，点画线轮廓为设计齿廓；粗实线轮廓为实际齿廓；虚线轮廓为平均齿廓。

第一行的三个齿廓，设计齿廓为未修形的渐开线；实际齿廓在减薄区内偏向体内。

第二行的三个齿廓，设计齿廓为修形的渐开线（举例）；实际齿廓在减薄区偏向体内。

第三行的三个齿廓，设计齿廓为修形的渐开线（举例）；实际齿廓在减薄区偏向体外。

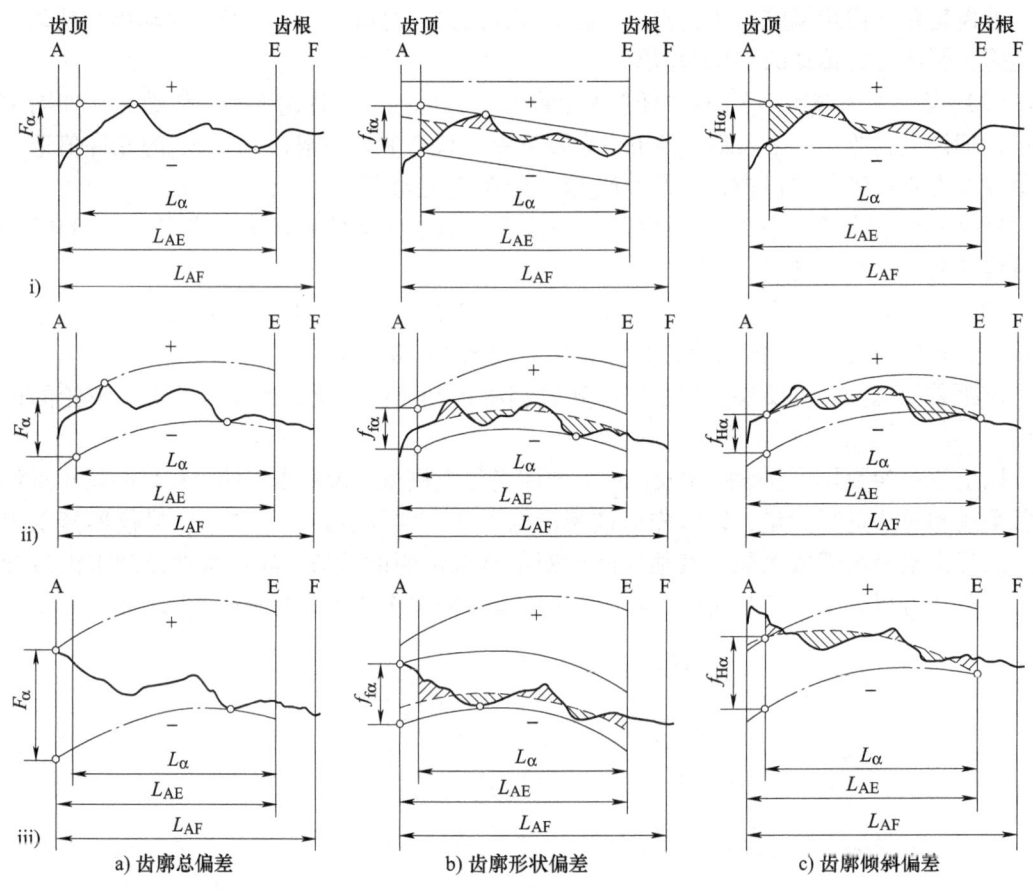

图 10-6 齿廓偏差

L_α—齿廓计值范围　L_{AE}—齿廓有效长度　L_{AF}—齿廓可用长度

A—齿顶倒角或齿顶圆角的起始点　E—有效齿廓的起始点　F—可用齿廓的起始点

（3）齿廓倾斜偏差（$f_{H\alpha}$）在计值范围 L_α 内，两端与平均齿廓迹线相交的两条设计齿廓迹线间的距离，如图 10-6c 所示。

在近代齿轮设计中，对于高速传动齿轮，为减少基圆齿距偏差和轮齿弹性变形引起的冲击、振动和噪声，常采用以理论渐开线齿形为基础的修正齿形，如修缘齿形、凸齿形等，如图 10-6 所示。所以，设计齿形可以是渐开线齿形，也可以是这种修正齿形。

齿廓偏差的检验也称为齿形检验，通常是在渐开线检查仪上进行的。图 10-7 所示为单盘式渐开线检查仪原理图。该仪器是用比较法进行齿廓偏差测量的，即将被测齿轮的齿形与理论渐开线比较，从而得出齿廓偏差。

在图 10-7 所示仪器中，被测齿轮 1 与可更换的基圆盘 2 装在同一轴上，基圆盘直径要精确地等于被测齿轮的理论基圆直径,并与装在滑板 4 上的直尺 3 以一定的压力相接触。当转动丝杠 5 使滑板 4 移动时,直尺 3 便与基圆盘 2 做纯滚动,此时齿轮 1 也同步转动。在滑板 4 上装有测量杠杆 6,6 的一端为测头,与被测齿面接触,其接触点刚好在直尺 3 与基圆盘 2 相切的平面上,它走出的轨迹应为理论渐开线。但由于齿面存在齿廓偏差,在测量过程中测头就产生了偏移并通过指示表 7 指示出来,或由记录器画出齿廓偏差曲线,按齿廓总偏差 F_α 的定义,可以从记录曲线上求出 F_α 的数值,然后再与给定的允许值进行比较。有时为了进行工艺分析或有特殊要求,也可以从曲线上进一步分析出 $f_{f\alpha}$ 和 $f_{H\alpha}$ 的数值。

3. 螺旋线偏差

指在端面基圆切线方向上测得的实际螺旋线偏离设计螺旋线的量。

(1) 螺旋线总偏差 (F_β)　在计值范围 L_β 内,包容实际螺旋线迹线的两条设计螺旋线迹线间的距离,如图 10-8 所示。

在螺旋线检查仪上测量非修形螺旋线的斜齿轮形状偏差,原理是将被测齿轮的实际螺旋线与标准的理论螺旋线逐点进行比较,并根据所得的差值在记录纸上画出偏差曲线图,如图 10-8 所示。没有螺旋线偏差的螺旋线展开后应该是一条直线(设计螺旋线迹线),即图 10-8 中的线 1。如果无偏差,仪器的记录笔应该画出一条与线 1 重合的直线,而存在偏差时,则画出曲线 2(实际螺旋线迹线)。齿轮从基准面 I 到非基准面 II 的轴向距离为齿宽 b。齿宽 b 两端各减去 5% 的齿宽或减去一个模数长度后,得到的两者中的较小值是螺旋线计值范围 L_β,过实际螺旋线迹线最高点和最低点,作与设计螺旋线迹线平行的两条直线间的距离即为 F_β。该项偏差主要影响齿面接触精度。

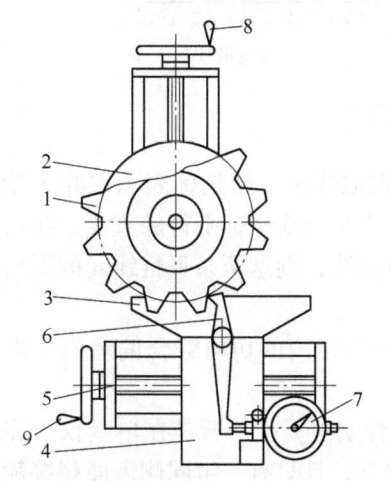

图 10-7　单盘式渐开线检查仪原理图
1—齿轮　2—基圆盘　3—直尺　4—滑板
5—丝杠　6—杠杆　7—指示表　8、9—手轮

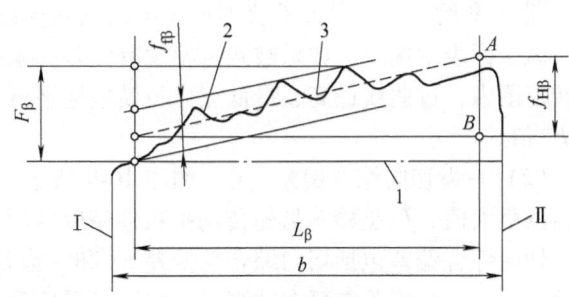

图 10-8　螺旋线偏差
1—设计螺旋线　2—实际螺旋线　3—平均螺旋线
I—基准面　II—非基准面

(2) 螺旋线形状偏差 ($f_{f\beta}$)　在计值范围 L_β 内,包容实际螺旋线迹线的,与平均螺旋线迹线完全相同的两条曲线间的距离,且两条曲线与平均螺旋线迹线的距离为常数,如图 10-8 所示。平均螺旋线迹线是在计值范围内,按最小二乘法确定的。

(3) 螺旋线倾斜偏差 ($f_{H\beta}$)　在计值范围 L_β 的两端与平均螺旋线迹线相交的两条设计螺旋线迹线间的距离。

注意，上述 F_β、$f_{f\beta}$、$f_{H\beta}$ 的取值方法只适用于非修形螺旋线，当齿轮设计成修形螺旋线时，设计螺旋线迹线不再是直线。

对于直齿圆柱齿轮，螺旋角 $\beta=0$，此时 F_β 称为齿向偏差。

螺旋线偏差用于评定轴向重合度 $\varepsilon_\beta>1.25$ 的宽斜齿轮及人字齿轮，它适用于评定传递功率大、速度高的高精度宽斜齿轮。

斜齿轮的螺旋线总偏差是在导程仪或螺旋线检测仪上测量检验的，检验时由检测设备直接画出螺旋线偏差图。按定义可从偏差曲线上求出 F_β 值，然后再与给定的允许值进行比较。有时为了进行工艺分析或有特殊要求，可从曲线上进一步分析出 $f_{f\beta}$ 和 $f_{H\beta}$ 的数值。

4. 切向综合偏差

（1）切向综合总偏差（F_i'） 被测齿轮与测量齿轮单面啮合检验时，被测齿轮一转内，齿轮分度圆上实际圆周位移与理论圆周位移的最大差值（图10-9）。F_i' 是反映齿轮传动运动精度的检查项目。

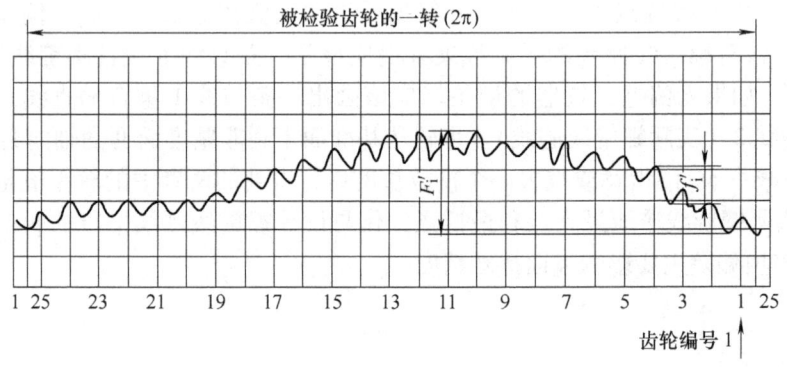

图10-9　切向综合偏差曲线图

图10-9所示为由单面啮合测量仪画出的切向综合偏差曲线图。横坐标表示被测齿轮转角，纵坐标表示偏差。如果被测齿轮没有偏差，偏差曲线应是与横坐标平行的直线。在齿轮一转范围内，过曲线最高、最低点作与横坐标平行的两条直线，则这两条平行线间的距离即为 F_i' 值。

（2）一齿切向综合偏差（f_i'） 如图10-9所示，在一个齿距内的切向综合偏差值（取所有齿的最大值）f_i' 是检验齿轮传动平稳性精度的项目。

切向综合偏差包括切向综合总偏差 F_i' 和一齿切向综合偏差 f_i'，一般是在单啮仪上完成检验工作。该项检验需要在被测齿轮与测量齿轮呈啮合状态，且只有一组同侧齿面相接触的情况下旋转一整圈获得偏差曲线图，方可用于评定切向综合偏差。

10.2.2　径向综合偏差与径向跳动

径向综合偏差的测量值受到测量齿轮的精度和被测齿轮与测量齿轮的总重合度的影响。检验径向综合偏差时，测量齿轮应在有效长度 L_{AE} 上与被测齿轮啮合。

1. 径向综合总偏差（F_i''）

径向综合总偏差 F_i'' 是在径向（双面）综合检验时，被测齿轮的左右齿面同时与测量齿轮接触，并转过一整圈时出现的中心距最大值和最小值之差，如图10-10所示。

图 10-10 所示为在双啮仪上测量并画出的 F_i'' 偏差曲线，横坐标表示被测齿轮转角，纵坐标表示偏差。过曲线最高、最低点作平行于横坐标的两条直线，则这两条平行线间的距离即 F_i'' 值。F_i'' 是反映齿轮运动精度的项目。

2. 一齿径向综合偏差（f_i''）

一齿径向综合偏差 f_i'' 是被测齿轮与测量齿轮啮合一整圈时，对应一个齿距（$360°/z$）的径向综合偏差值（图 10-10）。被测齿轮所有轮齿的 f_i'' 的最大值不应超过规定的允许值。f_i'' 是反映齿轮传动平稳精度的项目。

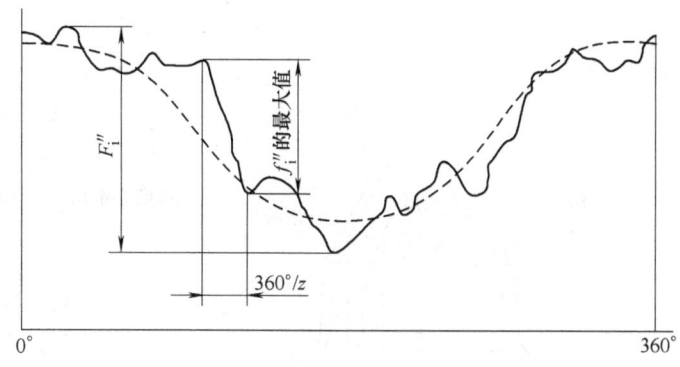

图 10-10 径向综合偏差曲线图

3. 径向跳动（F_r）

齿轮径向跳动为测头（球形、圆柱形、砧形）相继置于每个齿槽内时，从它到齿轮轴线的最大和最小径向距离之差。如图 10-11a 所示，检测时，测头在近似齿高中部的位置与左右齿面接触，根据测量数值可画出如图 10-11b 所示的径向跳动曲线图，图 b 中偏心量是径向跳动的一部分。

径向跳动 F_r 主要反映齿轮的几何偏心，它是检测齿轮运动精度的项目。

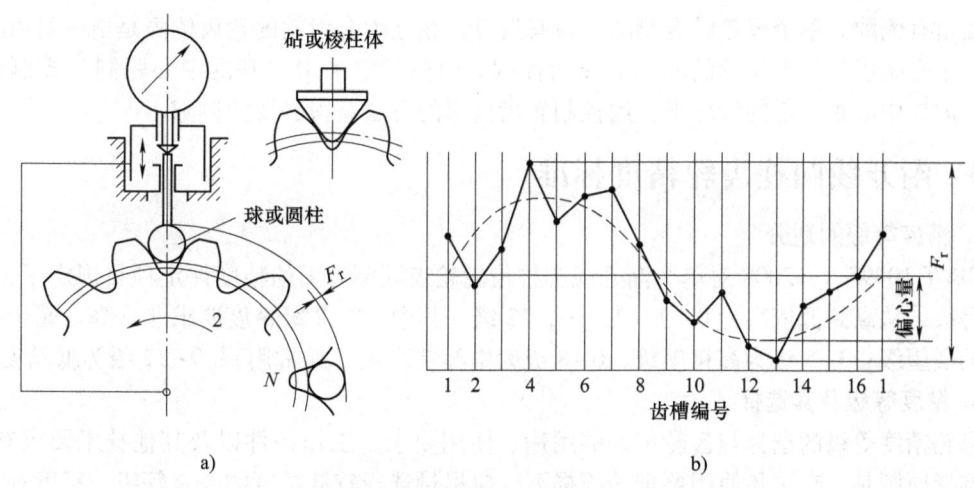

图 10-11 径向跳动检测

10.2.3 齿厚偏差及齿侧间隙

1. 齿厚偏差（E_{sn}）

齿厚偏差是指在分度圆柱面上，齿厚的实际值与公称值之差，如图 10-12a 所示。齿厚可用齿厚游标卡尺测量，如图 10-12b 所示，也可用精度更高的光学测齿仪测量。

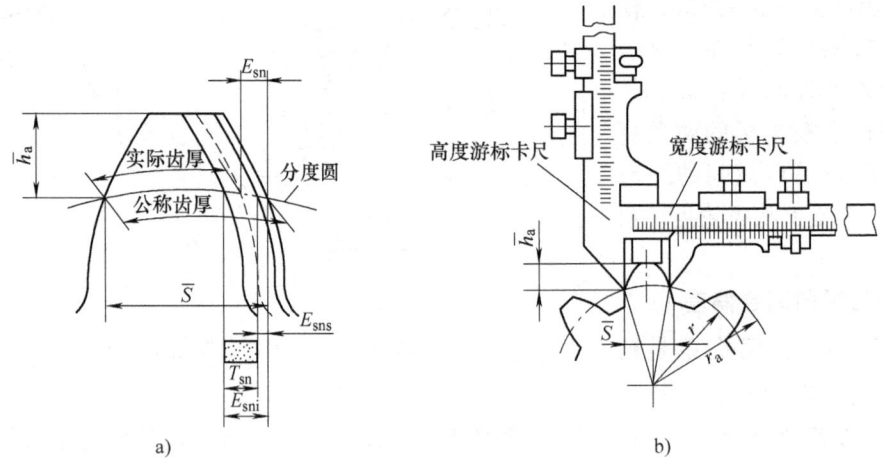

图 10-12 齿厚偏差与齿厚测量

2. 公法线平均长度偏差（E_{bn}）

公法线平均长度偏差是指在齿轮一周内，公法线长度测量的平均值与公称值之差。公法线长度 W_k 是在基圆柱切平面上跨 k 个齿（对外齿轮）或 k 个齿槽（对内齿轮）在接触到一个齿的右齿面和另一个齿的左齿面的两个平行平面之间测得的距离。

3. 齿侧间隙

为保证齿轮润滑、补偿齿轮的制造误差、安装误差以及热变形等造成的误差，必须在非工作面留有侧隙。单个齿轮没有侧隙，只有齿厚，相互啮合齿轮的轮齿侧隙是由一对齿轮运行时的中心距以及每个齿轮的实际齿厚所控制。国标规定采用"基准中心距制"控制齿侧间隙，即在中心距一定的情况下，用控制轮齿齿厚的方法获得必要的侧隙。

10.3　渐开线圆柱齿轮精度标准

1. 精度等级的划分

GB/T 10095.1—2008 对单个渐开线圆柱齿轮轮齿同侧齿面的精度评定项目规定了 13 个精度等级，从高到低依次为 0，1，2，…，12 级。其中，0~2 级精度要求非常高，属于有待发展的展望级；3~5 级为高精度级；6~8 级为中等精度级（最常用）；9~12 级为低精度级。

2. 精度等级及其选择

齿轮精度等级的选择与齿轮传动的用途、使用要求、工作条件以及其他技术要求有关，总体选择原则是，在满足使用要求的前提下，应尽量选择较低精度的公差等级。精度等级的选择方法有计算法和类比法。计算法主要是根据传动链误差的传递规律、强度及振动等方面的理论来确定精度等级。目前，生产中一般采用类比法选定公差等级。表 10-1 列出了各类机械中齿轮精度等级的应用范围，表 10-2 列出了常见圆柱齿轮精度等级的适用范围，供选用时参考。

齿轮和齿轮副的精度等级确定以后，齿轮各评定项目常用的精度等级及相应公差可查表 10-3 ~ 表 10-12。

第 10 章 渐开线圆柱齿轮的公差及检测

表 10-1 各类机械中齿轮精度等级的应用

应用范围	精度等级	应用范围	精度等级
单啮仪、双啮仪等使用的测量齿轮	2~5	载重汽车	6~9
涡轮机减速器	3~6	通用减速器	6~9
精密切削机床	3~7	拖拉机	6~10
一般切削机床	5~8	轧钢机	6~10
航空发动机	4~7	起重机	7~10
轻型汽车	5~8	地质矿用绞车	8~10
内燃机车或电气机车	6~8	农业机械	8~11

表 10-2 常见圆柱齿轮精度等级的适用范围

精度等级	应用范围	圆周速度/(m/s) 直齿	圆周速度/(m/s) 斜齿
4	高精度和极精密分度机构的齿轮；平稳性要求极高的和无噪声的齿轮；检验 7 级精度齿轮的测量齿轮；高速涡轮机齿轮	<35	<70
5	高精度和精密分度机构的齿轮；高速重载、重型机械进给齿轮；平稳性要求高的和无噪声的齿轮；检验 8、9 级精度齿轮的测量齿轮	<20	<40
6	一般分度机构的齿轮，3 级和 3 级以上精度机床中的进给齿轮；高速、重型机械传动中的动力齿轮；高速传动中要求高效率、平稳性和无噪声的齿轮；读数机构中的传动齿轮	<15	<30
7	4 级和 4 级以上精度机床中的进给齿轮；高速、动力小而需要反向回转的齿轮；有一定速度的减速器齿轮；有平稳性要求的航空齿轮、船舶和轿车的齿轮	<10	<15
8	一般精度机床齿轮；汽车、拖拉机和减速器中的齿轮；航空器中不重要的齿轮；农用机械中的重要齿轮	<6	<10
9	精度要求低的齿轮；没有传动要求的手动齿轮	<2	<4

表 10-3 常用径向跳动公差 F_r（GB/T 10095.2—2008）　　　　（单位：μm）

分度圆直径 d/mm	法向模数 m_n/mm	精度等级 4	5	6	7	8	9
50<d≤125	0.5≤m_n≤2	10	15	21	29	42	59
	2<m_n≤3.5	11	15	21	30	43	61
	3.5<m_n≤6	11	16	22	31	44	62
	6<m_n≤10	12	16	23	33	46	65
	10<m_n≤16	12	18	25	35	50	70
	16<m_n≤25	14	19	27	39	55	77
125<d≤280	0.5≤m_n≤2	14	20	28	39	55	78
	2<m_n≤3.5	14	20	28	40	56	80
	3.5<m_n≤6	14	20	29	41	58	82
	6<m_n≤10	15	21	30	42	60	85
	10<m_n≤16	16	22	32	45	63	89
	16<m_n≤25	17	24	34	48	68	96
	25<m_n≤40	19	27	36	54	76	107

表 10-4 常用齿距累积总偏差 F_p（GB/T 10095.1—2008） （单位：μm）

分度圆直径 d/mm	法向模数 m_n/mm	精度等级				
		5	6	7	8	9
50<d≤125	0.5≤m_n≤2	18.0	26.0	37.0	52.0	74.0
	2<m_n≤3.5	19.0	27.0	38.0	53.0	76.0
	3.5<m_n≤6	19.0	28.0	39.0	55.0	78.0
	6<m_n≤10	20.0	29.0	41.0	58.0	82.0
	10<m_n≤16	22.0	31.0	44.0	62.0	88.0
	16<m_n≤25	24.0	34.0	48.0	68.0	96.0
125<d≤280	0.5≤m_n≤2	24.0	35.0	49.0	69.0	98.0
	2<m_n≤3.5	25.0	35.0	50.0	70.0	100.0
	3.5<m_n≤6	25.0	36.0	51.0	72.0	102.0
	6<m_n≤10	26.0	37.0	53.0	75.0	106.0
	10<m_n≤16	28.0	39.0	56.0	79.0	112.0
	16<m_n≤25	30.0	43.0	60.0	85.0	120.0
	25<m_n≤40	34.0	47.0	67.0	95.0	134.0

表 10-5 常用径向综合总偏差 F_i''（摘自 GB/T 10095.2—2008） （单位：μm）

分度圆直径 d/mm	法向模数 m_n/mm	精度等级					
		4	5	6	7	8	9
50<d≤125	1.0<m_n≤1.5	14	19	27	39	55	77
	1.5<m_n≤2.5	15	22	31	43	61	86
	2.5<m_n≤4.0	18	25	36	51	72	102
	4.0<m_n≤6.0	22	31	44	62	88	124
	6.0<m_n≤10	28	40	57	80	114	161
125<d≤280	1.0<m_n≤1.5	17	24	34	48	68	97
	1.5<m_n≤2.5	19	26	37	53	75	106
	2.5<m_n≤4.0	21	30	43	61	86	121
	4.0<m_n≤6.0	25	36	51	72	102	144
	6.0<m_n≤10	32	45	64	90	127	180

表 10-6 常用单个齿距偏差 ±f_{pt}（摘自 GB/T 10095.1—2008） （单位：μm）

分度圆直径 d/mm	模数 m/mm	精度等级												
		0	1	2	3	4	5	6	7	8	9	10	11	12
50<d≤125	0.5≤m≤2	0.9	1.3	1.9	2.7	3.8	5.5	7.5	11.0	15.0	21.0	30.0	43.0	61.0
	2<m≤3.5	1.0	1.5	2.1	2.9	4.1	6.0	8.5	12.0	17.0	23.0	33.0	47.0	66.0
	3.5<m≤6	1.1	1.6	2.3	3.2	4.6	6.5	9.0	13.0	18.0	26.0	36.0	52.0	73.0
	6<m≤10	1.3	1.8	2.6	3.7	5.0	7.5	10.0	15.0	21.0	30.0	42.0	59.0	84.0
	10<m≤16	1.6	2.2	3.1	4.4	6.5	9.0	13.0	18.0	25.0	35.0	50.0	71.0	100.0
	16<m≤25	2.0	2.8	3.9	5.5	8.0	11.0	16.0	22.0	31.0	44.0	63.0	89.0	125.0

(续)

分度圆直径 d/mm	模数 m/mm	精度等级											
		0	1	2	3	4	5	6	7	8	9	10	11	12
125<d≤280	0.5≤m≤2	1.1	1.5	2.1	3.0	4.2	6.0	8.5	12.0	17.0	24.0	34.0	48.0	67.0
	2<m≤3.5	1.1	1.6	2.3	3.2	4.6	6.5	9.0	13.0	18.0	26.0	36.0	51.0	73.0
	3.5<m≤6	1.2	1.8	2.5	3.5	5.0	7.0	10.0	14.0	20.0	28.0	40.0	56.0	79.0
	6<m≤10	1.4	2.0	2.8	4.0	5.5	8.0	11.0	16.0	23.0	32.0	45.0	64.0	90.0
	10<m≤16	1.7	2.4	3.3	4.7	6.5	9.5	13.0	19.0	27.0	38.0	53.0	75.0	107.0
	16<m≤25	2.1	2.9	4.1	6.0	8.0	12.0	16.0	23.0	33.0	47.0	65.0	93.0	132.0
	25<m≤40	2.7	3.8	5.5	7.5	11.0	15.0	21.0	30.0	43.0	61.0	86.0	121.0	171.0

表 10-7 常用齿廓总偏差 F_α（摘自 GB/T 10095.1—2008） （单位：μm）

分度圆直径 d/mm	模数 m/mm	精度等级											
		0	1	2	3	4	5	6	7	8	9	10	11	12
50<d≤125	0.5≤m≤2	1.0	1.5	2.1	2.9	4.1	6.0	8.5	12.0	17.0	23.0	33.0	47.0	66.0
	2<m≤3.5	1.4	2.0	2.8	3.9	5.5	8.0	11.0	16.0	22.0	31.0	44.0	63.0	89.0
	3.5<m≤6	1.7	2.4	3.4	4.8	6.5	9.5	13.0	19.0	27.0	38.0	54.0	76.0	108.0
	6<m≤10	2.0	2.9	4.1	6.0	8.0	12.0	16.0	23.0	33.0	46.0	65.0	92.0	131.0
	10<m≤16	2.5	3.5	5.0	7.0	10.0	14.0	20.0	28.0	40.0	56.0	79.0	112.0	159.0
	16<m≤25	3.0	4.2	6.0	8.5	12.0	17.0	24.0	34.0	48.0	68.0	96.0	136.0	192.0
125<d≤280	0.5≤m≤2	1.2	1.7	2.4	3.5	4.9	7.0	10.0	14.0	20.0	28.0	39.0	55.0	78.0
	2<m≤3.5	1.6	2.2	3.2	4.5	6.5	9.0	13.0	18.0	25.0	36.0	50.0	71.0	101.0
	3.5<m≤6	1.9	2.6	3.7	5.5	7.5	11.0	15.0	21.0	30.0	42.0	60.0	84.0	119.0
	6<m≤10	2.2	3.2	4.5	6.5	9.0	13.0	18.0	25.0	36.0	50.0	71.0	101.0	143.0
	10<m≤16	2.7	3.8	5.5	7.5	11.0	15.0	21.0	30.0	43.0	60.0	85.0	121.0	171.0
	16<m≤25	3.2	4.5	6.5	9.0	13.0	18.0	25.0	36.0	51.0	72.0	102.0	144.0	204.0
	25<m≤40	3.8	5.5	7.5	11.0	15.0	22.0	31.0	43.0	61.0	87.0	123.0	174.0	246.0

表 10-8 螺旋线总偏差 F_β（摘自 GB/T 10095.1—2008） （单位：μm）

分度圆直径 d/mm	齿宽 b/m	精度等级											
		0	1	2	3	4	5	6	7	8	9	10	11	12
50<d≤125	4≤b≤10	1.2	1.7	2.4	3.3	4.7	6.5	9.5	13.0	19.0	27.0	38.0	53.0	76.0
	10<b≤20	1.3	1.9	2.6	3.7	5.5	7.5	11.0	15.0	21.0	30.0	42.0	60.0	84.0
	20<b≤40	1.5	2.1	3.0	4.2	6.0	8.5	12.0	17.0	24.0	34.0	48.0	68.0	95.0
	40<b≤80	1.7	2.5	3.5	4.9	7.0	10.5	14.0	20.0	28.0	39.0	56.0	79.0	111.0
	80<b≤160	2.1	2.9	4.2	6.0	8.5	12.0	17.0	24.0	33.0	47.0	67.0	94.0	133.0
	160<b≤250	2.5	3.5	4.9	7.0	10.0	14.0	20.0	28.0	40.0	56.0	79.0	112.0	158.0
	250<b≤400	2.9	4.1	6.0	8.0	12.0	16.0	23.0	33.0	46.0	65.0	92.0	130.0	184.0

（续）

分度圆直径 d/mm	齿宽 b/m	精度等级											
		0	1	2	3	4	5	6	7	8	9	10	11	12
125<d≤280	4≤b≤10	1.3	1.8	2.5	3.6	5.0	7.0	10.0	14.0	20.0	29.0	40.0	57.0	81.0
	10<b≤20	1.4	2.0	2.8	4.0	5.5	8.0	11.0	16.0	22.0	32.0	45.0	63.0	90.0
	20<b≤40	1.6	2.2	3.2	4.5	6.5	9.0	13.0	18.0	25.0	36.0	50.0	71.0	101.0
	40<b≤80	1.8	2.6	3.6	5.0	7.5	10.0	15.0	21.0	29.0	41.0	58.0	82.0	117.0
	80<b≤160	2.2	3.1	4.3	6.0	8.5	12.0	17.0	25.0	35.0	49.0	69.0	98.0	139.0
	160<b≤250	2.6	3.6	5.0	7.0	10.0	14.0	20.0	29.0	41.0	58.0	82.0	116.0	164.0
	250<b≤400	3.0	4.2	6.0	8.5	12.0	17.0	24.0	34.0	47.0	67.0	95.0	134.0	190.0
	400<b≤650	3.5	4.9	7.0	10.0	14.0	20.0	28.0	40.0	56.0	79.0	112.0	158.0	224.0

表 10-9 齿廓形状偏差 $F_{f\alpha}$（摘自 GB/T 10095.1—2008） （单位：μm）

分度圆直径 d/mm	模数 m/mm	精度等级											
		0	1	2	3	4	5	6	7	8	9	10	11	12
50<d≤125	0.5≤m≤2	0.8	1.1	1.6	2.3	3.2	4.5	6.5	9.0	13.0	18.0	26.0	36.0	51.0
	2<m≤3.5	1.1	1.5	2.1	3.0	4.3	6.0	8.5	12.0	17.0	24.0	34.0	49.0	69.0
	3.5<m≤6	1.3	1.8	2.6	3.7	5.0	7.5	10.0	15.0	21.0	29.0	42.0	59.0	83.0
	6<m≤10	1.6	2.2	3.2	4.5	6.5	9.0	13.0	18.0	25.0	36.0	51.0	72.0	101.0
	10<m≤16	1.9	2.7	3.9	5.5	7.5	11.0	15.0	22.0	31.0	44.0	62.0	87.0	123.0
	16<m≤25	2.3	3.3	4.7	6.5	9.5	13.0	19.0	26.0	37.0	53.0	76.0	106.0	149.0
125<d≤280	0.5≤m≤2	0.9	1.3	1.9	2.7	3.8	5.5	7.5	11.0	15.0	21.0	30.0	43.0	60.0
	2<m≤3.5	1.2	1.7	2.4	3.4	4.9	7.0	9.5	14.0	19.0	28.0	39.0	55.0	78.0
	3.5<m≤6	1.4	2.0	2.9	4.1	6.0	8.0	12.0	16.0	23.0	33.0	46.0	65.0	93.0
	6<m≤10	1.7	2.4	3.5	4.9	7.0	10.0	14.0	20.0	28.0	39.0	55.0	78.0	111.0
	10<m≤16	2.1	2.9	4.0	6.0	8.5	12.0	17.0	23.0	33.0	47.0	66.0	94.0	133.0
	16<m≤25	2.5	3.5	5.0	7.0	10.0	14.0	20.0	28.0	40.0	56.0	79.0	112.0	158.0
	25<m≤40	3.0	4.2	6.0	8.5	12.0	17.0	24.0	34.0	48.0	68.0	96.0	135.0	191.0

表 10-10 齿廓倾斜偏差 $F_{H\alpha}$（摘自 GB/T 10095.1—2008） （单位：μm）

分度圆直径 d/mm	模数 m/mm	精度等级											
		0	1	2	3	4	5	6	7	8	9	10	11	12
50<d≤125	0.5≤m≤2	0.7	0.9	1.3	1.9	2.6	3.7	5.5	7.5	11.0	15.0	21.0	30.0	42.0
	2<m≤3.5	0.9	1.2	1.8	2.5	3.5	5.0	7.0	10.0	14.0	20.0	28.0	40.0	57.0
	3.5<m≤6	1.1	1.5	2.1	3.0	4.3	6.0	8.5	12.0	17.0	24.0	34.0	48.0	68.0
	6<m≤10	1.3	1.8	2.6	3.7	5.0	7.5	10.0	15.0	21.0	29.0	41.0	58.0	83.0
	10<m≤16	1.6	2.2	3.1	4.4	6.5	9.0	13.0	18.0	25.0	35.0	50.0	71.0	100.0
	16<m≤25	1.9	2.7	3.8	5.5	7.5	11.0	15.0	21.0	30.0	43.0	60.0	86.0	121.0

(续)

分度圆直径 d/mm	模数 m/mm	精度等级												
		0	1	2	3	4	5	6	7	8	9	10	11	12
125<d≤280	0.5≤m≤2	0.8	1.1	1.6	2.2	3.1	4.4	6.0	9.0	12.0	18.0	25.0	35.0	50.0
	2<m≤3.5	1.0	1.4	2.0	2.8	4.0	5.5	8.0	11.0	16.0	23.0	32.0	45.0	64.0
	3.5<m≤6	1.2	1.7	2.4	3.3	4.7	6.5	9.5	13.0	19.0	27.0	38.0	54.0	76.0
	6<m≤10	1.4	2.0	2.8	4.0	5.5	8.0	11.0	16.0	23.0	32.0	45.0	64.0	90.0
	10<m≤16	1.7	2.4	3.4	4.8	6.5	9.5	13.0	19.0	27.0	38.0	54.0	76.0	108.0
	16<m≤25	2.0	2.8	4.0	5.5	8.0	11.0	16.0	23.0	32.0	45.0	64.0	91.0	129.0
	25<m≤40	2.4	3.4	4.8	7.0	9.5	14.0	19.0	27.0	39.0	55.0	77.0	109.0	155.0

表 10-11 f_i'/K（摘自 GB/T 10095.1—2008） （单位：μm）

分度圆直径 d/mm	模数 m/mm	精度等级												
		0	1	2	3	4	5	6	7	8	9	10	11	12
50<d≤125	0.5≤m≤2	2.7	3.9	5.5	8.0	11.0	16.0	22.0	31.0	44.0	62.0	88.0	124.0	176.0
	2<m≤3.5	3.2	4.5	6.5	9.0	13.0	18.0	25.0	36.0	51.0	72.0	102.0	144.0	204.0
	3.5<m≤6	3.6	5.0	7.0	10.0	14.0	20.0	29.0	40.0	57.0	81.0	115.0	162.0	229.0
	6<m≤10	4.1	6.0	8.0	12.0	16.0	23.0	33.0	47.0	66.0	93.0	132.0	186.0	263.0
	10<m≤16	4.8	7.0	9.5	14.0	19.0	27.0	38.0	54.0	77.0	109.0	154.0	218.0	308.0
	16<m≤25	5.5	8.0	11.0	16.0	23.0	32.0	46.0	65.0	91.0	129.0	183.0	259.0	366.0
125<d≤280	0.5≤m≤2	3.0	4.3	6.0	8.5	12.0	17.0	24.0	34.0	49.0	69.0	97.0	137.0	194.0
	2<m≤3.5	3.5	4.9	7.0	10.0	14.0	20.0	28.0	39.0	56.0	79.0	111.0	157.0	222.0
	3.5<m≤6	3.9	5.5	7.5	11.0	15.0	22.0	31.0	44.0	62.0	88.0	124.0	175.0	247.0
	6<m≤10	4.4	6.0	9.0	12.0	18.0	25.0	35.0	50.0	70.0	100.0	141.0	199.0	281.0
	10<m≤16	5.0	7.0	10.0	14.0	20.0	29.0	41.0	58.0	82.0	115.0	163.0	231.0	326.0
	16<m≤25	6.0	8.5	12.0	17.0	24.0	34.0	48.0	68.0	96.0	136.0	192.0	272.0	384.0
	25<m≤40	7.5	10.0	15.0	21.0	29.0	41.0	58.0	82.0	116.0	165.0	233.0	329.0	465.0

注：$f_i' = K(4.3 + f\text{pt} + F_\alpha) = K(9 + 0.3m + 3.2\sqrt{m} + 0.34\sqrt{d})$

式中，当总重合度 $\varepsilon_r < 4$ 时，$K = 0.2\left(\dfrac{\varepsilon_r + 4}{\varepsilon_r}\right)$；当 $\varepsilon_r \geq 4$ 时，$K = 0.4$。

表 10-12 常用一齿径向综合偏差 f_i''（摘自 GB/T 10095.2—2008） （单位：μm）

分度圆直径 d/mm	法向模数 m_n/mm	精度等级					
		4	5	6	7	8	9
20<d≤50	1.5<m_n≤2.5	4.5	6.5	9.5	13	19	26
	2.5<m_n≤4.0	7.0	10	14	20	29	41
	4.0<m_n≤6.0	11	15	22	31	43	61
	6.0<m_n≤10	17	24	34	48	67	95
50<d≤125	1.5<m_n≤2.5	4.5	6.5	9.5	13	19	26
	2.5<m_n≤4.0	7.0	10	14	20	29	41
	4.0<m_n≤6.0	11	15	22	31	44	62
	6.0<m_n≤10	17	24	34	48	67	95

（单位：μm）

分度圆直径 d/mm	法向模数 m_n/mm	精度等级					
		4	5	6	7	8	9
125<d≤280	1.5<m_n≤2.5	4.5	6.5	9.5	13	19	27
	2.5<m_n≤4.0	7.5	10	15	21	29	41
	4.0<m_n≤6.0	11	15	22	31	44	62
	6.0<m_n≤10	17	24	34	48	67	95

10.4 齿坯精度和齿轮副精度

齿坯和齿轮箱体的尺寸偏差、几何误差及表面质量，对齿轮零件的加工检验、齿轮副的转动情况有极大的影响，加工齿坯和齿轮箱体时，保持较高的加工精度可使加工的轮齿精度较易保证，从而保证齿轮的传动性能。

10.4.1 齿坯精度

齿坯精度包括齿轮内孔、齿顶圆、齿轮轴的定位基准面和安装基准面的精度，以及各工作表面的表面粗糙度要求。齿轮内孔与轴颈常作为加工、测量和安装的基准，按齿轮精度对它们的尺寸和位置也提出了一定的精度要求。常用齿坯精度可参照表10-13。

齿轮的几何公差以及基准面的跳动公差在现行国家标准里有明确规定，可查表10-14及表10-15。现行国家标准没有规定齿轮各基准面的表面粗糙度，设计时齿轮表面粗糙度允许值可按 GB/Z 18620.4—2008 中的规定，见表10-16、表10-17。

表10-13 常用齿坯精度

齿轮精度等级[①]		5	6	7	8	9
孔	尺寸公差、几何公差	IT5	IT6		IT7	IT8
轴		IT5		IT6		IT7
齿顶圆直径公差[②]		IT7		IT8		IT9

① 当齿轮检验项目的精度等级不同时，按最高等级确定精度。
② 当齿顶圆不作为测量基准时，其尺寸公差按IT11给定，但不大于 $0.1m_n$。

表10-14 基准面和安装面的形状公差（摘自 GB/Z 18620.3—2008）

确定轴线的基准面	公差项目		
	圆度	圆柱度	平面度
两个"短的"圆柱或圆锥形基准面	0.04（L/b）F_β 或 $0.1F_p$ 取两者中的小值		
一个"长的"圆柱或圆锥形基准面		0.04（L/b）F_β 或 $0.1F_p$ 取两者中的小值	
一个"短的"圆柱面和一个端面	$0.06F_p$		$0.06（D_d/b）F_\beta$

注：1. 齿坯的公差应减至能经济地制造的最小值。
2. L 为较大的轴承跨距，D_d 为基准面直径，b 为齿宽，F_β 为螺旋线总偏差，F_p 为齿距累积总偏差。

表 10-15　安装面的跳动公差（摘自 GB/Z 18620.3—2008）

确定轴线的基准面	跳动量（总的指示幅度）	
	径向	轴向
仅指圆柱或圆锥形基准面	$0.15(L/b)F_\beta$ 或 $0.3F_p$ 取两者中的大值	
一个圆柱基准面和一个端面基准面	$0.3F_p$	$0.2(D_d/b)F_\beta$

注：齿坯的公差应减至能经济地制造的最小值。

表 10-16　算术平均偏差 Ra 的推荐极限值　　　　（单位：μm）

等级	Ra		
	模数/mm		
	$m\leqslant 6$	$6<m\leqslant 25$	$m>25$
1		0.04	
2		0.08	
3		0.16	
4		0.32	
5	0.5	0.63	0.80
6	0.8	1.00	1.25
7	1.25	1.6	2.0
8	2.0	2.5	3.2
9	3.2	4.0	5.0
10	5.0	6.3	8.0
11	10.0	12.5	16
12	20	25	32

表 10-17　微观不平度十点高度 Rz 的推荐极限值　　（单位：μm）

等级	Rz		
	模数/mm		
	$m\leqslant 6$	$6<m\leqslant 25$	$m>25$
1		0.25	
2		0.50	
3		1.0	
4		2.0	
5	3.2	4.0	5.0
6	5.0	6.3	8.0
7	8.0	10.0	12.5
8	12.5	16	20
9	20	25	32
10	32	40	50
11	63	80	100
12	125	160	200

10.4.2 齿轮副侧隙

齿轮副侧隙是两个齿轮啮合后才产生的,齿轮传动对侧隙的要求主要取决于其用途和工作条件。侧隙选择是独立于齿轮精度选择的另一类问题。

1. 最小侧隙的确定

最小侧隙 j_{bnmin} 应能保证齿轮正常储存润滑油和补偿各种变形。

1)补偿热变形所需的法向侧隙。

$$j_{bn1} = A(\alpha_1 \Delta t_1 - \alpha_2 \Delta t_2) \times 2\sin\alpha$$

式中 A——齿轮副的中心距;

α_1、α_2——齿轮和箱体材料的线膨胀系数;

Δt_1、Δt_2——齿轮、箱体的工作温度与标准温度20℃之差;

α——齿轮法向压力角,其值为20°。

2)保证正常润滑条件所需的法向侧隙 j_{bn2}。j_{bn2} 取决于齿轮副的润滑方式和齿轮转动的圆周速度,可参考表10-18选取。

表10-18 保证正常润滑条件所需的法向侧隙 j_{bn2}(推荐值) (单位:mm)

润滑方式	圆周速度 $v/$(m/s)			
	≤10	10~25	25~60	>60
喷油润滑	$0.01m_n$	$0.02m_n$	$0.03m_n$	$(0.03~0.05)m_n$
油池润滑	$(0.005~0.1)m_n$			

注:m_n 为法向模数(mm)。

齿轮副所需的最小保证侧隙为 $j_{bnmin} = j_{bn1} + j_{bn2}$。

2. 齿轮检验项目的选择

根据国家标准 GB/T 10095.1~2—2008 和生产实际,齿轮检验项目的参考检验组如下:

1)齿距累积总偏差 F_p、单个齿距偏差 f_{pt}、齿廓总偏差 F_α、径向跳动 F_r、螺旋线总偏差 F_β,用于3~9级精度的齿轮检验。

2)齿距累积总偏差 F_p、齿距累积偏差 F_{pk}、齿廓总偏差 F_α、径向跳动 F_r、螺旋线总偏差 F_β,用于3~9级精度的齿轮检验。

3)径向综合总偏差 F_i''、一齿径向综合偏差 f_i''、螺旋线总偏差 F_β,用于3~6级精度的齿轮检验。

4)径向综合总偏差 F_i''、一齿径向综合偏差 f_i'',用于6~9级精度的齿轮检验。

5)单个齿距偏差 f_{pt}、径向跳动 F_r,用于10~12级精度的齿轮检验。

10.5 齿轮检测

齿轮的测量方法分为单项测量和综合测量。单项测量除用于成品齿轮的验收检验外,也常用于工艺检查,以判断被加工齿轮是否已达到规定的工序要求,分析加工过程中产生误差的原因。综合测量能连续地反映整个齿轮啮合点的某些误差,测量效率高,主要用于成批生产中评定已完成齿轮的加工质量。

10.5.1 齿轮单个齿距偏差与齿距累积总偏差的测量

1. 测量目的

1) 了解万能测齿仪的结构及测量原理。
2) 掌握万能测齿仪测量单个齿距偏差及齿距累积总偏差的方法。
3) 掌握表格法求齿距累积偏差的方法。

2. 测量原理及计量器具说明

(1) 测量原理 单个齿距偏差 f_{pt} 是指在接近齿高中部的齿轮轴线同心圆上，实际齿距与公称齿距之差（用相对法测量时，公称齿距是指所有实际齿距的平均值）。齿距累积总偏差 F_p 是指在分度圆上，任意两个同侧齿面间的实际弧长与公称弧长之差的最大绝对值，即最大齿距累积偏差（F_{pmax}）与最小齿距累积偏差（F_{pmin}）的代数差。

测量方法有相对法和绝对法两种。用相对法测量时，首先以被测齿轮任意两相邻齿之间的实际齿距作为基准齿距调整仪器，然后顺序测量各相邻齿的实际齿距相对于基准齿距的差值，称为相对齿距差。各相对齿距差与相对齿距差平均值的代数差，即为齿距偏差。取其中绝对值最大者作为被测齿轮的单个齿距偏差，将齿距偏差逐个累积，即可求得被测齿轮的齿距累积总偏差。

(2) 计量器具 万能测齿仪是应用比较广泛的齿轮测量仪器，除测量圆柱齿轮的齿距、基节、齿圈径向跳动和齿厚外，还可以测量锥齿轮和蜗轮的相关参数。其测量基准是齿轮的内孔。

图 10-13 所示为万能测齿仪外形图。仪器的弧形支架 7 可绕基座 1 的垂直轴线旋转，其上的顶尖用于安装被测齿轮心轴；支架 2 可以在水平面内做纵向和横向移动，工作台安装在支架 2 上；工作台上装有能够做径向移动的滑板 4，借助锁紧装置 3 可将滑板 4 固定在任意位置上，当松开锁紧装置 3，靠弹簧的作用使滑板 4 能匀速地移到测量位置，这样就能进行逐齿测量；测量装置 5 上有指示表 6，其分度值为 0.001mm。用这种仪器测量齿轮齿距偏差时，其测量力是靠安装在齿轮心轴上的重锤来保证的。

测量前，将齿轮安装在两顶尖之间，调整测量装置 5，使球形测量爪位于齿轮分度圆附近，并与相邻两个同侧齿面接触。选定任一齿距作为基准齿距，将指示表 6 调零。然后逐齿测量其余齿距相对基准齿距之差。

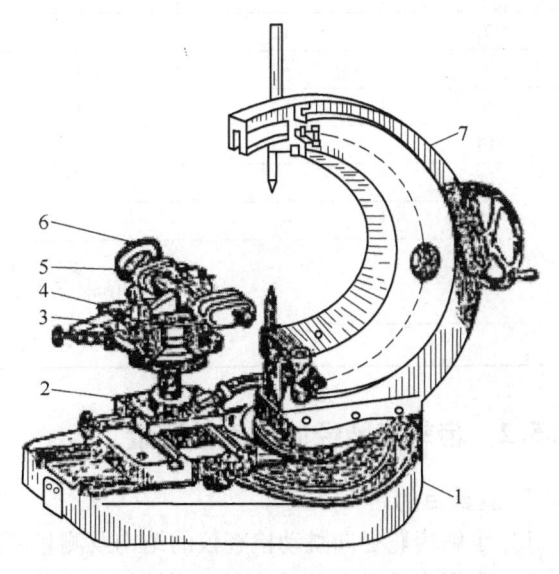

图 10-13 万能测齿仪外形图
1—基座 2—支架 3—锁紧装置 4—滑板
5—测量装置 6—指示表 7—弧形支架

3. 测量步骤

1）擦净被测齿轮，然后把它安装在仪器的两顶尖之间。

2）调整仪器，使测量装置上两个测量爪进入齿间，在齿高中部附近与相邻两个同侧齿面接触。

3）在齿轮心轴上挂上重锤，使轮齿紧靠在测量爪上。

4）先以任一齿距为基准齿距，调整指示表的零位。然后将测量爪反复退出与进入被测齿面，以检查指示表示值的稳定性。

5）退出测量爪，将齿轮转动一齿，使两个测量爪与另一对齿面接触，逐齿测量各齿距，从指示表中读出并记录单个齿距相对偏差（$f_{pt相对}$）。

6）处理测量数据。用表格法单个齿距偏差和齿距累积总偏差，见表 10-19。

表 10-19 表格法处理测量数据　　　　　（单位：μm）

齿序 n	单个齿距相对偏差 $f_{pt相对}$	相对齿距累积偏差 $\sum_1^n f_{pt相对}$	齿序与平均值的乘积 nk	绝对齿距累积偏差 $\sum_1^n f_{pt相对} - nk$
1	0	0	1×0.5=0.5	-0.5
2	-1	-1	2×0.5=1	-2
3	-2	-3	3×0.5=1.5	-4.5
4	-1	-4	4×0.5=2	-6
5	+2	-6	5×0.5=2.5	-8.5
6	+3	-3	6×0.5=3	-6
7	+2	-1	7×0.5=3.5	-4.5
8	+3	+2	8×0.5=4	-2
9	+2	+4	9×0.5=4.5	-0.5
10	+4	+8	10×0.5=5	+3
11	-1	+7	11×0.5=5.5	+1.5
12	-1	+6	12×0.5=6	0

$$k = \sum_1^n f_{pt相对}/z = \frac{6}{12} = 0.5 \mu m$$

$$F_p = +3 \mu m - (-8.5) \mu m = 11.5 \mu m$$

10.5.2　齿轮齿圈径向跳动的测量

1. 测量目的

1）了解齿轮径向跳动检查仪的结构及测量原理。

2）掌握齿轮径向跳动检查仪测量径向跳动的方法。

2. 测量原理及计量器具说明

齿轮径向跳动 F_r 为计量器测头（圆形、圆柱形等）相继置于每个齿槽内时，从它到齿轮轴线的最大和最小径向距离之差。检查时，测头在齿高中部附近与左、右齿面接触。齿圈径向跳动误差可用齿轮径向跳动检查仪、万能测齿仪或普通的偏摆检查仪等仪器测量。本节介绍采用齿轮径向跳动检查仪测量径向跳动的方法，齿轮径向跳动检查仪结构如图 10-14 所示。

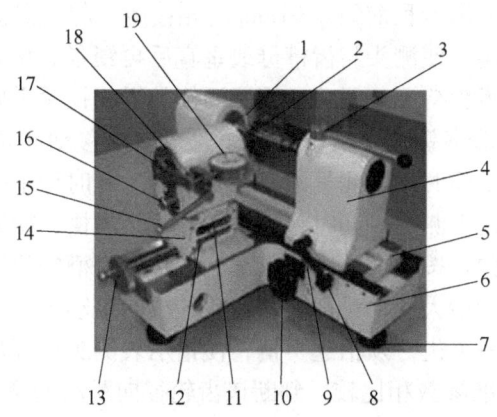

图 10-14 齿轮径向跳动检查仪结构

1—顶尖 2—被测齿轮轴 3—顶尖后退手柄 4—顶尖座 5—滑板 6—仪座 7—调平地脚螺钉 8—滑板锁紧手轮
9—顶尖座锁紧手柄 10—滑板移动手轮 11—转角锁紧手柄 12—测量滑座锁紧手柄 13—手轮 14—测量滑座
15—测头后退手柄 16—测头定位机构 17—测量板 18—保护螺钉 19—指示表

齿轮径向跳动检查仪是通过两高精度的顶尖定位齿轮的,两顶尖具有较高的同轴度,其连线与滑板的平行度、与测量方向的垂直度等都有较高的要求。测量时,保证测头与齿轮中心等高,测头沿齿轮径向移动,同时带动指示表测量其跳动值。

齿轮径向跳动检查仪有四个主要部分:仪座、测量滑座、滑板和顶尖座。分为底层仪座(底座)、中间层滑板、上层两顶尖座,共三层。顶尖座可在滑板上自由滑动,以适应不同的齿轮轴长度;滑板可在底座上滑动,使测头对准齿轮的不同轴向位置;测量滑座可在底座上滑动,以适应不同直径的齿轮。

为了测量各种不同模数的齿轮,仪器备有不同直径的球形测量头。按规定,测量齿圈径向跳动误差应在分度圆附近与齿面接触,故测量球或测量柱的直径 d 制造或选取的尺寸标准为:$d=1.68m_n$,m_n 为齿轮模数。

3. 测量步骤

(1) 选择测量头 根据被测齿轮的模数,选择合适的球形测量头,装在仪器上并拧紧。图 10-15 所示为测头外形。

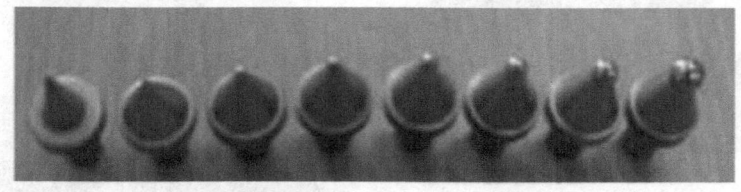

图 10-15 测量齿轮径向跳动的测头外形

(2) 安装被测齿轮 调整两顶尖座的间距,以适应被测齿轮轴的长度,并在对应位置锁紧顶尖座锁紧手柄。将被测齿轮顶在两顶尖之间,用顶尖后退手柄控制预紧力的大小,使齿轮轴能灵活转动,并且无轴向间隙。调整保护螺钉,使测量板距初始位置约 5mm。调节测力螺钉,保证被测齿轮心轴无变形,同时测头能定位在齿槽的最低点。

(3) 安装指示表 将指示表插入表座,用螺钉固紧,指示表测头与测杆相接触。再调节保护螺钉，使之在指示表满量程前约 0.01mm 时相接触，起到保护指示表的作用。松开转角锁紧手柄，转动测量滑座，使测头与齿槽母线垂直后再锁紧。松开滑板锁紧手轮，转动滑板移动手轮，使测头对准齿轮待测位置后，锁紧两侧的滑板锁紧手轮。

（4）测量　松开测量滑座锁紧手柄，转动手轮，向前移动测量滑座，使测头与齿槽相切，在指示表示值约为半量程时锁紧测量滑座锁紧手柄。此时记下指示表的读数。

拉动测头后退手柄，退出测头，同时将齿轮转过一个齿槽，松开手柄，测量下一个齿槽的参数值，记下指示表读数。按同样的方法依次测量每个齿槽的位置值，直至被测齿轮轴转过一周，指示表在测量时的最大变动量即为该齿轮的径向跳动 F_r 误差值。

测量时，齿轮每转过一个齿，须抬起手柄，使指示表测头离开齿槽。

（5）数据处理　与标准参数相比较，判断该齿轮径向跳动的合格性，填写测量记录表。

10.5.3　齿轮齿厚偏差的测量

1. 测量目的

1）熟悉测量齿轮齿厚偏差的方法及有关参数的计算。
2）加深理解齿厚偏差的定义及其对齿轮传动的影响。
3）掌握齿厚游标卡尺的使用方法。

2. 测量原理及计量器具说明

齿厚偏差是指在分度圆柱面上，齿厚的实际值与公称值之差。控制齿厚的目的是为了保证获得一定的齿侧间隙。

图 10-16 所示为测量齿厚偏差的齿厚游标卡尺，它由两套相互垂直的游标卡尺组成。垂直游标卡尺用于控制测量部位（分度圆至齿顶圆）的弦齿高 h_f，水平游标卡尺用于测量所测部位（分度圆）的弦齿厚 $s_{f(实际)}$。齿厚游标卡尺的分度值为 0.02mm，其原理和读数方法与普通游标卡尺相同。用齿厚游标卡尺测量齿厚的操作示例如图 10-17 所示。

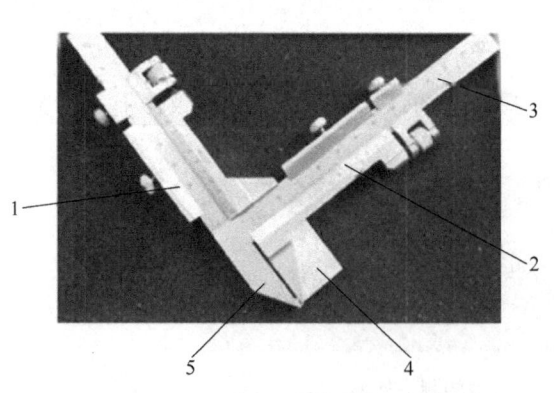

图 10-16　齿厚游标卡尺
1—垂直游标框架　2—水平游标框架
3—主尺　4—高度定位尺　5—量爪

图 10-17　齿厚游标卡尺测量齿厚

用齿厚游标卡尺测量齿厚偏差，是以齿顶圆为基础的。当齿顶圆直径为公称值时，直齿圆柱齿轮分度圆处的弦齿高 h_f 和弦齿厚 s_f 由图 10-18 可得：

$$h_f = h' + x = m + \frac{zm}{2}\left[1 - \cos\frac{90°}{z}\right]$$

$$s_f = zm\sin\frac{90°}{z}$$

式中　m——齿轮模数（mm）；
　　　z——齿轮齿数。

当被测齿轮为变位齿轮且齿顶圆直径有误差时，分度圆处的弦齿高 h_f 和弦齿厚 s_f 应按下式计算：

$$h_f = m + \frac{zm}{2}\left[1 - \cos\left(\frac{\pi + 4\xi\tan\alpha_f}{2z}\right)\right] - (R_e - R'_e)$$

$$s_f = zm\sin\left[\frac{\pi + 4\xi\sin\alpha_f}{2z}\right]$$

式中　m ——齿轮模数（mm）；
　　　z ——齿轮齿数；
　　　ξ ——移距系数；
　　　α_f ——压力角；
　　　R_e ——齿顶圆半径的公称值；
　　　R'_e ——齿顶圆半径的实际值。

3. 测量步骤

1）用外径千分尺测量齿顶圆的实际直径。
2）计算分度圆弦齿高 h_f 和弦齿厚 s_f。$m = 1$mm 时分度圆弦齿高和弦齿厚的数值可查表 10-20。

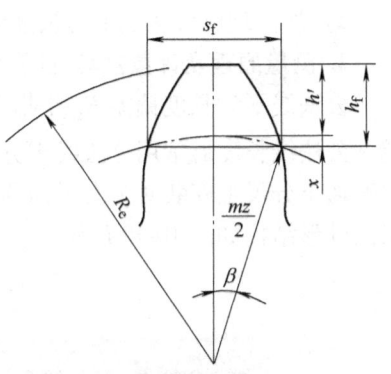

图 10-18　齿厚偏差测量原理图

表 10-20　$m = 1$mm 时分度圆弦齿高和弦齿厚的数值

z	$z\sin\frac{90°}{z}$	$1+\frac{z}{2}\left(1-\cos\frac{90°}{z}\right)$	z	$z\sin\frac{90°}{z}$	$1+\frac{z}{2}\left(1-\cos\frac{90°}{z}\right)$	z	$z\sin\frac{90°}{z}$	$1+\frac{z}{2}\left(1-\cos\frac{90°}{z}\right)$
11	1.5655	1.0560	29	1.5700	1.0213	47	1.5705	1.0131
12	1.5663	1.0513	30	1.5701	1.0205	48	1.5705	1.0128
13	1.5669	1.0474	31	1.5701	1.0199	49	1.5705	1.0126
14	1.5673	1.0440	32	1.5702	1.0193	50	1.5705	1.0124
15	1.5679	1.0411	33	1.5702	1.0187	51	1.5705	1.0121
16	1.5683	1.0385	34	1.5702	1.0181	52	1.5706	1.0119
17	1.5686	1.0363	35	1.5703	1.0176	53	1.5706	1.0116
18	1.5688	1.0342	36	1.5703	1.0171	54	1.5706	1.0114
19	1.5690	1.0324	37	1.5703	1.0167	55	1.5706	1.0112
20	1.5692	1.0308	38	1.5703	1.0162	56	1.5706	1.0110
21	1.5693	1.0294	39	1.5704	1.0158	57	1.5706	1.0108
22	1.5694	1.0280	40	1.5704	1.0154	58	1.5706	1.0106
23	1.5695	1.0268	41	1.5704	1.0150	59	1.5706	1.0104
24	1.5696	1.0257	42	1.5704	1.0146	60	1.5706	1.0103
25	1.5697	1.0247	43	1.5705	1.0143	61	1.5706	1.0101
26	1.5698	1.0237	44	1.5705	1.0140	62	1.5706	1.0100
27	1.5698	1.0228	45	1.5705	1.0137	63	1.5706	1.0098
28	1.5699	1.0220	46	1.5705	1.0134	64	1.5706	1.0096

注：对于其他模数的齿轮，则将表中的数值乘以模数。

3）按 h_f 值调整齿厚游标卡尺的垂直游标卡尺。

4）将齿厚游标卡尺置于被测齿轮上，使垂直游标卡尺的高度定位尺与齿顶相接触。然后，移动水平游标卡尺的量爪，使量爪靠紧齿廓。在水平游标卡尺上读出弦齿厚的实际尺寸（用透光法判断接触情况）。

5）在圆周上间隔相同的几个轮齿进行多次测量并求取平均值。

6）处理测量数据。按齿轮图样标注的技术要求，确定齿厚上偏差 E_{sns} 和下偏差 E_{sni}，判断被测齿厚的适用性。

10.5.4 齿轮公法线平均长度偏差的测量

1. 测量目的

1）熟悉公法线千分尺的使用方法。

2）加深理解公法线平均长度偏差的定义及其对齿轮传动的影响。

2. 测量原理及计量器具说明

公法线平均长度偏差 E_{bn} 是指在齿轮一周范围内，公法线实际长度的平均值与公称值之差。公法线长度通常用公法线千分尺、公法线指示卡规或万能测齿仪测量，公法线千分尺是在普通千分尺上安装两个大平面的测头改造的，其读数方法与普通千分尺相同。公法线千分尺的外形结构如图 10-19 所示。

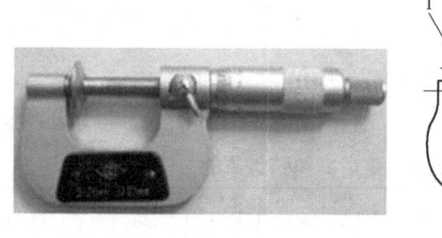
a)

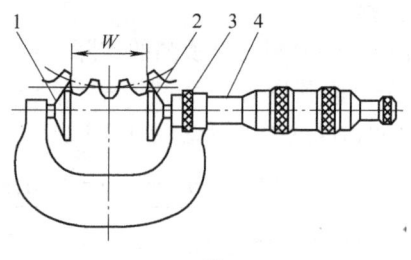
b)

图 10-19　公法线千分尺
1—固定测头　2—活动测头　3—锁紧螺母　4—微分筒

3. 测量步骤

1）确定被测齿轮的模数 m、齿数 z 及跨齿数 k，并计算公法线长度 W_k。测量齿轮为压力角为 $20°$ 的非变位直齿圆柱标准齿轮时，$W_k = m[1.476(2k-1) + 0.014z]$；跨齿数 $k = z/9 + 0.5$（取整数）。

2）根据所得的公法线公称长度选择与测量范围相适应的公法线千分尺，并校对零位。

3）根据选定的跨齿数，用公法线千分尺沿被测齿轮圆周依次测量多条公法线长度 W_i 并记录，如图 10-20 所示。

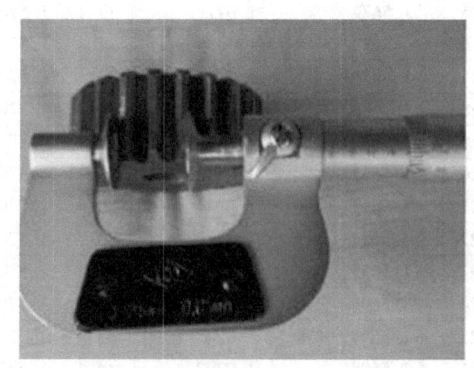

图 10-20　公法线千分尺测量公法线

4）处理测量数据，计算公法线长度偏差，并判断合格性。判断标准为：

$$E_{\text{bni}} \leqslant \left(\frac{1}{z}\sum_{i=1}^{z} W_i - W_k\right) \leqslant E_{\text{bns}}$$

式中　E_{bin}——公法线平均长度上极限偏差；
　　　E_{bns}——公法线平均长度下极限偏差。

本 章 小 结

本章主要介绍了齿轮传动的使用要求、齿轮精度的评定参数、齿轮及齿轮副的精度标准、测量方法等。

齿轮的加工误差根据齿轮传动的要求分为影响传递运动精度准确性的误差、影响传动平稳性的误差、影响载荷分布均匀性的误差和影响齿轮副侧隙的误差四个组。

渐开线齿轮精度评定指标较多，设计时，可根据齿轮的使用要求、生产批量等选用相关的指标和精度等级。并能够测量齿距偏差、齿厚偏差、齿轮径向综合偏差、公法线长度偏差等。

思考与练习

1. 简答题

1）齿轮传动的使用要求有哪些？加工齿轮时会产生哪些加工误差？
2）切向综合偏差有什么特点和作用？
3）选择齿轮精度等级时应考虑哪些因素？

2. 综合题

在某普通机床的主轴箱中，有一对直齿圆柱齿轮副，采用油池润滑。已知：齿数 $z_1 = 20$，齿数 $z_2 = 48$，模数 $m = 2.75$ mm，齿宽 $B_1 = 24$ mm，齿宽 $B_2 = 20$ mm，转速 $n_1 = 1750$ r/min；齿轮材料是 45 钢，其线胀系数 $\alpha_1 = 11.5 \times 10^{-6}/℃$，箱体为铸铁材料，其线胀系数 $\alpha_2 = 10.5 \times 10^{-6}/℃$；齿轮工作温度 $t_1 = 60℃$，箱体温度 $t_2 = 40℃$；内孔直径为 30mm。

试对小齿轮进行精度设计，并将设计所确定的各项技术要求标注在齿轮零件图上。

第 11 章

尺 寸 链

学习重点：

尺寸链的建立；用完全互换法计算尺寸链。

学习难点：

画出较复杂的尺寸链，并正确指出各环的关系。

学习目标：

1) 掌握尺寸链的概念、特点及作用。
2) 掌握尺寸链的建立和计算方法。
3) 能够判别尺寸链中的封闭环和组成环，能够判断增、减环。
4) 掌握完全互换法的计算方法。

在设计和制造机械零件时，如何保证产品的质量是一个非常重要的问题。也就是说，设计一部机器，除了要正确选择材料，进行强度、刚度、运动精度计算外，还必须进行几何精度计算，合理地确定机器零件的尺寸、几何形状和相互位置公差，在满足技术要求的前提下，还要能够低成本地顺利装配。因此，设计图样的各要素之间以及各零件之间要有相互尺寸、位置关系要求。机械系统中各尺寸能首尾衔接形成封闭形式的尺寸组，对其加以分析，研究它们之间的变化规律，计算各个尺寸的极限偏差及公差，以便选择能达到产品规定公差要求的设计方案与经济的工艺方法。

11.1 尺寸链的基本概念

11.1.1 尺寸链的定义及特点

在机器装配或零件加工过程中，由相互连接的尺寸形成的封闭尺寸组合，称为尺寸链。其中"尺寸"是指包括长度、角度和几何误差等概念在内的广义尺寸。

如图 11-1a 所示，将直径为 A_2 的轴装入直径为 A_1 的孔中，装配后得到间隙 A_0，其大小取决于孔径 A_1 和轴径 A_2 的大小，A_1 和 A_2 属于不同零件的设计尺寸。A_1、A_2 和 A_0 这三个相互连接的尺寸就形成了封闭的尺寸组，即形成了一个尺寸链，如图 11-1b 所示。

由图 11-1 可知，尺寸链具有如下两个特性。

(1) 封闭性 封闭性是指组成尺寸链的各个尺寸按一定顺序构成一个封闭系统。其中应包含一个间接保证的尺寸和若干个对此有影响的、可直接获得的尺寸。

（2）相关性　相关性是指尺寸链中某一个尺寸发生变化将影响其他尺寸的变化。

11.1.2　尺寸链的组成和分类

1. 尺寸链的组成

尺寸链中的每一个尺寸，都称为环。环可分为封闭环和组成环。图 11-1 所示尺寸链中共有 3 个环。

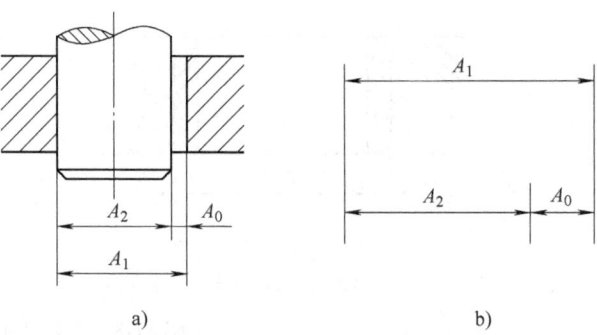

图 11-1　车床主轴与尾座中心孔的装配尺寸链

（1）封闭环　尺寸链中，在装配过程或加工过程中最后形成的环称为封闭环。封闭环的大小是由组成环的大小间接保证的，它也是保证机器装配精度或零件加工质量的一环，封闭环用拉丁字母加下角标"0"表示。任何一个尺寸链中，只有一个封闭环，图 11-1 所示尺寸链中，A_0 即为封闭环。

（2）组成环　尺寸链中，除封闭环以外的其他各环都称为组成环，如图 11-1 所示尺寸链中的 A_1 和 A_2。组成环通常用拉丁字母加下角标"i"表示，$i=1$、2、3、…、m。同一尺寸链的各组成环，一般用同一字母表示。

根据对封闭环影响的不同，组成环又分为增环与减环。

1）增环：与封闭环同向变动的组成环称为增环。即当尺寸链中其他组成环不变时，某一组成环增大（或减小），封闭环也随之增大（或减小），则该组成环为增环。如图 11-1 所示尺寸链中，当 A_2 不变，若 A_1 增大，A_0 将随之增大，所以 A_1 为增环。

2）减环：与封闭环反向变动的组成环称为减环。即当尺寸链中其他组成环不变时，某一组成环增大（或减小），封闭环反而随之减小（或增大），则该组成环为减环。如图 11-1 所示尺寸链中，当 A_1 不变，若 A_2 增大，A_0 将随之减小，所以 A_2 为减环。

（3）传递系数 ξ　表示各组成环对封闭环影响程度的系数，称为传递系数。一般在直线传递链中，增环传递系数为 $\xi=+1$，减环传递系数为 $\xi=-1$。

2. 尺寸链的分类

（1）按尺寸链的功能要求分类

1）装配尺寸链。是指全部组成环均为不同零件的设计尺寸（零件图上标注的尺寸）的尺寸链，如图 11-1 所示。

2）零件尺寸链。是指全部组成环均为同一零件的设计尺寸的尺寸链，如图 11-2 所示。

3）工艺尺寸链。是指全部组成环均为同一零件的工艺尺寸的尺寸链，如图 11-3 所示。工艺尺寸是指工序尺寸、定位尺寸和基准尺寸。

（2）按组成尺寸链的各环在空间所处的形态分类

1）直线尺寸链。尺寸链的全部环都位于两条或几条平

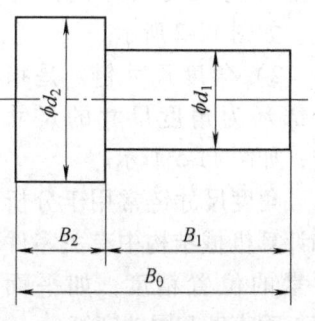

图 11-2　零件尺寸链

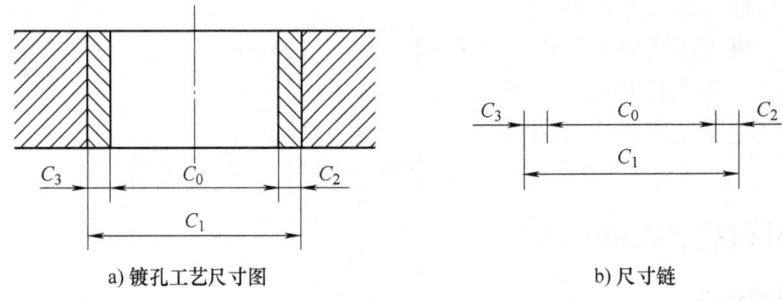

图 11-3 工艺尺寸链

行的直线上，称为直线尺寸链。如图 11-1~图 11-3 所示尺寸链。

2）平面尺寸链。尺寸链的全部环都位于一个或几个平行的平面上，但其中某些组成环不平行于封闭环，这类尺寸链称为平面尺寸链，如图 11-4 所示。将平面尺寸链中各有关组成环按平行于封闭环的方向投影，就可将平面尺寸链简化为直线尺寸链来计算。

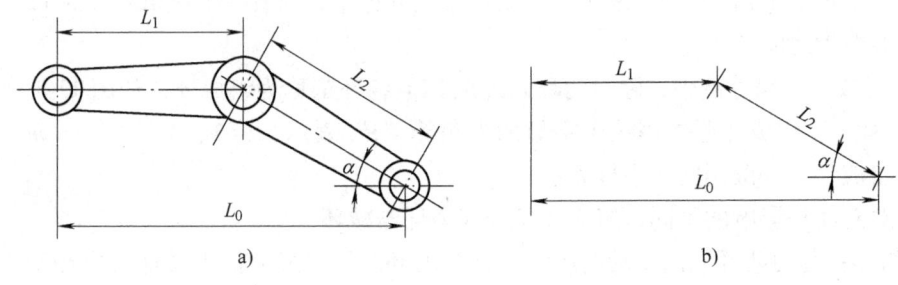

图 11-4 平面尺寸链

3）空间尺寸链。尺寸链的全部环位于空间不平行的平面上，这类尺寸链称为空间尺寸链。

对于空间尺寸链，一般按三维坐标分解成平面尺寸链或直线尺寸链，然后根据需要，在某特定平面上求解。

（3）按各环尺寸的几何特性分类

1）长度尺寸链。是指全部环为长度尺寸的尺寸链，如图 11-2 所示。

2）角度尺寸链。是指全部环为角度尺寸的尺寸链，如图 11-5 所示。

角度尺寸链常用于分析和计算机械结构中有关零件要素的位置精度，如平面度、垂直度和同轴度等。

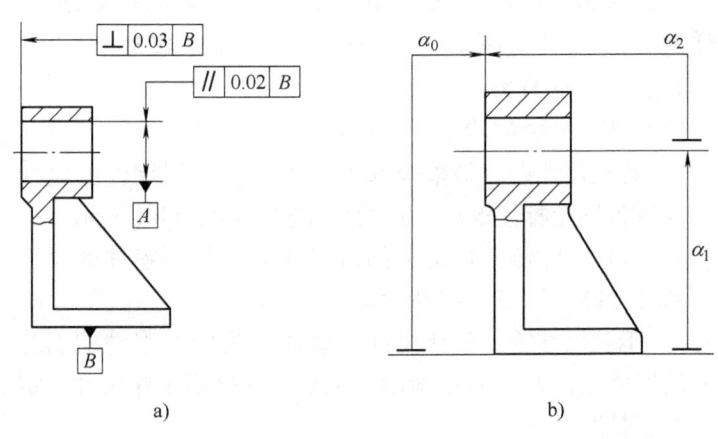

图 11-5 角度尺寸链

11.2 尺寸链的建立与分析

11.2.1 尺寸链的建立

1. 确定封闭环

建立尺寸链,首先要正确地确定封闭环。一个尺寸链只有一个封闭环。

装配尺寸链的封闭环是在装配之后形成的,是机器上有装配精度要求的尺寸,如保证机器可靠工作的相对位置或保证零件相对运动的间隙等。在建立尺寸链之前,必须查明机器装配和验收的技术要求中规定的所有几何精度要求项目,这些项目就是某些尺寸链的封闭环。

零件尺寸链的封闭环应为公差等级要求最低的环,一般在零件图样上不需要标注。如图 11-2 所示尺寸链中尺寸 B_0 就是不标注的。

工艺尺寸链的封闭环是在加工过程中最后形成的,一般为被加工零件要求达到的设计尺寸或工艺过程中需要的加工余量。加工顺序不同,封闭环也不同。所以工艺尺寸链的封闭环必须在加工工序确定之后才能进行判断。

2. 查找组成环

组成环是对封闭环有直接影响的尺寸,尺寸链中组成环的环数应尽量少。

查找尺寸链的组成环时,先从封闭环的任意一端开始,找出相邻零件的尺寸,再找与第一个零件相邻的第二个零件的尺寸,这样一环接一环查找,直到封闭环的另一端为止,从而形成封闭的尺寸组。

图 11-6 所示为车床主轴轴线与尾座轴线确保同轴度要求的装配尺寸链,其允许值 A 是装配技术要求,它为封闭环。组成环可从尾座顶尖开始查找,经尾座顶尖轴线到底面的高度 A_1、与床面相连的底板的厚度 A_2、床面到主轴轴线的距离 A_3,最后回到封闭环。A_1、A_2 和 A_3 均为组成环。

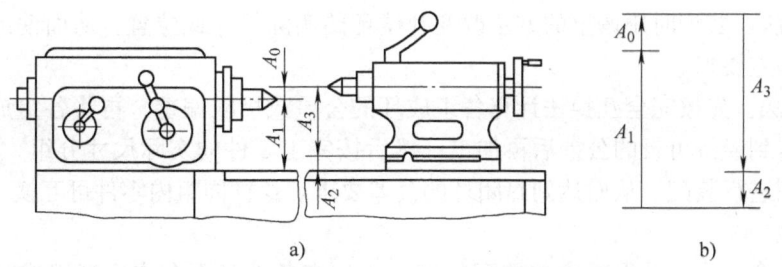

图 11-6 有同轴度要求的装配尺寸链

一个尺寸链中最少要有两个组成环。组成环中,可能只有增环没有减环,但不能只有减环没有增环。

在封闭环有较高技术要求或几何误差较大的情况下,建立尺寸链还要考虑组成环几何误差对封闭环的影响。

3. 画出尺寸链线图

为了更清晰地表达尺寸链的组成,通常不需要画出零件或部件的具体结构,也不必按照严格的比例,只需要将尺寸链中的各个尺寸依次画出,形成封闭的图形即可,这样的图形称为尺寸链线图。

如图 11-6b 所示，在尺寸链线图中，常用带单箭头的线段表示各环，箭头表示查找尺寸链组成环的方向，也用于判断增环和减环。沿箭头方向环绕尺寸链回路，凡箭头方向与封闭环箭头方向相反的组成环，为增环；凡箭头方向与封闭环箭头方向相同的组成环，为减环。

11.2.2 尺寸链的分析方法

1. 尺寸链的计算类型

主要计算尺寸链中各环的公称尺寸和极限偏差。

1）正计算。已知各组成环的公称尺寸和极限，求封闭环的公称尺寸和极限偏差。这类计算主要用来验算设计的正确性，故又称为校核计算。

2）反计算。已知封闭环的公称尺寸和极限偏差，及各组成环的公称尺寸，求各组成环的极限偏差。这类计算主要用于设计，即根据机器的使用要求分配各零件的公差。

3）中间计算。已知封闭环和部分组成环的极限尺寸，求某一组成环的极限尺寸。这类计算常用在工艺上。

2. 尺寸链的计算方法

1）完全互换法。从尺寸链各环的最大尺寸与最小尺寸出发进行尺寸链计算，不考虑各环实际尺寸的分布情况。按此方法计算出的尺寸加工各组成环，各组成环装配时不需挑选或辅助加工，装配后即能满足封闭环的公差要求，即可实现完全互换。

2）大数互换法。按此方法计算、加工的绝大部分零件，各组成环装配时不需挑选或改变其大小或位置，装配后即能满足封闭环的公差要求。按大数互换法计算，在相同的封闭环公差条件下，可使各组成环的公差扩大，从而获得良好的技术经济效益，也较科学、合理。但应有适当的工艺措施，以排除或恢复超出公差范围（或极限偏差）的个别零件。

3）修配法。装配时去除补偿环的部分材料以改变其实际尺寸，从而使封闭环达到其公差或极限偏差要求。

4）调整法。装配时用调整的方法改变补偿环的实际尺寸或位置，从而使封闭环达到其公差或极限偏差要求。

5）分组法。先按完全互换法计算各组成环的公差或极限偏差，再将各组成环的公差扩大若干倍，得到经济可行的公差后再加工；然后按完工零件的实际尺寸分组，根据大配大、小配小的原则进行装配，从而达到封闭环的公差要求。这样同组内零件可互换，不同组的零件不具互换性。

在某些场合，为了获得更高的装配精度，而生产条件又不允许提高组成环的制造精度时，可采用分组互换法、修配法和调整法等方法来完成任务。

11.3 尺寸链的计算

在上述尺寸链的计算方法中，完全互换法是尺寸链最常用的计算方法，下面重点介绍此方法。

完全互换法，又称极值法，是在尺寸链各环处于极限尺寸状态下求解封闭环与组成环之间的关系，而不考虑各环实际尺寸的分布情况。按此法计算出来的尺寸加工各组成环，进行装配时不需挑选或辅助加工，装配后即能满足封闭环的精度要求，实现互换性。

此法简便、可靠，但当封闭环公差小、而组成环数目多时，会使组成环公差过于严格，造成加工困难，使制造成本增加。因此，完全互换法多应用于封闭环精度要求较高、尺寸链环数较少，或封闭环精度要求较低、尺寸链环数较多的情况。

1. 尺寸链计算的基本公式

（1）封闭环的公称尺寸　线性尺寸链封闭环的公称尺寸等于所有增环的公称尺寸之和减所有减环的公称尺寸之和，即：

$$A_0 = \sum_{i=1}^{m} A_i - \sum_{j=m+1}^{n-1} A_j$$

式中　A_i——增环公称尺寸；
　　　A_j——减环公称尺寸；
　　　m——增环环数；
　　　n——尺寸链总环数（包括封闭环）。

（2）封闭环的公差　封闭环的公差等于各组成环公差之和，即

$$T_0 = \sum_{i=1}^{n-1} T_i$$

式中　T_i——第 i 个组成环公差。

（3）封闭环的中间偏差　封闭环的中间偏差 Δ_0 等于所有增环中间偏差 Δ_i 之和减去所有减环中间偏差 Δ_j 之和。

$$\Delta_0 = \sum_{i=1}^{n-1} \xi_i \Delta_i$$

式中　Δ_0——封闭环中间偏差；
　　　Δ_i——第 i 个组成环的中间偏差；
　　　ξ_i——第 i 个组成环的传递系数。

中间偏差 Δ 为上极限偏差与下极限偏差的平均值，即

$$\Delta = \frac{1}{2}(\text{ES} + \text{EI})$$

（4）极限偏差

封闭环的上、下极限偏差　　　$\text{ES}_0 = \Delta_0 + \dfrac{T_0}{2}$

$$\text{EI}_0 = \Delta_0 - \frac{T_0}{2}$$

组成环的上、下极限偏差　　　$\text{ES}_i = \Delta_i + \dfrac{T_i}{2}$

$$\text{EI}_i = \Delta_i - \frac{T_i}{2}$$

（5）极限尺寸

封闭环的上、下极限尺寸　　　$A_{0\max} = A_0 + \text{ES}_0$

$$A_{0\min} = A_0 + \text{EI}_0$$

组成环的上、下极限尺寸　　　$A_{i\max} = A_i + \text{ES}_i$

$$A_{i\min} = A_i + \text{EI}_i$$

2. 尺寸链计算示例

【案例】 已知各组成环公称尺寸及极限偏差，求封闭环的公称尺寸及极限偏差。如图 11-7 所示，曲轴轴向尺寸链中，$A_1 = 43.5^{+0.10}_{+0.05}$ mm，$A_2 = 2.5^{\ 0}_{-0.04}$ mm，$A_3 = 38.5^{\ 0}_{-0.07}$ mm，$A_4 = 2.5^{\ 0}_{-0.04}$ mm，试验证间隙 A_0 是否在要求的 0.05~0.25mm 范围内。

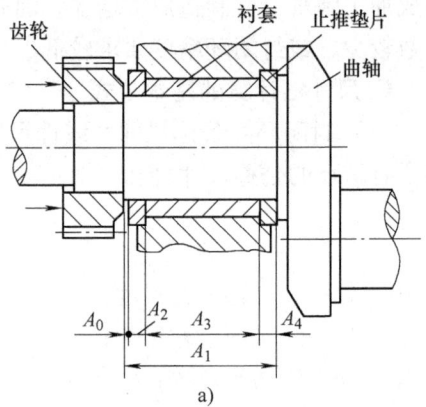

解 1) 画出尺寸链线图。尺寸链线图如图 11-7b 所示，其中 A_0 为封闭环，A_1 为增环，A_2、A_3、A_4 为减环。

2) 封闭环公称尺寸计算。

$$A_0 = A_1 - (A_2 + A_3 + A_4) = (43.5 - 2.5 - 38.5 - 2.5)\text{mm} = 0$$

3) 计算封闭环的公差。已知各组成环的公差分别为：

$$T_1 = 0.05\text{mm},\ T_2 = 0.04\text{mm},$$
$$T_3 = 0.07\text{mm},\ T_4 = 0.04\text{mm}$$

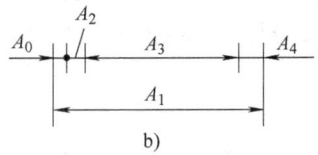

图 11-7 曲轴轴向间隙装配示意图

则 $T_0 = T_1 + T_2 + T_3 + T_4 = (0.05 + 0.04 + 0.07 + 0.04)\text{mm} = 0.20\text{mm}$

4) 计算封闭环的中间偏差。各组成环的中间偏差分别为：

$$\Delta_1 = 0.075\text{mm},\ \Delta_2 = -0.02\text{mm},\ \Delta_3 = -0.035\text{mm},\ \Delta_4 = -0.02\text{mm}$$

$$\Delta_0 = \Delta_1 - (\Delta_2 + \Delta_3 + \Delta_4) = 0.075\text{mm} - (-0.02 - 0.035 - 0.02)\text{mm} = 0.15\text{mm}$$

5) 计算封闭环的上、下极限偏差。

$$\text{ES}_0 = \Delta_0 + \frac{T_0}{2} = \left(0.15 + \frac{0.20}{2}\right)\text{mm} = 0.25\text{mm}$$

$$\text{EI}_0 = \Delta_0 - \frac{T_0}{2} = \left(0.15 - \frac{0.20}{2}\right)\text{mm} = 0.05\text{mm}$$

因此，封闭环 $A_0 - 0^{+0.25}_{+0.05}$ mm，轴向间隙为 0.05~0.25mm，间隙符合要求。

本 章 小 结

1. 尺寸链的定义

在机器装配或零件加工过程中，由相互连接的尺寸形成的封闭尺寸组合，称为尺寸链。尺寸链由封闭环和组成环组成，组成环又分为增环和减环。

2. 尺寸链的分类

按尺寸链的功能要求分为装配尺寸链、零件尺寸链、工艺尺寸链；按各环的空间形态分为直线尺寸链、平面尺寸链、空间尺寸链；按各环尺寸的几何特征分为长度尺寸链和角度尺寸链。

3. 尺寸链的建立和计算

建立尺寸链的步骤依次为：确定封闭环；查找组成环；画出尺寸链线图以及确定增减环。完全互换法是计算尺寸链最常用的方法。

思考与练习

1. 简答题

1）什么叫尺寸链？尺寸链有何特点？如何确定尺寸链的封闭环？

2）术语解释：封闭环、组成环、增环、减环。

2. 综合题

1）图 11-8 所示为某一零件的标注示意图，试校验该图的尺寸公差要求能否使 B、C 两点处的薄壁尺寸在 9.7~10.05mm 范围内。

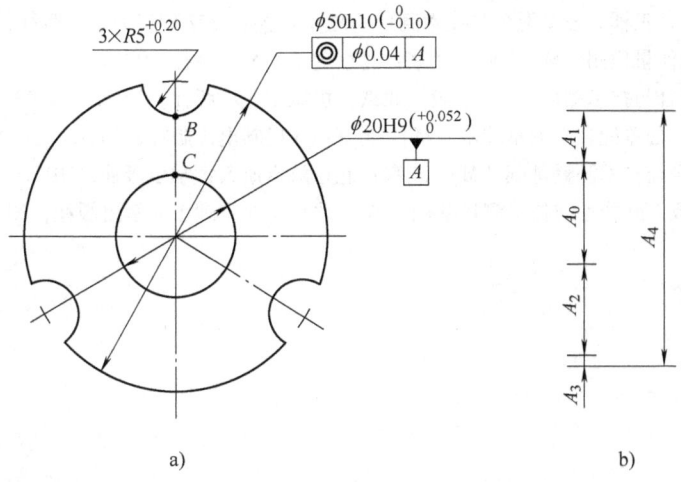

图 11-8　题图 11-1

2）在图 11-9a 所示齿轮部件中，轴是固定的，齿轮在轴上回转，设计要求齿轮左、右端面与挡环之间有间隙，现将此间隙集中在齿轮右端面与右挡环的左端面之间，按工作条件，要求 $A_0 = 0.10 \sim 0.45$mm，已知：$A_1 = 43^{+0.20}_{+0.10}$mm，$A_2 = A_4 = 5^{0}_{-0.05}$mm，$A_3 = 30^{0}_{-0.10}$mm，$A_5 = 3^{0}_{-0.05}$mm。试问图中所规定的零件公差要求能否保证齿轮部件装配后的技术要求？

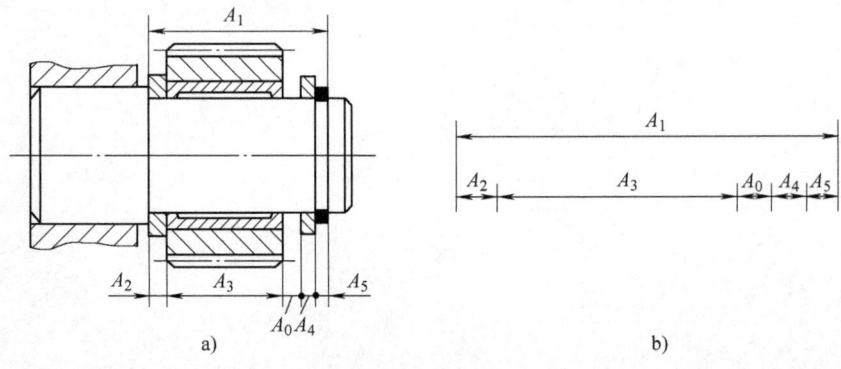

图 11-9　题图 11-2

参 考 文 献

[1] 庄佃霞. 公差配合与技术测量［M］. 北京：北京大学出版社，2011.
[2] 毛平淮. 互换性与测量技术基础［M］. 3 版. 北京：机械工业出版社，2016.
[3] 韩凤霞，刘英超. 互换性与测量技术［M］. 北京：北京邮电大学出版社，2016.
[4] 张慧云，曾艳玲. 公差配合与技术测量［M］. 北京：中国铁道出版社，2012.
[5] 南秀蓉. 公差与测量技术［M］. 北京：电子工业出版社，2014.
[6] 郭连湘，黄小平. 机械零件加工质量检测［M］. 北京：高等教育出版社，2012.
[7] 王晓晶，吴贵军，王樑. 公差配合与技术测量［M］. 广州：华南理工大学出版社，2016.
[8] 胡照海. 零件几何量检测［M］. 2 版. 北京：北京理工大学出版社，2014.
[9] 徐茂功. 公差配合与技术测量［M］. 4 版. 北京：机械工业出版社，2012.
[10] 陆玉兵，陈静. 公差配合与测量技术［M］. 北京：人民邮电出版社，2017.
[11] 张茜. 公差配合与技术测量基础［M］. 北京：北京航空航天大学出版社，2017.
[12] 夏家华，沈顺成. 互换性与技术测量基础［M］. 北京：北京理工大学出版社，2010.